# Die CD-ROM

W0311552

## Tests und Übungen

Lernen Sie alle Tricks und Kniffe zum Knacken der wichtigsten Tests und trainieren Sie mit den 3 Übungsblöcken (Testbatterie I–III) und den richtigen Lösungen.

## Fotogenerator

Mit dem Bewerbungsfotogenerator passen Sie Ihre Passbilder für die Bewerbung optimal an Ihre Anforderungen an.

## Bewerbungsgenerator

Nutzen Sie den Bewerbungsgenerator: Geben Sie einfach Ihre persönlichen Daten ein und Sie erhalten perfekte Bewerbungsunterlagen.

## Hörtraining

Mit den Audiodateien sind Sie bei zahlreichen Vorstellungsgesprächen „live" dabei und ein Experte sagt Ihnen, was richtig und was falsch ist.

Bibliografische Information Der Deutschen Nationalbibliothek

Die Deutsche Nationalbibliothek verzeichnet diese Publikation in der Deutschen Nationalbibliografie; detaillierte bibliografische Daten sind im Internet über http://dnb.ddb.de abrufbar.

ISBN 978-3-448-10079-2 Bestell-Nr. 04242-0004

1. Auflage 2005 (ISBN 3-448-06880-2)
4., aktualisierte Auflage 2010


Redaktionsanschrift: Postfach 13 63, 82142 Planegg/München
Telefon (089) 8 95 17-0, Telefax (089) 8 95 17-2 50
Lektorat: Jasmin Jallad

Idee & Konzeption: Dr. Matthias Nöllke, Textbüro Nöllke München
Buchgestaltung: Barbara Loy, 80689 München
Umschlaggestaltung: fuchs-design, 81671 München
Redaktion und DTP: Text+Design Jutta Cram, 86157 Augsburg, www.textplusdesign.de
Druck: Schätzl Druck, 86609 Donauwörth

Doris Brenner
Frank Brenner

# Einstellungstests sicher bestehen

# Inhalt

# Einführung

Bewerben Sie sich um einen Ausbildungsplatz oder eine neue Arbeitsstelle? Dann sollten Sie auf jeden Fall damit rechnen, dass Sie im Rahmen des Auswahlverfahrens an einem Einstellungstest teilnehmen müssen. Lassen Sie sich nicht einreden, dass man sich nicht darauf vorbereiten kann. Wer sich intensiv mit Tests beschäftigt, kann fast immer das Ergebnis beeinflussen und damit indirekt seinen beruflichen Werdegang und seine Karriere bestimmen.

Mithilfe dieses Buches und der dazugehörigen CD-ROM können Sie sich optimal auf den „Ernstfall" vorbereiten. Wir beantworten Ihnen die wichtigsten Fragen, die im Zusammenhang mit Einstellungstests immer wieder gestellt werden, zum Beispiel „Was für Testverfahren gibt es?" und „Wie kann ich mich darauf vorbereiten?". Und wir stellen Ihnen die wichtigsten Testverfahren, die sowohl in der freien Wirtschaft als auch bei Behörden Verwendung finden, detailliert vor.

Ferner erfahren Sie, wie Sie am geschicktesten und erfolgversprechendsten die verschiedenen Aufgabentypen anpacken und deren Strukturen erkennen. An konkreten Beispielen erläutern wir Ihnen zahlreiche Lösungsmodelle und -techniken, mit denen die Aufgaben zu bewältigen sind. Und schließlich stehen Ihnen jede Menge Übungsmöglichkeiten zur Verfügung, damit Sie in der Bearbeitung der Tests richtig fit werden.

Alle Übungen, die in diesem Buch enthalten sind, finden Sie auch auf der beiliegenden CD-ROM. Sie können also zu Hause unter realen Bedingungen und Zeitdruck üben. Nachdem Sie das Buch und die CD-ROM durchgearbeitet haben, werden Sie mit mehr Ruhe und Gelassenheit in den Einstellungstest gehen, da Sie ja wissen, was von Ihnen verlangt wird. Das alte Sprichwort gilt auch dann, wenn es um Bewerbungsverfahren geht: Übung macht den Meister.

Wir wünschen Ihnen viel Erfolg und freuen uns, wenn Sie uns über Ihre Erfahrungen mit Einstellungstests berichten.

## Test- und Assessment-Center-Training

Wenn Sie sich noch intensiver vorbereiten wollen: Neben den Übungen im Buch biete ich Ihnen auch ein persönliches Training für Einstellungstests und Assessment-Center an. Schildern Sie mir per E-Mail kurz Ihre Situation und ich mache Ihnen ein auf Ihre Bedürfnisse zugeschnittenes Angebot.

Zu meinem Angebotsspektrum zählen auch Coaching und Karriereberatung. Gerne sende ich Ihnen meine Angebotsübersicht. Ich freue mich auf den Kontakt mit Ihnen.

Doris Brenner
Tel: 06074/862444 Fax: 06074/862447
E-Mail: Doris.Brenner@t-online.de
www.karriereabc.de

# Einstellungstests – was verbirgt sich dahinter?

Ob Sie eine Jugendzeitschrift mit 3 Seiten Psychotest „Bin ich eifersüchtig?“ aufschlagen, ob Sie in der Schule anhand einer Klassenarbeit erfahren, wie es um Ihre Mathematikkenntnisse steht, oder ob Sie bei der Führerscheinprüfung durch das Setzen der richtigen Kreuze zeigen, dass Sie die Verkehrsregeln kennen: Täglich begegnen uns, ob es uns nun bewusst wird oder nicht, die unterschiedlichsten Testverfahren. Alle diese Situationen haben gemeinsam, dass durch Tests etwas über den betreffenden Menschen in Erfahrung gebracht werden soll. Die Themenfelder können dabei sehr unterschiedlich sein. Häufig steht die Persönlichkeit, also charakterliche Merkmale eines Menschen, stärker im Vordergrund. Fragestellungen in diesem Zusammenhang können sein:

- Wie steht es um seine Leistungsbereitschaft?
- Wie zuverlässig ist er?
- Wie entscheidungsfreudig ist der Kandidat?

Ein anderes Mal wird erlerntes Wissen getestet oder Begabungen und Talente. Fragestellungen, die dabei von Interesse sein könnten, sind etwa:

- Hat die Testperson Kenntnisse im Bereich IT-Netzwerke?
- Wie steht es um das räumliche Denkvermögen eines Bewerbers?
- Kann der Kandidat auch unter Zeitdruck qualitativ gute Arbeitsergebnisse erzielen?

Wenn wir uns in diesem Buch intensiver mit Einstellungstests beschäftigen, steht bei den Aufgabenstellungen der Tests immer eine Frage im Vordergrund: Passt der Kandidat auf die zu besetzende Stelle? Es geht also darum, dass Unternehmen ihre Entscheidung, ob sie jemandem einen Ausbildungsplatz anbieten oder einen Mitarbeiter einstellen, auf sichere Beine stellen wollen. Schließlich soll ja im Interesse von beiden – Unternehmen und Bewerber – das Beschäftigungsverhältnis erfolgreich sein. Und je besser ein Kandidat mit den gestellten Anforderungen zurechtkommt, umso höher ist die Wahrscheinlichkeit, dass beide Seiten zufrieden sind.

Bewerben Sie sich um einen Ausbildungsplatz, geht es erst einmal darum, den geeigneten Ausbildungsberuf zu finden. Sie sollten sich mit den unterschiedlichen Berufsbildern und Anforderungen sehr genau auseinander setzen. Schließlich werden Sie viele Stunden, Monate und Jahre mit entsprechenden Tätigkeiten beschäftigt sein. Wer dabei keinen Spaß hat oder nicht dafür geeignet ist, für den kann die Arbeit zur Qual werden.

ACHTUNG

**INFORMIEREN SIE SICH ÜBER SPEZIELLE ANFORDERUNGEN**

Nutzen Sie die Informationsmöglichkeiten in den Berufsinformationszentren (BIZ) der Agenturen für Arbeit, um mehr über die Anforderungen in den einzelnen Berufen zu erfahren. Ihre Arbeitsagentur sagt Ihnen, wo Sie das nächste BIZ finden, oder Sie schauen unter www.arbeitsagentur.de nach. Hier stehen viele Informationen rund das Thema Ausbildungsberufe zur Verfügung.

Werden Sie zu einem Eignungstest für einen Ausbildungsplatz eingeladen, möchte das Unternehmen feststellen, ob Sie für den Beruf aufgrund Ihrer Begabungen und Fähigkeiten überhaupt geeignet sind und ob es wahrscheinlich ist, dass Sie die Ausbildung erfolgreich abschließen können.

ACHTUNG

**HILFE BEI DER BERUFSWAHL**

Sollten Sie sehr unsicher sein, welche Fähigkeiten und Begabungen Sie haben, können Sie auch über die Berufsberatung der Bundesagentur für Arbeit an einem Eignungstest teilnehmen, der Ihnen bei der Berufswahl hilft.

Besetzen Unternehmen einen Arbeitsplatz, kommen neben den allgemeinen Anforderungen des Berufsbildes spezifische Anforderungen des konkreten Arbeitsplatzes hinzu. Die Tätigkeit eines Metallfacharbeiters kann sehr unterschiedlich sein, je nachdem, ob er in der Produktion eines Großunternehmens tätig ist, das Abgasrohre produziert, oder ob er im technischen Servicebereich einer Hausverwaltungsgesellschaft arbeiten soll, die für die Instandhaltung der Immobilien verantwortlich ist. Auch hier wollen Unternehmen im Rahmen des Auswahlprozesses herausfinden, welche Bewerber besonders gut passen. Dies setzt natürlich voraus, dass man auch weiß, welche Anforderungen bezogen auf die Stelle besonders bedeutsam sind. Da heißt es für die Unternehmen, zuerst mal ihre Hausaufgaben zu machen und ein sogenanntes Stellen-Anforderungsprofil zu erstellen.

### ANFORDERUNGSPROFIL FÜR DIE STELLE EINES SACHBEARBEITERS

BEISPIEL

Ein Anforderungsprofil für die Stelle eines Sachbearbeiters in der Auftragsabwicklung könnte etwa wie folgt aussehen:

**Anforderungsprofil: Sachbearbeiter im Vertriebsinnendienst**

Tätigkeiten

- Telefonische Kundenberatung
- Auftragsannahme und interne Bearbeitung
- Klärung von technischen Spezifikationen
- Auftragsverfolgung und Versandabwicklung
- Rechnungserstellung
- Verfolgung Zahlungseingang
- Garantieabwicklung
- Steuerung des technischen Außendienstes

Anforderungen

- Kaufmännische Ausbildung
- Technisches Verständnis
- Sicherer Umgang mit Zahlen
- Systematische Arbeitsweise
- PC-Anwenderkenntnisse MS-Word und MS-Excel
- Gute Deutschkenntnisse in Wort und Schrift
- Freundliche, kundenorientierte Arbeitsweise

Diese Anforderungen stellen die Grundlage für die Kombination der einzelnen Testarten dar. Ziel der Einstellungstests ist es, anhand der Ergebnisse ein klareres Bild zu bekommen, ob ein Bewerber den jeweiligen Anforderungen gewachsen ist. Die Wahrscheinlichkeit ist immer dann groß, wenn Anforderungsprofil und Bewerberprofil sich möglichst gut decken.

ACHTUNG

**SCHAUEN SIE SICH DAS ANFORDERUNGSPROFIL GENAU AN**

Schauen Sie sich das Anforderungsprofil der zu besetzenden Stelle im Vorfeld des Tests sehr genau an. Daran können Sie schon erkennen, welche Bereiche in den Testübungen schwerpunktmäßig abgedeckt werden.

Einstellungstests können in sehr unterschiedlichen Formen durchgeführt werden. Es gibt Varianten, bei denen Sie Antworten aus einer vorgegebenen Auswahl ankreuzen müssen. Diese werden Multiple-Choice-Tests genannt und stellen die größte Gruppe der Tests dar. Es gibt aber auch solche, bei denen Sie zum Beispiel die Lösungen aufschreiben oder in einem Text Fehler unterstreichen müssen.

Wir werden im Kapitel „Welche Testverfahren gibt es?“ ausführlich auf diese verschiedenen Formen eingehen. Wichtig ist, dass Sie die Aufgabenstellung immer sehr genau lesen, denn die Tests werden maschinell oder mit Schablonen ausgewertet. Das heißt: Wenn Sie eine Aufgabenstellung nicht richtig verstanden haben, gibt es kein Pardon, die Lösung wird einfach als falsch gewertet.

# Wie erfolgt die Bewerberauswahl im Unternehmen?

Damit Sie besser verstehen können, wie Einstellungstests in den Auswahlprozess von Bewerbern eingebunden sind, wollen wir einen Blick „hinter die Kulissen" werfen und uns anschauen, wie Unternehmen bei der Stellenbesetzung vorgehen.

„Unternehmensvertreter haben es gut. Sie können sich aus einer solchen Vielzahl von Bewerbern die besten rauspicken. Die haben es leicht!" – Denken Sie bisweilen auch so? Dennoch, ganz so einfach ist es dann auch wieder nicht. Es gibt zwar sehr häufig eine große Zahl von Bewerbern, aber die Frage ist: Wer von ihnen passt am besten auf die zu besetzende Stelle? Wer wird die gestellten Aufgaben zur Zufriedenheit lösen können? Bei der Besetzung von Ausbildungsplätzen steht folgende Frage im Vordergrund: Welcher Bewerber wird die Ausbildung erfolgreich abschließen können und für uns anschließend ein geeigneter Mitarbeiter sein?

Wer die Wahl hat, hat die Qual. Es ist nicht einfach, aus einer großen Zahl von Bewerbern den richtigen zu erkennen. Wie gehen Unternehmen dabei vor? Lassen Sie uns anhand eines praktischen Beispiels diesen Auswahlprozess etwas näher ansehen.

**3 FREIE AUSBILDUNGSPLÄTZE BEI DER MAX MÜLLER GMBH** BEISPIEL

Die Max Müller GmbH hat 3 Ausbildungsplätze zum Konstruktionsmechaniker zu besetzen. Gesucht werden Bewerberinnen oder Bewerber mit einem guten Realschulabschluss. Der Personalleiter Peter Schlau ist zusammen mit dem technischen Leiter, Thomas Huber, für die Auswahl der passenden Bewerber zuständig.

Zunächst wird ein Anforderungsprofil, wie wir es bereits vorgestellt haben, erstellt. Dabei überlegen die Verantwortlichen, welches die wichtigsten Voraussetzungen sind, damit jemand in diesem Beruf gut und erfolgreich arbeiten kann. Sie greifen dabei auch auf ihre Erfahrungen aus der Vergangenheit bei der Besetzung von Ausbildungsplätzen zurück.

**Anforderungsprofil: Ausbildungsplatzbewerber für den Beruf Konstruktionsmechaniker**

- Realschulabschluss mindestens mit der Note „befriedigend"
- Überdurchschnittliche Schulleistungen in den Fächern Mathematik und Physik
- Gutes räumliches Vorstellungsvermögen
- Handwerkliches Geschick
- Analytische Fähigkeiten

Ferner werden Bewerber gesucht, die bereit sind, sich während der Ausbildung selbst stark zu engagieren, und ein gutes Teamverhalten aufweisen, da sie auch mit den Mitarbeitern im Unternehmen klarkommen sollen.

Peter Schlau hat bei der Bundesagentur für Arbeit und auf der Homepage der Max Müller GmbH die offenen Ausbildungsstellen ausgeschrieben und sammelt alle Bewerbungen, die bis zum 31. Januar eingehen.

## Erster Auswahlschritt: Bewerbungsunterlagen

Die Ausbildungsplätze sind begehrt, insgesamt haben 150 Bewerber ihre Unterlagen geschickt. In der Regel liegen Unternehmen als erste Entscheidungsgrundlage lediglich die schriftlichen Bewerbungsunterlagen vor. Die Bewerber, die im Unternehmen bekannt sind, weil sie dort ein Praktikum gemacht haben oder empfohlen wurden, haben es da besser, sie können diese erste Vorauswahlstufe, bei der allein die Bewerbungsunterlagen beurteilt werden, umgehen. In unserem Beispiel sind die beiden Bewerber

Rüdiger Stark und Susanne Peine dem Unternehmen bereits bekannt und werden als interessante Kandidaten eingeordnet.

Dann ist es so weit: Peter Schlau und Thomas Huber sitzen vor dem Stapel der eingegangenen Bewerbungsunterlagen und überlegen, wie sie weiter vorgehen. Am einfachsten ist es, zunächst anhand der beiden ersten Kriterien im Anforderungsprofil eine Vorauswahl zu treffen. Weil sie nicht genug Zeit haben, alle 150 Bewerbungsmappen selbst durchzusehen, bitten sie eine Assistentin, die Bewerbungen von Kandidaten auszusortieren, die keinen mindestens mit „befriedigend" bewerteten Realschulabschluss vorweisen können. Ferner soll sie darauf achten, dass die Noten in den Fächern Mathematik und Physik in den Zeugnissen überdurchschnittlich sind.

Von den ursprünglich 150 Bewerbungen bleiben 70 übrig, die diese beiden Kriterien erfüllen. Jetzt heißt es wirklich, sich jede Bewerbungsmappe einzeln anzusehen. Im nächsten Schritt teilen sich Peter Schlau und Thomas Huber den Stapel auf, und jeder sieht sich die Mappen im Hinblick auf die folgenden Fragestellungen an:

- Macht die Mappe einen ordentlichen Eindruck?
- Sind Schreibfehler in der Bewerbung?
- Kann der Bewerber in seinem Anschreiben im Hinblick auf die Anforderungskriterien gutes räumliches Vorstellungsvermögen, handwerkliches Geschick und analytische Fähigkeiten belegen, dass er besonders gut ist?

Insgesamt bleiben nach dieser Sichtung noch 28 Bewerbungen übrig. Zusammen mit den beiden Bewerbern Rüdiger Stark und Susanne Peine sind also 30 Bewerber für die 3 Ausbildungsplätze im Rennen.

## Zweiter Auswahlschritt: Einstellungstests

Da es aus zeitlichen Gründen nicht möglich ist, mit allen 30 Bewerbern ein Vorstellungsgespräch zu führen, und man ferner noch sicherer sein will, dass die Anwärter hinsichtlich der Anforderungskriterien auch wirklich geeignet sind, entscheiden sich Peter Schlau und Thomas Huber dafür, mit diesen Kandidaten einen Einstellungstest durchzuführen. Der Test enthält spezielle Übungen, die Aussagen über das räumliche Vorstellungsvermögen und die analytischen Fähigkeiten zulassen. Ferner wird ein Test eingesetzt, der besonders das handwerkliche Geschick beleuchtet. Schließlich führen Herr Schlau und Herr Huber noch eine Gruppendiskussion durch, um zusätzlich einen Eindruck über das Kommunikationsverhalten der Kandidaten zu bekommen.

Ein externer Personalberater unterstützt die beiden Herren bei der Durchführung dieses Eignungstestverfahrens. Insgesamt gibt es 5 Einstellungstesttermine, die jeweils einen halben Tag dauern und an denen jeweils 6 Bewerber teilnehmen.

## Dritter Auswahlschritt: Vorstellungsgespräch

Nach Auswertung der Testverfahren haben sich 6 Bewerber herauskristallisiert, die aufgrund ihrer Leistungen und ihres Verhaltens besonders geeignet erscheinen. Mit ihnen führen Peter Schlau und Thomas Huber in der letzten Auswahlstufe Einzelvorstellungsgespräche, bevor sie sich für 3 von den Bewerbern entscheiden.

Wie man sieht, ist die Bewerberauswahl doch recht aufwendig, und Unternehmen investieren viel Zeit und eine Menge Geld, um die passenden Kandidaten zu finden. Das braucht auch nicht zu verwundern. Schließlich ist es für ein Unternehmen von entscheidender Bedeutung, die richtigen Mitarbeiter an Bord zu haben. Denn diese bestimmen ganz wesentlich mit, ob das Unternehmen erfolgreich ist. Vor diesem Hintergrund möchte man das Risiko, den „Falschen" einzustellen, so gering wie möglich halten. Der Auswahlprozess stellt sich deshalb wie folgt dar:

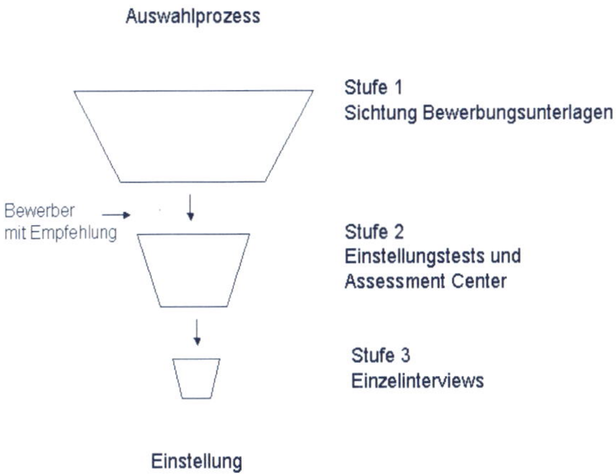


Einstellungstests stellen ein wichtiges Element im Rahmen des Auswahlprozesses dar. Sie helfen dabei, die große Zahl an Bewerbungen mittels relevanter Kriterien zu reduzieren. Die Verfahren hierbei sind meist standardisiert, das heißt, eine größere Zahl von Bewerbern kann die Testverfahren anhand fest vorgegebener Kriterien gleichzeitig durcharbeiten. Dies ermöglicht eine rationelle und schnelle Durchführung und Auswertung für die Unternehmen. Je nach Intensität kann das Testverfahren 2 Stunden, aber auch einen ganzen Tag dauern.

Gleichzeitig geben die Ergebnisse dieser Tests den Unternehmensvertretern mehr Sicherheit bei der Auswahlentscheidung. Gerade bei Berufsstartern ist es oft sehr schwer, allein aufgrund der vorliegenden Bewerbungsunterlagen, die in der Regel aus einem Anschreiben, einem Lebenslauf und Zeugnissen bestehen, einen verlässlichen Eindruck zu erhalten. Jeder kennt die besondere Problematik, was Schulnoten tatsächlich aussagen. Mittels Einstellungstests haben alle teilnehmenden Kandidaten die gleichen Ausgangsbedingungen, und es ist eine wesentlich bessere Vergleichbarkeit gegeben.

**FRAGEN SIE IM UNTERNEHMEN NACH** ACHTUNG

Fragen Sie ruhig im Vorfeld einer Bewerbung bei Ihrem Ziel-Unternehmen nach, wie der Auswahlprozess dort abläuft und wie Sie sich am besten darauf vorbereiten können.

# Wie kann ich mich auf Einstellungstests vorbereiten?

Für die meisten Bewerber sind Einstellungstests eine geheimnisvolle „Black Box“, sie können sich nicht viel darunter vorstellen. Vielleicht haben Sie von Freunden oder Bekannten schon Berichte darüber gehört, aber Sie wissen nicht so richtig, was da auf Sie zukommt. Mit der Lektüre dieses Buches und der Bearbeitung der Übungen gehen Sie den ersten wichtigen Schritt zur Vorbereitung: Sie lernen die wichtigsten Aufgabenstellungen kennen und erfahren, warum sie zum Einsatz kommen. Der erste Teil des Buches gibt Ihnen Hintergrundinformationen zu Testverfahren und stellt die wichtigsten Testarten sowie die jeweiligen Lösungsstrategien zu den einzelnen Aufgabentypen anhand von Beispielaufgaben vor. Sie werden verschiedene Bearbeitungsmethoden und Lösungswege kennen lernen. Der Weg zur Lösung der einzelnen Aufgaben wird Schritt für Schritt beschrieben und ist somit gut nachvollziehbar.

Der zweite Teil des Buches ist in 3 abgeschlossene Tests aufgeteilt. Dies ermöglicht es Ihnen nicht nur, mehr Übung bei der Lösung der Aufgaben zu gewinnen, sondern Sie können darüber hinaus bei beiden Tests eine Prüfungssituation simulieren. Es zeigt sich immer wieder in der Praxis, dass Kandidaten im Vorteil sind, die wissen, welche Aufgabenstellungen auf sie zukommen können, und die Übung bei der Bearbeitung haben.

Die 3 Tests in diesem Buch erfordern jeweils etwa eine Stunde Bearbeitungszeit. Planen Sie dies ein, denn nur wenn Sie einen Test ohne Unterbrechung durchführen, können Sie die zusätzliche Belastung durch den Zeitdruck simulieren. Also: Nicht zwischendurch telefonieren oder Musik hören – das können Sie bei einem „echten“ Test schließlich auch nicht!

ACHTUNG

**LEGEN SIE NUR KURZE PAUSEN EIN**

Arbeiten Sie nur mit kleineren Erholungspausen von ungefähr 2 bis 3 Minuten, die Sie zwischen den einzelnen Übungen eines Tests einlegen. Bei Eignungstests ergeben sich diese Pausen schon allein durch das Austeilen und Einsammeln der Testbögen.

Halten Sie sich an die jeweils vorgegebenen Zeiten, selbst wenn Sie nicht alle Aufgaben lösen können. Erschrecken Sie nicht allzu sehr: Die meisten Tests sind so angelegt, dass es nahezu unmöglich ist, fertig zu werden. Und gerade dieses Gefühl soll als weiteres Stressmoment einen Test erschweren. Man will Ihre Belastbarkeit testen, also sehen, ob Sie auch unter Zeitdruck noch konzentriert und ruhig arbeiten können. Zur Vorbereitung auf einen Einstellungstest sollten Sie sich zudem mit den Anforderungen des Berufsbildes und mit den konkreten Anforderungen der Stelle beschäftigen. Denn daraus lassen sich Anhaltspunkte dafür ableiten, womit Sie beim Einstellungstest zu rechnen haben.

ACHTUNG

**FINDEN SIE HERAUS, WORAUF ES IN DER PRAXIS ANKOMMT**

Sprechen Sie mit Menschen, die den angestrebten Beruf ausüben. Diese können Ihnen am besten sagen, worauf es in der Praxis wirklich ankommt, damit man die Tätigkeiten erfolgreich ausüben kann. Sofern Sie jemanden kennen, der in dem Unternehmen arbeitet, bei dem Sie sich bewerben, ist es auch hilfreich, mit dieser Person zu sprechen, da sie die firmenspezifischen Gegebenheiten besonders gut kennt. So gewinnen Sie „Insiderwissen".

Neben den in diesem Buch erläuterten Tests werden generell Aufgaben zum Einsatz kommen, die mathematisches Basiswissen, Rechtschreibkenntnisse und die Allgemeinbildung näher unter die Lupe nehmen. In jedem Fall sollten Sie sich im Vorfeld eines Einstellungstests nochmals Mathematikbücher oder Hefte ansehen, in denen

- der Dreisatz,
- das Prozentrechnen,
- und Flächenberechnungen (Rechteck, Dreieck ...)

behandelt werden. Es ist ferner sinnvoll, sich durch Lektüre der Tageszeitung über die aktuellen politischen und wirtschaftlichen Entwicklungen auf dem Laufenden zu halten.

**SCHAUEN SIE SICH DIE RECHTSCHREIB- UND KOMMAREGELN AN** ACHTUNG

Schauen Sie sich die Rechtschreib- und Kommaregeln im Vorfeld des Tests an oder bitten Sie jemanden, sie Ihnen nochmals zu erklären.

Nachfolgend eine Checkliste, mit der Sie den Stand Ihrer Vorbereitung auf Einstellungstests zu verschiedenen Zeitpunkten überprüfen können:

**CHECKLISTE: PRÜFEN SIE DEN STAND IHRER VORBEREITUNGEN** CHECK

| | ja | nein |
|---|---|---|
| Ich kenne die wichtigsten Testverfahren. | ☐ | ☐ |
| Ich weiß über die spezifischen Anforderungskriterien der Stelle/des Ausbildungsplatzes Bescheid. | ☐ | ☐ |
| Ich habe mit Menschen gesprochen, die den Beruf ausüben oder in dem Unternehmen arbeiten, bei dem ich mich bewerbe. | ☐ | ☐ |
| Ich habe mir die verschiedenen Übungen, die zum Einsatz kommen können, angesehen. | ☐ | ☐ |

| | | |
|---|---|---|
| Mir sind die Fragestellungen der einzelnen Aufgaben klar. | ☐ | ☐ |
| Ich kenne Lösungsstrategien zur Bearbeitung der Tests. | ☐ | ☐ |
| Ich habe Testaufgaben auch unter Zeitdruck geübt. | ☐ | ☐ |
| Ich habe mir mathematisches Basiswissen wie Dreisatz, Prozentrechnung oder Flächenberechnung nochmals angesehen und kann dieses auch anwenden. | ☐ | ☐ |
| Ich gehe ausgeschlafen in den Einstellungstest. | ☐ | ☐ |

# Welche Testverfahren gibt es?

Testverfahren gibt es eine ganze Menge. Wir können testen, wie schnell Sie 100 Meter laufen oder wie treu Sie Ihrer Freundin oder Ihrem Freund sind. Diese Fragestellungen sind im Zusammenhang mit der Auswahl von Bewerbern wohl nicht relevant. Schließlich geht das Ihren zukünftigen Arbeitgeber nichts an. Wenn wir hier von Testverfahren sprechen, so meinen wir immer psychologisch orientierte Testverfahren, die sich auf die Anforderungen in unterschiedlichen Berufen beziehen. Nachfolgend finden Sie eine Übersicht über die gängigsten psychologischen Testverfahren, die bei der Bewerberauswahl verwendet werden.

**TESTVERFAHREN IM ÜBERBLICK** TABELLE

| Berufs- und Leistungstests | Intelligenztests | Persönlichkeitstests | Assessment-Center |
|---|---|---|---|
| • Konzentrationstests<br>• Wissenstests | • Sprachliche Intelligenz<br>• Zahlenlogische Intelligenz<br>• Räumliche Intelligenz<br>• Kombinationsfähigkeit | • Fragebogentests<br>• Projektive Tests<br>• Verhaltenstests | • Beobachtung situativer Übungen |
| Mögliche Bestandteile einer Testbatterie | | | |

**PSYCHOLOGISCHE TESTVERFAHREN** TABELLE

| | |
|---|---|
| Berufs- und Leistungstest | Test, der zusammengestellt wurde, um die Eignung eines Bewerbers für ein Berufsfeld zu testen |
| Intelligenztest | Test, der die Stärken/Schwächen des Getesteten in Bezug auf einzelne Intelligenzfaktoren darstellt und mit dem Anforderungsprofil des Berufs abgleicht, zum Beispiel Intelligenz-Struktur-Test |

| | |
|---|---|
| Konzentrationstest | Test, der unter hohem Zeitdruck durchgeführt wird und die Konzentrationsfähigkeit beziehungsweise das Leistungsvermögen misst, zum Beispiel d2-Test |
| Wissenstest | Test, der die Allgemeinbildung beziehungsweise fachspezifisches Wissen hinterfragt |
| Persönlichkeitstest | Test, mit dem das Persönlichkeitsbild eines Bewerbers mit seinen Stärken und Schwächen dargestellt werden soll |
| Fragebogentest | Test, der anhand von Fragen, meist mit Multiple-Choice-Antwortmöglichkeiten ein Bild der Persönlichkeit des Getesteten abbildet, zum Beispiel 16-PF-Test |
| Projektive Testverfahren | Test, bei dem der Getestete Darstellungen interpretieren soll, zum Beispiel Rorschach-Test |
| Testbatterie | Kombination aus mehreren psychologischen Tests (meist Intelligenztests, Konzentrationstests) |
| Assessment-Center | Verhaltensbezogenes Verfahren zur Ermittlung von Eignungspotenzialen durch Beobachtung der Teilnehmer in Übungen. Assessment-Center kommen sehr häufig bei der Auswahl von Hochschulabsolventen und im Rahmen der Mitarbeiterförderung im Unternehmen zum Einsatz. Einzelne Elemente finden aber auch verstärkt bei der Auswahl von Auszubildenden ihren Einsatz. |

## Intelligenztests

Wie der Name schon sagt, soll über Intelligenztests eine Aussage dazu gemacht werden, wie intelligent ein Mensch ist. Doch bereits hier beginnt das Problem: Zuerst sollte einmal geklärt werden, was Intelligenz eigentlich ist. Selbst Fachleute sind sich nicht ganz darüber einig, was unter diesem Begriff zu verstehen ist. Eine häufig gebrauchte Definition lautet etwa: Intelligenz ist die Fähigkeit, unter Einsatz des Denkens neue Situationen ohne Zuhilfenahme bisheriger Erfahrungen erfolgreich zu bewältigen.

Das klingt kompliziert und ziemlich theoretisch, verdeutlich aber, dass Intelligenz etwas mit bestimmten Verhaltensweisen zu tun hat. Ein Begriff, der in diesem Zusammenhang auch häufig benutzt wird, ist der des „Intelligenzquotienten“ (IQ). Er soll angeben, wie intelligent eine Person im Verhältnis zu einer sehr breiten Vergleichsbasis ist. Sicherlich ist Ihnen diese Abkürzungen bereits begegnet. Der Quotient besagt, wie intelligent eine Person im Vergleich zur Gesamtbevölkerung ist: 90 % bis 110 % gilt als Durchschnittswert, wer einen IQ von über 130 hat, gilt als hochbegabt.

Wenn Intelligenztests im Rahmen der Bewerberauswahl zum Einsatz kommen, so steht nicht der IQ im Mittelpunkt, sondern die Intelligenzstruktur. Darunter ist das Stärken-Schwächen-Profil des Getesteten hinsichtlich einzelner Intelligenzfaktoren zu verstehen, zum Beispiel in Bezug auf räumliches Vorstellungsvermögen, Kombinationsfähigkeit oder zahlenlogisches Verständnis. Dieses Bewerberprofil kann wiederum dem Anforderungsprofil der Stelle gegenübergestellt werden. Je besser sich die beiden Profile decken, um so eher ist zu erwarten, dass der Bewerber mit den gestellten Anforderungen zurechtkommt. 2 Bewerber können daher den gleichen IQ haben, aufgrund ihres Intelligenzprofils jedoch sehr unterschiedlich für eine Stelle geeignet sein. Dies veranschaulicht das folgende Beispiel:

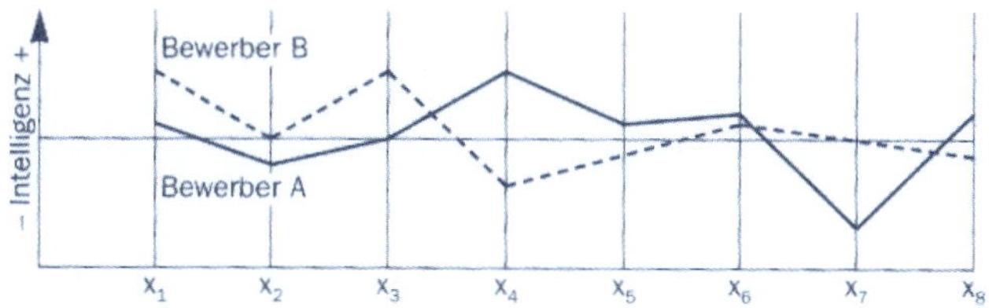


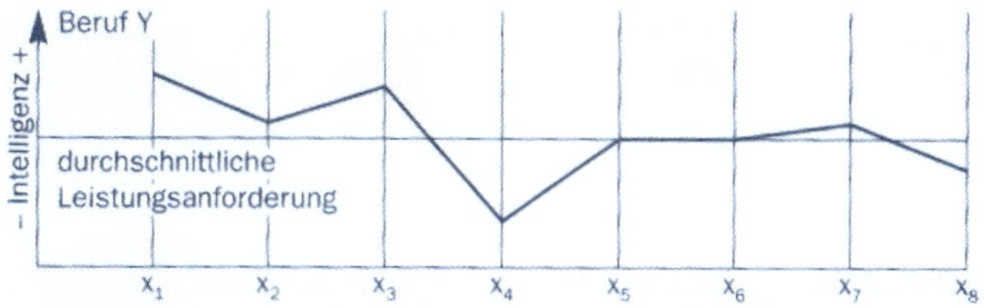

In Bezug auf das Anforderungsprofil ist Bewerber B insgesamt wesentlich besser für die ausgeschriebene Stelle geeignet, was sich besonders stark bei dem Anforderungskriterium 4 zeigt.

Bekannte Vertreter aus der Gruppe der Intelligenztests sind:

- Intelligenz-Struktur-Test (IST) von Amthauer
- Leistungsprüfsystem (LPS)
- Grundintelligenztest (CFT 3)
- Wilde-Intelligenztest

Intelligenztests gliedern sich in Untergruppen, die jeweils einen Intelligenzbereich abdecken. Bei ihrer Bearbeitung gilt es, die Aufgaben unter Zeitdruck zu lösen. Zum größten Teil handelt es sich dabei um sogenannte Multiple-Choice-Aufgaben, bei denen Sie aus verschiedenen vorgegebenen Antwortalternativen die richtige herausfinden und ankreuzen sollen. Dabei werden nur die richtigen Antworten gezählt.

ACHTUNG

**WENN NUR RICHTIGE ANTWORTEN GELTEN**

Wenn bei einem Multiple-Choice-Test nur die richtigen Antworten zählen, falsche Antworten also nicht zu einem Punktabzug führen, sollten Sie auf jeden Fall eine Antwortalternative ankreuzen, auch wenn Sie nicht ganz sicher sind, ob es sich um die richtige handelt. So besteht zumindest eine Chance, dass Sie einen Punkt bekommen.

## Berufs- und Leistungstests

Bei den Berufs- und Leistungstests stehen das fachliche Wissen und die Belastbarkeit bei der Ausübung von Aufgaben im Mittelpunkt der Betrachtung. Wissenstests, wie man sie, allerdings häufig ohne wissenschaftliche Konzeption, in Zeitschriften findet, sollen Auskunft darüber geben, über welche Allgemeinbildung oder welches spezifische Fachwissen ein Bewerber verfügt. Je nach Berufsfeld können demnach auch spezielle Schwerpunkte im Bereich Wirtschaft, Technik oder Informationstechnologie (IT) liegen. Es folgen beispielhafte 10 Fragen aus dem Bereich Wirtschaft.

1 Wie nennt man die Lehre der Volkswirtschaft?

☐ a Mikroökonomie

☐ b Nationalökonomie

☐ c Haushaltsbudget

☐ d Fiskalpolitik

2 Wie heißt der bekannteste Aktienindex Japans?

☐ a Nikkei

☐ b Hanseng

☐ c Dow Jones

☐ d Financial Times

3 Was versteht man unter einer Holding?

☐ a Die im Ausland befindliche Tochtergesellschaft eines Unternehmens

☐ b Die Vereinigung mehrer ehemals eigenständiger Unternehmen zu einem Konzern

☐ c Gesellschaft, die nicht selbst produzierend tätig ist, über den Besitz von Anteilen jedoch andere Gesellschaften beeinflusst oder beherrscht

☐ d Zusammenschluss von Unternehmen, die rechtlich und wirtschaftlich selbständig bleiben, mit der Zielsetzung der Marktbeherrschung

4 Sie kaufen ein festverzinsliches Wertpapier mit einem Zinssatz von 7,5 % und einer Restlaufzeit von 2 Jahren. Der Kaufkurs des Wertpapiers beträgt 102 %. Welche Rendite erreichen Sie mit dem Wertpapier?

☐ a 6 %

☐ b 7,5 %

☐ c 5,5 %

☐ d 6,5 %

5 Was versteht man unter Logistik?

☐ a Die Fähigkeit, folgerichtig zu denken

☐ b Die Organisation und Steuerung von Materialflüssen und Abläufen

☐ c Mathematische Grundlagenforschung

☐ d Kommerzielle Bearbeitung des Fremdenverkehrs

6 Wofür stehen die beiden Symbole Bulle und Bär?

☐ a Für die wirtschaftlich starken Industrieländer und die armen Entwicklungsländer

☐ b Offizielle Embleme des World Wildlife Funds

☐ c Markenzeichen eines russischen Wodkaherstellers

☐ d Für die Optimisten und die Pessimisten an Wertpapierbörsen

7 In welchem Land gibt es „Lira“ als Zahlungsmittel?

☐ a Türkei

☐ b Ecuador

☐ c Nicaragua

☐ d Laos

8 Was versteht man unter einer Urabstimmung?

☐ a Wahl des Betriebrats im Unternehmen

☐ b Abstimmung des Betriebsrats über einen Sozialplan

☐ c Abstimmung, ob aufgrund von Unzufriedenheit in der Belegschaft der Betriebsrat fristlos seines Amtes enthoben wird

☐ d Abstimmung der Gewerkschaftsmitglieder, ob Streikmaßnahmen ergriffen werden sollen

9 Was bedeutet „ppa“ vor einer Unterschrift?

☐ a Der Inhaber der Unterschrift schreibt vertretungsweise

☐ b Der Inhaber der Unterschrift ist berechtigt, branchenübliche Geschäfte für das Unternehmen vorzunehmen

☐ c Es handelt sich um das Aktenzeichen des Sekretariats

☐ d Der Inhaber der Unterschrift ist berechtigt, alle Arten von Rechtsgeschäften für das Unternehmen vorzunehmen.

10 Was bedeutet diese Angabe bei den Rentenkursen in der Tageszeitung? 5,25 % BB15 (BRD) 00/10 100,54
Es handelt sich um

☐ a ein Wertpapier mit einem Zinskupon von 15 %

☐ b ein Wertpapier der Bundesbahn mit einer Laufzeit bis 2010 und einem Zinssatz von 5,25 %

☐ c ein Wertpapier mit einem Tageskurs von 100,54 und einem Zinskupon von 5,25 %.

☐ d ein Wertpapier der Bundesrepublik Deutschland mit einer Nettorendite von 5,25 %, wenn man das Papier bis 2010 behält

## Lösungen

1 b

Die Volkswirtschaftslehre ist ein Teilgebiet der Wirtschaftswissenschaften, das sich vorwiegend mit makroökonomischen Fragestellungen beschäftigt. Bei der Nationalökonomie ist nicht ein einzelnes Unternehmen Betrachtungsgegenstand (Mikroökonomie), wie bei der Betriebswirtschaft, sondern die Wirtschaft einer Gesamtheit, wie sie z. B. eine Nation darstellt. Die Fiskalpolitik bezeichnet die Finanzpolitik des Bundes.

2 a

Der Nikkei-Index ist ein japanischer Aktienindex, dessen Tagesschlusskurse einen Durchschnittswert für die Gesamtentwicklung des Marktes angeben. Der Dow-Jones-Index setzt sich aus 30 an der New Yorker Wertpapierbörse gehandelten Industrieaktien zusammen.

3 c

Die Holding ist in der Regel eine Kapitalgesellschaft, die nicht selbst produziert, sondern als Halter von Anteilen an Unternehmen diese steuert und beeinflusst. In vielen Fällen liegt auch die Verwaltung eines Konzerns in den Händen der Holding. Den Zusammenschluss von ehemals selbständigen Unternehmen bezeichnet man als Fusion. Eine den Wettbewerb einschränkende Abstimmung, hauptsächlich von Preisen durch eigenständige Unternehmen, nennt man Kartell.

4 d

Kaufen Sie beispielsweise ein Wertpapier mit dem rückzuzahlenden Wert von 100 Euro, müssen Sie bei einem Kurs von 102 % heute 102 Euro bezahlen. Verzinst werden jedoch nur 100 Euro mit 7,5 %, dies ergibt bei einer zweijährigen Restlaufzeit Zinsen in Höhe von 15 Euro. Abzüglich des erhöhten Kaufpreises von 2 Euro bleibt eine Jahresrendite von 6,5 % ([15 – 2] : 2).

5 b

Der Begriff „Logistik" stammt ursprünglich aus dem militärischen Bereich und bezeichnet die Planung und die Bereitstellung der für die Versorgung der Truppe notwendigen Güter und Dienstleistungen. In der Wirtschaft ist die Logistik heutzutage ein breit angelegter Funktionsbereich, der sich mit dem zielgerichteten und ökonomischen Einsatz der Produktionsfaktoren in einem Unternehmen beschäftigt. Die Wissenschaft des folgerichtigen Denkens heißt Logik. Unter dem Begriff „Logizismus" versteht man die mathematische Grundlagenforschung. Die Touristik ist die kommerzielle Bearbeitung des Fremdenverkehrs.

6 d

Bulle und Bär stehen als Symbole für die Optimisten und die Pessimisten an Wertpapierbörsen. Vor der Frankfurter Wertpapierbörse steht eine Plastik der beiden Figuren.

7 a

Lira und Kuru sind türkisches Geld. In Ecuador heißt die Währung US-Dollar, in Nicaragua Córdoba und Centavos, in Laos Kip.

8 d

Die Urabstimmung ist eine geheime Abstimmung der Gewerkschaftsmitglieder im Unternehmen darüber, ob ein Streik durchgeführt werden soll. Um dies zu beschließen, müssen sich 75 % der Abstimmenden für einen Streik aussprechen.

9 d

Die Abkürzung „ppa“ steht für „per prokura“. Das bedeutet, dass der Unterschreibende vom Geschäftsinhaber mit einer umfassenden Vollmacht ausgestattet wurde. Er ist damit als Prokurist zur Ausführung aller Arten von Rechtsgeschäften berechtigt. Im Unterschied dazu darf der Handlungsbevollmächtigte nur branchenübliche Geschäfte tätigen.

10 c

Es handelt sich um ein festverzinsliches Wertpapier der Bundesrepublik Deutschland mit einer Laufzeit bis zum Jahr 2010 und einem Zinskupon von 5,25 %. Da der Tageskurs 100,54 % beträgt, bezahlen Sie bei einem Kauf für einen Wertpapierbetrag von 1000 Euro 1005,40 Euro zuzüglich Spesen und Provision.

Einen kompletten Allgemeinbildungstest finden Sie ab Seite 269.

Tests, die berufs- oder fachspezifische Kenntnisse prüfen sollen, werden auch als Berufstests bezeichnet. Möchte zum Beispiel jemand im Bereich IT als Netzwerkadministrator arbeiten, sollte er über ein entsprechendes Fachwissen verfügen. Hierzu zählt beispielsweise die Kenntnis, wie ein PC aufgebaut ist, welche Betriebssysteme es gibt und welche Netzwerkkonstellationen möglich sind. Auch Fremdsprachenkenntnisse lassen sich mittels eines Wissenstests, bei dem Wortschatz, Sprachgefühl und Grammatikkenntnisse getestet werden, besser einschätzen. Denn jeder versteht unter „guten Englischkenntnissen“ etwas anderes. Ein solcher Test bietet die Möglichkeit, eine vergleichbare Einordnung mehrerer Kandidaten auf einer einheitlichen Skala vorzunehmen.

ACHTUNG

**TESTS AUCH BEI ZEITARBEITSUNTERNEHMEN**

Oft lassen auch Personaldienstleistungsunternehmen, eher unter dem Namen Zeitarbeitsunternehmen bekannt, ihre Bewerber Berufs- oder Wissenstests durchführen, um deren Kenntnisstand zu prüfen. Beliebt sind zum Beispiel PC- und Rechtschreibtests, wenn es um kaufmännische Positionen geht.

Die Allgemeinbildung lässt sich in der Regel auf die Schnelle nicht deutlich steigern. Bei den Tests, die dieses Wissen prüfen sollen, gibt es aber eine ganze Reihe von klassischen Fragen, insbesondere in den Bereichen Geografie, Geschichte und Politik, die in vielen Tests abgefragt werden und die man daher „draufhaben" sollte. Neben dem Abfragen von Wissen werden bei Berufstests auch praktische Übungen durchgeführt, die zum Beispiel das handwerkliche Geschick und die Fingerfertigkeit belegen sollen. Die Drahtbiegeprobe ist hier ein bekannter Vertreter. Dabei sollen die Kandidaten aus einem Stück Draht beispielsweise eine Büroklammer oder eine Zange formen. Berufstests orientieren sich immer sehr eng an den jeweiligen Aufgaben, die der Bewerber zukünftig bewältigen können soll.

Bei Leistungs- und Konzentrationstests kommt man in der Regel am stärksten ins Schwitzen. Sie werden sehr oft bei der Auswahl von Auszubildenden eingesetzt und sollen Rückschlüsse auf das zukünftige Arbeitsverhalten erlauben. Kriterien wie Arbeitsgeschwindigkeit, Sorgfalt, Ausdauer, Ordnung, Arbeitsorganisation sowie Belastbarkeit stehen dabei im Vordergrund. Wie sicher noch aus dem Physikunterricht bekannt, wird Leistung als Arbeit pro Zeiteinheit definiert. Daher sind Leistungstests immer unter Zeitbegrenzung zu bearbeiten, der Zeitdruck stellt erfahrungsgemäß die größte Belastung dar.

Die Aufgabenstellungen sind an sich recht einfach. Sie sollen beispielsweise eine Originalrechnung mit einer Abschrift auf Fehler vergleichen, eine ganze Seite voll einstelliger Zahlen addieren oder bestimmte Buchstaben in einem Text ankreuzen. Da es sich aber um eine große Anzahl von Aufgaben handelt und die Uhr tickt, fällt es den meisten nach einer gewissen Zeit schwer, die Zahlen 2 und 3 richtig zu addieren. Wichtige Fragestellungen sind hier:

- Kann sich ein Bewerber auch unter Zeitdruck konzentrieren?
- Wie ist die Qualität der Bearbeitung im Zeitverlauf?
- Welche Mengenleistung ist ein Bewerber in der Lage zu bewältigen?
- Wie hoch ist die Fehlerquote insgesamt?

Bekannte Leistungstests sind:

- Aufmerksamkeits-Belastungstest (d2)
- Konzentrations-Verlaufs-Test (KVT)
- Konzentrations-Leistungs-Test (KLT)
- Pauli-Test (PT) von Arnold

## Persönlichkeitstests

Wie der Name schon sagt, dienen diese Tests dazu, das Persönlichkeitsbild eines Kandidaten für die Entscheider transparent zu machen. Was ist das für ein Mensch? Welche Charakterzüge hat er? – So lauten die Fragen, wenn derartige Tests bevorstehen. Den Arbeitgeber interessiert in diesem Zusammenhang insbesondere, wie es um die emotionale Stabilität (zum Beispiel Ausgeglichenheit, Selbstbewusstsein, Gelassenheit oder Aggressivität), soziale Intelligenz (zum Beispiel Kontaktfähigkeit, Durchsetzungsvermögen oder Anpassungsfähigkeit) sowie das Leistungsverhalten (zum Beispiel Pflichtbewusstsein, Ehrgeiz, Wille zum Erfolg oder Arbeitseinstellung) der Kandidaten bestellt ist.

Die Tests, mit denen derartige Fragen beantwortet werden sollen, lassen sich in 2 Gruppen unterteilen. Eine umfasst die sogenannten projektiven Testverfahren. Aus dieser Gruppe ist vor allem der Rorschach-Test bekannt. Dabei deutet der zu Testende Tintenkleckse. Aus der Interpretation der Grafiken werden anschließend Rückschlüsse auf die Persönlichkeit des Bewerbers gezogen. Es wird festgestellt, ob er zum Beispiel eher ängstlich ist oder gar psychische Krankheiten aufweist.

Eine weitere Variante der projektiven Testverfahren stellen Situationszeichnungen dar, bei denen der Testkandidat das Verhalten einer Person in der vorgegebenen Situation festlegen soll:

BEISPIEL

**SITUATIONSZEICHNUNG**

Wenn zum Beispiel ein Autofahrer bei starkem Regen durch eine Pfütze fährt und einen Fußgänger total nass spritzt, gibt es verschiedene Sprechblasen mit Aussagen, die der Kandidat dem Fußgänger quasi in den Mund legen kann.

a) Sie rücksichtsloser Kerl, so etwas ist mir ja noch nie vorgekommen!
b) Jetzt ist meine beste Kleidung vollkommen versaut!
c) Ich werde Ihnen die Rechnung für die Reinigung der Hose zusenden.
d) Das ist alles mein Fehler, ich habe Sie ja kommen sehen und hätte leicht auf dem Gehweg etwas zurückweichen können.

Durch die Auswahl einer Aussage gibt der Kandidat zu erkennen, was er in einer solchen Situation wohl selbst sagen würde. Daraus werden wiederum Rückschlüsse auf seine Persönlichkeit gezogen.

## Fragebogentests

Bei den „Fragebogentests" werden dem Kandidaten mehrere hundert Aussagen vorgelegt, die er mit „stimmt", „stimmt nicht" oder „zweifelhaft" bewerten muss. Die Fragen sind oft sehr persönlich wie zum Beispiel „Ich fühle mich oft sehr niedergeschlagen". Die Tests enthalten durchweg Kontrollfragen, damit es schwieriger ist, bewusst zu manipulieren. Hier ein Beispiel aus einem Persönlichkeitstest.

**FRAGENBOGENTEST** BEISPIEL

Ich bezweifle die Aufrichtigkeit von Menschen, die freundlicher sind, als ich es erwarten würde."

☐ a stimmt ☐ b unentschieden ☐ c nein

„Oft ärgere ich mich zu schnell über andere."

☐ a stimmt ☐ b unentschieden ☐ c nein

Ein gebräuchlicher Fragebogentest ist der 16-Persönlichkeits-Faktoren-Test, kurz 16PF genannt. Er enthält 192 Fragen, die in einer Bearbeitungszeit von 30 bis 45 Minuten zu beantworten sind. Mittlerweile gibt es ihn auch in einer revidierten Fassung (16PF-R) mit 184 Fragen.

Weitere Tests, die im Rahmen der Personalauswahl und -entwicklung häufig zum Einsatz kommen, sind der Differentielle Interessentest (DIT), das Eysenck-Persönlichkeits-Inventar (EPI), das Freiburger Persönlichkeitsinventar (FPI) und das Bochumer Inventar zur berufsbezogenen Persönlichkeitsbeschreibung (BIP). Einen breiten Einsatz in der Praxis findet auch der Myers-Briggs-Typenindikator (MBTI). Jeder Testteilnehmer wird dabei mit einem 4-Buchstaben-Code, entsprechend der Ausprägung seiner Testergebnisse, beschrieben. Diese beziehen sich auf die Fragestellungen:

- Ist der Kandidat eher nach außen oder nach innen orientiert? (E–I)
- Orientiert sich der Kandidat mehr an Fakten oder ist er eher intuitiv gesteuert? (S–N)
- Gewinnt der Kandidat seine Beurteilung eines Sachverhalts auf der Grundlage einer analytisch logischen Vorgehensweise oder eher gefühlsorientiert? (T–F)
- Fühlt sich der Kandidat eher in einem geordneten, klar strukturierten Umfeld wohl oder liebt er das kreative Chaos? (J–P)

Weniger offensichtlich als klassische Persönlichkeitstests zu erkennen, sind die sogenannten Satzergänzungstests. Hier werden die Testteilnehmer dazu aufgefordert, einen Satzanfang nach ihren Vorstellungen weiterzuführen.

BEISPIEL

**SATZERGÄNZUNGSTEST**

Mein sehnlichster Wunsch besteht darin, ______________________

Mit einer Gruppe von Menschen zu arbeiten ist ______________________

Thomas ist besorgt, dass ______________________

Das Prinzip ist jedoch das gleiche wie bei den bereits vorgestellten Fragestellungen: Man möchte etwas über Ihre Einstellung und Ihre Persönlichkeit in Erfahrung bringen.

ACHTUNG

**PERSÖNLICHKEITSTESTS VORWIEGEND FÜR FÜHRUNGSKRÄFTE**

Persönlichkeitstests kommen bei der Auswahl von Auszubildenden sowie Berufsstartern eher selten zum Einsatz. Sie sind vorwiegend bei Führungskräften Bestandteil des Auswahlprozesses und daher kein klassischer Bestandteil von Einstellungstests.

Persönlichkeitstests sind insgesamt recht umstritten. Immer wieder wird die Frage gestellt, ob ein Arbeitgeber das Recht hat, gezielt Einblick in die Persönlichkeitsstruktur eines Bewerbers zu nehmen. Formal haben Sie natürlich immer die Möglichkeit, die Bearbeitung des Tests zu verweigern. Dass sich dadurch die Chancen, den zu besetzenden Arbeitsplatz zu bekommen, verschlechtern, ist aber nicht von der Hand zu weisen. Generell dürfen psychologische Testverfahren nur von Psychologen durchgeführt und ausgewertet werden. Damit soll sichergestellt werden, dass die Ergebnisse nicht von Laien falsch interpretiert werden und kein Unfug mit den Tests gemacht wird.

Praktische Übungen zu Persönlichkeitstests finden Sie im Kapitel „Wie knacke ich Testaufgaben? – Wichtige Tipps und Kniffe für die Praxis“ in der Unterkategorie „Persönlichkeitstests“ ab Seite 123.

# Was sind Testbatterien?

Testbatterien – ein merkwürdiges Wort. Da kommt einem sofort der Gedanke an Legebatterien, in denen Hühner auf engstem Raum gehalten werden ... Nein, damit hat es nichts zu tun.

Wie Sie bereits gesehen haben, gibt es eine Vielzahl unterschiedlicher Testarten. Innerhalb der verschiedenen Testarten, zum Beispiel der Konzentrationstests, existieren wiederum sehr viele Einzeltests und Übungen. Wenn Sie zu einem Einstellungstest eingeladen werden, hat das Unternehmen oder ein von ihm beauftragter Berater zu entscheiden, welche Aufgabenstellungen konkret eingesetzt werden sollen. Der Aussagewert bezogen auf die konkrete Stelle oder den Ausbildungsplatz ist natürlich höher, wenn den Bewerbern unterschiedliche Übungen vorgelegt werden. Genau hier setzen Testbatterien an. Sie stellen eine Kombination aus unterschiedlichen Übungen dar, mit denen ein breites Spektrum an zu prüfenden Fähigkeiten abgedeckt werden soll.

Der bereits erwähnte Amthauer-Test aus dem Bereich der Intelligenztests ist zum Beispiel eine solche Testbatterie. Er besteht aus einzelnen Aufgabengruppen, die jeweils einen Bereich der Intelligenz – etwa räumliches Vorstellungsvermögen, sprachliches Denken oder Kombinationsfähigkeit – abdecken. In der Summe ergeben die verschiedenen Aufgaben das Intelligenzprofil. Am häufigsten finden wir Testbatterien bei den Intelligenztests sowie den Berufs- und Leistungstests.

**AUF DIE ERGEBNISSE IN WICHTIGEN BEREICHEN KOMMT ES AN** ! ACHTUNG

Machen Sie sich nicht zu viele Gedanken, wenn Sie mit einer einzelnen Übung aus einer Testbatterie nicht besonders gut klar kommen. Entscheidend ist, dass Sie bei den für den Beruf besonders wichtigen Bereichen überdurchschnittliche Ergebnisse erzielen.

# Was erwartet mich bei einem Assessment-Center?

Rauchende Köpfe, 2 bis 3 Tage volle Konzentration und jede Menge praktische Übungen, bei denen Kandidaten zeigen sollen, wie sie sich in berufsrelevanten Situationen verhalten – so sieht es in einem Assessment-Center (AC) aus. Das alles dient dem Ziel der Unternehmen, die Trefferwahrscheinlichkeit bei der Besetzung von Stellen zu erhöhen.

Lassen Sie uns zunächst den Begriff „Assessment-Center" etwas näher beleuchten. Er stammt aus dem Englischen und setzt sich aus dem Wort „to assess", das übersetzt „feststellen", „bewerten" oder „einschätzen" heißt, und dem Wort „center", das „Zentrum" oder „Mitte" bedeutet, zusammen. Im Mittelpunkt des Assessment-Center stehen Kandidaten, deren Verhalten mittels einzelner Übungen von sogenannten Assessoren beobachtet und bewertet werden soll. Unternehmen, die ACs einsetzen, verlassen sich also nicht ausschließlich auf Bewerbungsunterlagen, psychologische Tests oder die Aussagen eines Kandidaten im Vorstellungsgespräch. Sie wollen zusätzliche Sicherheit, um das Risiko einer Fehlbesetzung zu reduzieren. Nach dem Motto „Ich will es mit meinen eigenen Augen sehen" verschaffen sich Unternehmen mittels des AC einen direkten Eindruck vom Verhalten des Kandidaten in konkreten Praxissituationen. Im AC steht weniger das fachliche Wissen als vielmehr die Persönlichkeit, das Kommunikationsverhalten und die Motivation eines Kandidaten im Vordergrund.

Wie aussagefähig das AC tatsächlich ist, hängt nicht zuletzt davon ab, wie es gelingt, realistische Situationen aus dem Berufsalltag in Übungen umzusetzen. Je individueller das AC bezogen auf die zu besetzende Stelle entwickelt wurde, umso höher ist dieser Realitätsbezug. Dies ist auch für Kandidaten ein wichtiges Kriterium, wenn es um die Akzeptanz des Verfahrens geht. Schließlich wollen Sie ja keine „Spielchen" machen, bei denen Sie sich immer wieder die Frage stellen, was das Ganze mit der Tätigkeit zu tun hat, die Sie anstreben.

ACs werden in der Regel als Gruppenverfahren mit 8 bis 12 Teilnehmern in einem Zeitrahmen von 2 bis 3 Tagen durchgeführt. Es gibt auch Mini-ACs, die einen halben oder ganzen Tag dauern, sowie Einzel-ACs mit einem Kandidaten, die vorwiegend im Führungskräftebereich eingesetzt werden. Das Verhältnis zwischen Kandidaten und Assessoren ist in der Regel 2 : 1, das heißt, für 12 Kandidaten werden 6 Assessoren benötigt. Die Gruppe der Assessoren setzt sich aus Vertretern der Fachbereiche – oft ist der zukünftige Vorgesetzte der neuen Arbeitskraft darunter –, des Personalwesens und externen Beratern zusammen.

Wenn Sie sich als Hochschulabsolvent um eine Erstanstellung in einem größeren Unternehmen bewerben, ist die Wahrscheinlichkeit sehr hoch, dass Sie ein Assessment-Center als Auswahlstufe durchlaufen müssen. Aber selbst wenn Sie beim Berufseinstieg keine AC-Erfahrung sammeln konnten, wird Ihnen das Assessment-Center im weiteren Berufsleben sicherlich noch begegnen.

Auch wenn das AC vorwiegend als Auswahlinstrument für solche Bewerber bekannt ist, die einen Hochschulabschluss haben, wird es ebenso in großem Umfang im Rahmen der Personalentwicklung eingesetzt. In diesem Fall geht es darum, bereits eingestellte Mitarbeiter, denen eventuell mehr Verantwortung übertragen werden soll, nochmals gezielt „unter die Lupe" zu nehmen.

## Aufgaben im Assessment-Center

Assessment-Center setzen sich aus verschiedenen Aufgabentypen zusammen. Die nachfolgende Übersicht verdeutlicht dies.

TABELLE **AUFGABENTYPEN IM ASSESSMENT-CENTER**

| Einzelübungen | Partnerübungen | Gruppenübungen |
|---|---|---|
| Postkorb | Konfliktgespräch | Gruppendiskussion |
| Präsentation/ Einzelvortrag | Pro-und-Kontra-Diskussion | Gruppenarbeit, Fallstudie |

| Einzelübungen | Partnerübungen | Gruppenübungen |
|---|---|---|
| Organisationsaufgabe | | Rollenspiel |
| Berufs- und Leistungstests* | | |
| Intelligenztests* | | |
| Persönlichkeitstests* | | |
| Einzelinterview* | | |
| *Ergänzende Elemente in Assessment-Centern | | |

## Einzelübungen

Bei der Lösung dieser Aufgaben ist jeder Kandidat auf sich alleine gestellt. Hierzu gehören beispielsweise die folgenden Übungen.

### Postkorbübung

Stellen Sie sich vor, dass Sie eine Vielzahl von Informationen in Ihrem Posteingang oder in Ihrem Briefkasten finden. Die Aufgabe besteht darin, innerhalb einer vorgegebenen Zeit alle Vorgänge zu bearbeiten. In der Regel heißt das Entscheidungen zu treffen,

1. was Sie selbst erledigen müssen,
2. was Sie delegieren können und
3. was Sie beruhigt in die Mülltonne werfen können.

**ERSTELLEN SIE ZUERST EINEN TERMINPLAN** ! ACHTUNG

Achten Sie besonders auf terminliche Überschneidungen. Deshalb ist es sinnvoll zunächst einen Terminplan zu erstellen und die Termine einzutragen, damit Sie einen Überblick haben, was wann zu tun ist.

Generell gilt, dass Personalthemen möglichst nicht delegiert werden sollten. Ein Mitarbeitergespräch oder die Glückwünsche zum Firmenjubiläum sollte der Vorgesetzte selbst durchführen bzw. überbringen.

## Einzelpräsentationen/Vorträge

Sie sollen zu einem frei wählbaren oder vorgegebenen Thema einen Vortrag halten. Der Inhalt, doch vor allem die Art und Weise, wie Sie präsentieren, werden dabei bewertet.

In nahezu jedem Assessment-Center werden Sie eine sogenannte „Selbstpräsentation" als Übung antreffen. Dabei geht es darum, dass Sie sich den Unternehmensvertretern und den anderen Teilnehmern vorstellen. In der Regel haben Sie dafür 2 bis 5 Minuten zur Verfügung.

ACHTUNG

**ÜBERLEGEN SIE SCHON VORAB, WIE SIE SICH SELBST PRÄSENTIEREN**

Machen Sie sich im Vorfeld des Tests bereits Gedanken, wie Sie eine kurze Selbstpräsentation gestalten würden.

Wichtig ist dabei, dass Sie sowohl die wichtigsten Etappen Ihres bisherigen Lebens beschreiben, aber auch erläutern, warum Sie bestimmte Entscheidungen (Wahl der Leistungsfächer, Schulpraktika, Ausbildung ...) getroffen haben. Zeigen Sie, wofür Sie sich begeistern, und nennen Sie konkrete Beispiele für persönliche Stärken und bisher erzielte Erfolge.

Neben der Selbstpräsentation kann die Aufgabenstellung auch so lauten, dass Sie über ein bestimmtes Thema einen kurzen Vortrag halten sollen. Dieses kann vorgegeben oder frei wählbar sein. Auch hier zählt sowohl der Inhalt als auch die Art und Weise, wie es Ihnen gelingt, die Aufmerksamkeit der Zuhörer zu gewinnen. Es folgt eine Checkliste, die Ihnen zeigt, was Sie im Hinblick auf Ihr Vortrags- und Präsentationsverhalten beachten sollten:

**CHECKLISTE: VORBEREITUNG AUF VORTRÄGE UND PRÄSENTATIONEN** CHECK

| | ja | nein |
|---|---|---|
| Ich stelle mich zunächst den Zuhörern vor. | ☐ | ☐ |
| Ich halte Blickkontakt mit den Zuhörern. | ☐ | ☐ |
| Ich spreche klar und deutlich. | ☐ | ☐ |
| Ich stehe ruhig auf beiden Beinen und habe die Hände nicht in den Hosentaschen. | ☐ | ☐ |
| Ich lese meinen Text nicht ab, sondern benutze kleine Karten, auf denen ich Stichwörter notiert habe, die mir als roter Faden dienen. | ☐ | ☐ |
| Ich halte die zur Verfügung stehende Zeit ein. | ☐ | ☐ |
| Ich setze Medien wie zum Beispiel Flipchart oder Tafel zur Veranschaulichung meiner Präsentation ein. | ☐ | ☐ |
| Ich bedanke mich am Schluss für die Aufmerksamkeit und frage, ob seitens der Zuhörer noch Fragen bestehen. | ☐ | ☐ |

**NUTZEN SIE JEDE GELEGENHEIT, UM FEEDBACK EINZUHOLEN** ACHTUNG

Diese Aufgabenart kann man sehr gut üben. Nutzen Sie jede Gelegenheit, um Präsentationserfahrung zu sammeln, und lassen Sie sich ein Feedback geben, wie Ihr Vortragsverhalten auf andere wirkt. Weitere Hilfestellungen und praktische Übungen zum Thema „Selbstmarketing und Präsentation" finden Sie in: Doris und Frank Brenner, „Gut sein allein genügt nicht", Haufe Verlag 2008.

### Organisationsaufgaben

Die Problemerkennung und -lösung steht im Mittelpunkt dieser Aufgabengruppe. Sie sollen zum Beispiel eine Routenplanung für einen Vertriebsmitarbeiter ausarbeiten oder einen Umzug organisieren. Wichtig: Es muss zu erkennen sein, nach welcher Struktur Sie vorgehen und dass die Lösung praxistauglich ist.

ACHTUNG **BESCHÄFTIGEN SIE SICH MIT PROJEKTMANAGEMENT**

Beschäftigen Sie sich mit den Grundlagen des Projektmanagement. Buchtipp: Thorsten Reichert: Projektmanagement, Haufe Verlag 2009.

Ferner werden ACs häufig durch psychologische Testverfahren (Intelligenz- und Leistungstests sowie Persönlichkeitstests), wie Sie sie bereits kennen gelernt haben, ergänzt. Diese Übungen eignen sich besonders gut als zeitlicher „Lückenfüller" zwischen den einzelnen Übungen, da jeder Bewerber sie eigenständig durchführen kann. Als weiteres Element können Einzelgespräche stattfinden, die zur Abrundung des Kandidatenbildes beitragen sollen. Diese sind vom Wesen her vergleichbar mit den klassischen Vorstellungsgesprächen, allerdings in der Regel kürzer. Häufig werden die Teilnehmer auch danach gefragt, wie sie die anderen Kandidaten einschätzen.

## Partnerübungen

Im Vordergrund des Assessment-Center steht das Kommunikationsverhalten im Vieraugengespräch. Klassische Übungen in diesem Bereich sind:

### Konfliktgespräche

Bei diesen Aufgaben ist häufig die Konstellation Führungskraft-Mitarbeiter vorgegeben. Sie sollen in der Rolle des Vorgesetzten ein Gespräch führen und dabei ein Problem, das unmittelbar mit dem Verhalten des Mitarbeiters zu tun hat, lösen.

**WER FRAGT, DER FÜHRT** ACHTUNG

Lassen Sie zunächst den Mitarbeiter zu Wort kommen und die Situation aus seiner Sicht schildern. Vermeiden Sie Vorwürfe und das Androhen von Konsequenzen, versuchen Sie besser den Mitarbeiter zu aktivieren, dass er selbst Lösungen vorschlägt. Auch hier gilt die Regel: Wer fragt, der führt.

### Pro-und-Kontra-Diskussionen

Sie sollen bei diesen Aufgaben zeigen, dass Sie Ihren eigenen Standpunkt klar vertreten können, ohne Ihren „Kontrahenten" persönlich anzugreifen. Die Themenstellungen sind meist sehr allgemein gewählt, zum Beispiel Autobahnbenutzungsgebühren für Pkw, damit jeder die Möglichkeit hat, Argumente zu finden.

**NEHMEN SIE DIE ARGUMENTE IHRES GEGENÜBERS AUF** ACHTUNG

Versuchen Sie die Argumente Ihres Gegenübers in Ihrem Statement aufzugreifen und dann zu entkräften oder entwickeln Sie Lösungsansätze, die einen Konsens möglich machen.

## Gruppenübungen

Das Verhalten im Team und die Fähigkeit, in komplexen Arbeitssituationen als einer unter mehreren zu bestehen, stehen im Mittelpunkt dieser Aufgaben. Häufig eingesetzte Übungen sind:

### Gruppenarbeiten

Hier sind Sie als Team gefordert, eine Aufgabe zu lösen. Dies kann beispielsweise die Konstruktion eines Brückenmodells sein. Im Zentrum stehen das Kommunikationsverhalten und die Teamfähigkeit.

BEISPIEL

### AUFGABENBEISPIEL FÜR EINE GRUPPENARBEIT

Bauen Sie mit 3 Mitspielern gemeinsam ein Modell einer Brücke. Das Modell sollte mindestens eine Spannweite von 40 cm haben und frei stehend sein. Als Materialien stehen Ihnen Metaplankarten in der Größe 21 cm × 9,5 cm, eine Schere, ein Klebestift und ein Lineal zur Verfügung. Sie haben 20 Minuten Zeit.

Bei der Gruppenarbeit geht es darum, im Team eine Aufgabe zu lösen. Dabei steht die konkrete Projektdurchführung im Mittelpunkt. Häufig handelt es sich auch um „handwerkliche" Übungen, bei denen die Gruppe aus zur Verfügung gestellten Hilfsmitteln etwas bauen muss.

Wichtig ist es bei Gruppenarbeiten, zunächst einen Plan aufzustellen, wie vorgegangen werden soll. Wem es gelingt, sich als „Projektleiter" zu positionieren und die Akzeptanz der Gruppe zu erhalten, erzielt Bonuspunkte im Hinblick auf Führungsqualitäten. Argumentieren Sie sachlich, beziehen Sie Gruppenmitglieder aktiv in das Geschehen mit ein und honorieren Sie gute Leistungen und Ideen anderer durch Lob und Anerkennung.

In vielen Gruppen werden Unterteams gebildet, die sich mit Teilaspekten beschäftigen. Dies könnte im Beispiel heißen, dass sich ein Team mit den Pfeilern der Brücke beschäftigt und ein anderes Team die Brücke selbst baut. Die Stabilität der Brücke kann dadurch erhöht werden, dass die Metaplankarten wie eine Ziehharmonika gefaltet und überlappend ineinandergeschoben werden.

ACHTUNG

### AKZEPTANZ ERREICHEN UND AUFGABEN KOORDINIEREN

Wenn es Ihnen gelingt, von den anderen Gruppenmitgliedern akzeptiert zu werden und die Aufgabenstellung unter den Teammitgliedern zu koordinieren, können Sie Pluspunkte sammeln.

## Rollenspiele

Ähnlich wie bei der Partnerübung Konfliktgespräch sollen Sie in eine Rolle schlüpfen. Diesmal sind jedoch mehrere Personen mit unterschiedlichen Interessen beteiligt. Im Vorfeld der Übung werden Rollenanweisungen an die einzelnen Kandidaten ausgegeben. Jeder kennt nur seine Aufgabe, aber nicht die der Mitspieler.

**GEHEN SIE NÜTZLICHE ALLIANZEN EIN** ACHTUNG

Versuchen Sie gleich zu Beginn, die Interessen der anderen Kandidaten in Erfahrung zu bringen, und schließen Sie dann Allianzen, die für Ihre Zielerreichung günstig sind.

## Fallstudien

Hier wird Ihnen in der Regel eine Aufgabenstellung präsentiert, wie sie sich im Berufsalltag tatsächlich stellt. Wenn Sie sich beispielsweise auf eine Marketingposition bewerben, kann es durchaus vorkommen, dass Sie auf der Grundlage der vorgegebenen Informationen ein Marketingkonzept entwerfen sollen. Beschäftigen Sie sich daher im Vorfeld des AC mit den Produkten und Tätigkeiten, die Sie bei der zu besetzenden Stelle erwarten.

## Gruppendiskussionen

Die Gruppendiskussion ist ein Klassiker unter den AC-Übungen. Dabei sollen Sie mit mehreren Kandidaten (in der Regel in einer Gruppe von 4 bis 6) ein vorgegebenes oder frei gewähltes Thema diskutieren. Die meisten Gruppendiskussionen verlaufen „führerlos", es wird also im Vorfeld kein Diskussionsleiter bestimmt. Die Themen sind wie bei der Pro-und-Kontra-Diskussion sehr allgemein gehalten. Bei der Gruppendiskussion ist nicht in erster Linie entscheidend, welche inhaltlichen Argumente Sie liefern. Wichtig ist, wie Sie sich innerhalb der Gruppe verhalten.

Nachfolgend finden Sie ein Beispiel für einen Beurteilungsbogen, wie er bei Gruppendiskussionen von den Beurteilern verwendet wird:

**Beurteilungsbogen Gruppendiskussion**

Name des Diskussionsteilnehmers: ______________________

| Kriterien | 6 (stark ausgeprägt) | 5 | 4 | 3 | 2 | 1 (nicht vorhanden) |
|---|---|---|---|---|---|---|
| **Initiative** | | | | | | |
| Eröffnet Gruppendiskussion | | | | | | |
| Versucht, Gruppe zu organisieren/strukturieren | | | | | | |
| Führt Diskussion wieder zum Thema zurück | | | | | | |
| Bringt Diskussion konstruktiv weiter | | | | | | |
| **Durchsetzungsvermögen/Überzeugungskraft** | | | | | | |
| Beiträge werden als Gruppenmeinung übernommen | | | | | | |
| Lässt sich nicht unterbrechen | | | | | | |
| Argumente werden von der Gruppe als wertvoll angesehen | | | | | | |
| Behauptet seinen Standpunkt | | | | | | |
| **Kommunikationsfähigkeit** | | | | | | |
| Hört anderen zu und geht auf deren Beiträge ein | | | | | | |
| Hält Blickkontakt | | | | | | |
| Lässt andere Diskussionsteilnehmer ausreden | | | | | | |
| Fasst den Stand der Diskussion zusammen | | | | | | |
| **Soziales Verhalten** | | | | | | |
| Bezieht passive Diskussionsteilnehmer ein | | | | | | |
| Sorgt für angenehme Gesprächsatmosphäre | | | | | | |

| | | | | | | |
|---|---|---|---|---|---|---|
| Wertet gute Beiträge anderer | | | | | | |
| Kann sich in andere Personen und deren Standpunkte hineinversetzen | | | | | | |
| **Frustrationstoleranz/Ausdauer** | | | | | | |
| Lässt sich nicht einschüchtern | | | | | | |
| Ist während der gesamten Diskussion aktiv | | | | | | |
| Kann den eigenen Standpunkt auch gegen Widerstand vertreten | | | | | | |
| Verliert das eigene Konzept nicht aus den Augen | | | | | | |

**BEZIEHEN SIE STILLERE TEILNEHMER EIN** ACHTUNG

Beziehen Sie Teilnehmer, die sich kaum zu Wort melden, aktiv in die Diskussion ein und fassen Sie den Stand der Dinge zwischendurch und am Ende zusammen. Mehr zur Vorbereitung dieser Übung finden Sie im Kapitel „Wie knacke ich die Testaufgaben? – Wichtige Tipps und Kniffe für die Praxis".

Zum Abschluss noch eine Checkliste, die Ihnen bei der Vorbereitung auf eine Gruppendiskussion hilft.

**CHECKLISTE: ZUR VORBEREITUNG AUF GRUPPENDISKUSSIONEN** CHECK

| | ja | nein |
|---|---|---|
| Ich weiß, dass es positiv gesehen wird, wenn ich in der Gruppendiskussion den ersten Beitrag liefere und damit das Eis breche. | ☐ | ☐ |
| Ich spreche die anderen Teilnehmer in der Diskussion mit Namen an. | ☐ | ☐ |
| Ich fasse Zwischenergebnisse in gewissen Zeitabständen zusammen. | ☐ | ☐ |

| | | |
|---|---|---|
| Ich achte darauf, dass wir in der Diskussion nicht vom Thema abkommen, sollte das der Fall sein, versuche ich wieder zum eigentlichen Thema zurückzukommen. | ☐ | ☐ |
| Ich bleibe stets sachlich und greife andere Teilnehmer nicht persönlich an. | ☐ | ☐ |
| Ich versuche, auf die Argumente anderer einzugehen und diese in meinem eigenen Statement aufzugreifen. | ☐ | ☐ |
| Ich halte keine endlosen Monologe und beziehe Diskussionsteilnehmer, die besonders zurückhaltend sind, in die Diskussion mit ein. | ☐ | ☐ |
| Ich lasse andere Teilnehmer aussprechen und falle ihnen nicht ins Wort. | ☐ | ☐ |

Die Beobachter halten den Ablauf jeder Übung auf einem Auswertungsbogen fest. Am Ende des Assessment-Center findet eine Assessorenkonferenz statt, bei der die Eindrücke aller zusammengetragen und bereits Entscheidungen getroffen werden.

Zu jedem guten AC gehört ein ausführliches Feedback für die Kandidaten, ganz gleich, ob sie für die zu besetzende Position ausgewählt werden oder nicht. Deshalb stellt das AC für Sie als Teilnehmer auch immer eine Chance dar, mehr über sich zu erfahren und eine Rückmeldung zu erhalten, wie Ihr Verhalten von anderen wahrgenommen wird. So lassen sich Defizite erkennen und geeignete Maßnahmen ergreifen. Deshalb sollten Sie unbedingt auf ein Feedback-Gespräch bestehen.

**ACHTEN SIE AUF IHR VERHALTEN ZWISCHEN DEN ÜBUNGEN** ACHTUNG

Nicht nur während der Übungen stehen Sie unter Beobachtung. Seien Sie sich im Klaren darüber, dass Ihr Verhalten auch in den Pausen oder beim gemeinsamen Essen sehr bewusst wahrgenommen wird und letztendlich die Entscheidung mit beeinflusst.

## Auf einen Blick: Was für das AC spricht

- Die Bewertung der Teilnehmer erfolgt aufgrund ihrer Leistungen in verschiedenen Übungen. Damit ist sie für Sie als Kandidat wesentlich besser nachvollziehbar, als wenn sie ausschließlich auf den Eindrücken aus einem Interview basiert.
- Die Übungen im Assessment-Center haben einen Bezug zur späteren beruflichen Tätigkeit. Daraus können Sie für sich selbst die Frage beantworten, ob eine diesbezügliche Aufgabenstellung Ihren Interessen und Neigungen entspricht.
- Aufgrund der Methodenvielfalt haben Sie die Möglichkeit, sich in verschiedenen Situationen umfassend und realitätsnah zu präsentieren.
- Da Ihr Abschneiden von mehreren Assessoren bewertet wird, erhöht sich die Objektivität des Entscheidungsprozesses. Sie unterliegen damit nicht der alleinigen Entscheidungskompetenz eines einzelnen, vielmehr werden die Eindrücke in der Beobachterkonferenz diskutiert, relativiert und zu einem Gesamtbild zusammengefügt.

## Das Mini-AC

Da ein Assessment-Center sehr zeit- und kostenintensiv ist, haben sich besonders bei der Auswahl von Auszubildenden zunehmend auch sogenannte Mini-ACs etabliert. Das Mini-AC enthält wie das Assessment-Center Übungen, die verhaltensbezogen sind, also die Soft Skills wie Kommunikationsfähigkeit oder Teamfähigkeit testen. Allerdings dauert das Mini-AC meistens nur einen halben Tag bis maximal einen Tag und wird auch in Kombination mit einem Einstellungstest durchgeführt. Entsprechend weniger Übungen sind dabei anzutreffen. Besonders häufig werden in Mini-ACs Einzelpräsentationen und Gruppendiskussionen durchgeführt. Sie sollten sich also als Ausbildungsplatzsucher besonders mit diesen Übungen aus dem Assessment-Center vertraut machen. Es gelten alle Bearbeitungshinweise und Tipps wie auch beim Assessment-Center.

# Wie muss ich mir die Situation bei einem Einstellungstest vorstellen?

Die Einladung zu einem Einstellungstest ist zunächst einmal eine gute Nachricht. Sie bedeutet, dass Sie die erste Stufe des Auswahlprozesses gemeistert haben. Ihre Chancen auf den Ausbildungsplatz beziehungsweise die zu besetzende Stelle sind damit schon erheblich größer geworden.

## Testablauf in einem Unternehmen

Die Verfahren bei Einstellungstests sind meist standardisiert, sodass eine größere Zahl von Bewerbern die Übungen anhand fest vorgegebener Kriterien gleichzeitig bearbeiten kann. Dies ermöglicht eine schnelle und rationelle Durchführung und Auswertung für die Unternehmen. Je nachdem, wie umfangreich der Test angelegt ist, kann er 2 Stunden, aber auch länger dauern. Sie sollten daher nicht unter Zeitdruck stehen, sondern sich den ganzen Tag frei halten. Meist wird bereits im Einladungsschreiben auf den Zeitrahmen hingewiesen. Seien Sie nicht schockiert, wenn neben Ihnen noch zahlreiche andere Bewerber an dem Testverfahren teilnehmen. 10 bis 20 Kandidaten sind durchaus die Regel, oft kommen sogar mehr.

Wie muss man sich nun die Situation vorstellen, wenn man zu einem Testverfahren eingeladen wird? Hierzu beispielhaft eine kurze Einführung durch einen Personalleiter. So oder ähnlich könnten Sie bei einem Einstellungstest begrüßt werden.

**HERR MÜLLER BEGRÜSST DIE BEWERBER BEIM EINSTELLUNGSTEST** BEISPIEL

„Guten Morgen, meine Damen und Herren! Im Namen des Unternehmens darf ich Sie recht herzlich in unserem Haus begrüßen. Mein Name ist Müller, ich bin Personalleiter und zuständig für die Einstellung und Ausbildung neuer Mitarbeiter: Sie können sich mit allen Fragen, die sich im Lauf des Tages ergeben sollten, gern an mich wenden. Sie alle haben sich um einen Ausbildungsplatz in unserem Unternehmen beworben. Der von Ihnen angestrebte Ausbildungsgang erfreut sich großer Beliebtheit und stellt im Hinblick auf die zukünftigen Qualifikationsanforderungen eine solide Basis dar. Aufgrund der vielen Interessenten mussten wir bereits anhand der Bewerbungsunterlagen eine Vorauswahl treffen. Die Tatsache, dass wir Sie heute eingeladen haben, zeigt, dass Sie diese erste Hürde erfolgreich genommen haben. Sehen Sie deshalb dem bevorstehenden Test mit Zuversicht entgegen.

Wie Sie dem Einladungsschreiben entnehmen konnten, wollen wir heute einen Einstellungstest durchführen. Der Test enthält Aufgaben, die das Sprachgefühl, das zahlenlogische Verständnis, das räumliche Vorstellungsvermögen, die Konzentrationsfähigkeit und die Belastbarkeit überprüfen. Aus dem Testergebnis lässt sich für jeden von Ihnen ein Intelligenzprofil erstellen, das die Schwerpunkte der Begabung aufzeigt. Dieses Intelligenzprofil wird mit dem Anforderungsprofil der von uns zu besetzenden Ausbildungsplätze verglichen. Daraus ergibt sich die individuelle Eignung des Bewerbers für das spezielle Berufsbild. Sie verstehen sicherlich, dass wir die geeignetsten Bewerberinnen und Bewerber einstellen möchten. Der Eignungstest hilft uns dabei – doch auch Ihnen kann er wichtige Hinweise geben, wo Ihre besonderen Eignungsschwerpunkte liegen. Ich möchte betonen, dass der Test nicht das einzige Entscheidungskriterium für uns ist, sondern nur ein Glied in der Kette des Auswahlprozesses. Gehen Sie mit einer positiven Einstellung an den Test heran! Es wird nichts Unmögliches von Ihnen verlangt. Sie sollten allerdings heute in keiner Weise gesundheitlich beeinträchtigt sein, denn dies würde ohne Zweifel Ihr Testergebnis nachteilig beeinflussen. Fühlen Sie sich nicht gut, besteht die Möglichkeit, einen anderen Testtermin zu vereinbaren. So viel vorab. Ich wünsche Ihnen gutes Gelingen und das nötige Quäntchen Glück."

Nach dieser Begrüßung durch den Personalleiter werden die Testunterlagen ausgeteilt und es folgen meist noch einige Erläuterungen zur Durchführung der Tests.

### HERRN MÜLLERS ERLÄUTERUNGEN

BEISPIEL

„Vor jeder Übung werde ich Ihnen die Aufgabenstellung erklären sowie eine Beispielaufgabe mit Ihnen durchsprechen. Sie finden Aufgabenstellung und Beispielaufgabe in den Testunterlagen abgedruckt. Nachdem wir die Beispielaufgabe durchgesprochen haben, bitte ich Sie, bei Unklarheiten sofort nachzufragen. Es ist für Sie äußerst wichtig, die Aufgabenstellung genau verstanden zu haben, denn sonst laufen Sie Gefahr, eine komplette Übung falsch zu bearbeiten. Hat erst einmal die Bearbeitungszeit begonnen, können keine Fragen mehr gestellt werden. Bitte befolgen Sie genau meine Anweisungen und beginnen und beenden Sie die Bearbeitung einer Aufgabengruppe nur auf mein Zeichen. Versuchen Sie nicht, Ihr Testergebnis durch Abschreiben beim Nachbarn zu verfälschen. Blättern Sie auch nicht unerlaubt im Testmaterial vor und zurück."

### CHECKLISTE: DAS WICHTIGSTE ZUM ABLAUF DES EINSTELLUNGSTESTS

CHECK

| | ja | nein |
|---|---|---|
| Ich weiß, dass ich mit der Einladung zum Einstellungstest bereits die erste Auswahlhürde erfolgreich genommen habe. | ☐ | ☐ |
| Es ist mir bewusst, dass ich aus den Ergebnissen des Einstellungstests auch für mich wichtige Informationen im Hinblick auf meine Stärken und Schwächen ziehen kann. | ☐ | ☐ |
| Ich bin darauf vorbereitet, dass der Einstellungstest eine oder 2 Stunden, aber auch einen ganzen Tag dauern kann. Deshalb plane ich keine weiteren Termine an diesem Tag ein. | ☐ | ☐ |
| Ich höre genau zu, wenn die Aufgabenstellung erläutert wird, und stelle direkt nach der Erläuterung der Beispielaufgabe meine Frage, wenn ich etwas nicht verstehe. | ☐ | ☐ |

Ich halte mich an die Anweisungen des Testleiters – blättere also nicht in den Testunterlagen herum – und beginne erst mit der Bearbeitung, wenn das Zeichen dafür gegeben wird. ☐ ☐

ACHTUNG

**HALTEN SIE SICH AN DIE SPIELREGELN**

Es ist in der Tat nicht sinnvoll, beim Nachbarn Ergebnisse abzuschreiben, da üblicherweise 2 Durchführungsvarianten für die Tests gewählt werden. Diese werden jeweils versetzt ausgeteilt. Ihr Nachbar hat daher in der Regel eine andere Aufgabe zu bewältigen als Sie. Und halten Sie sich an die Anweisungen des Testleiters und damit an die Spielregeln. Sie wären nicht der Erste, der wegen Verstößen vom Test ausgeschlossen wird.

Sofern der Test mehr als einen halben Tag Zeit in Anspruch nimmt, werden entsprechende Pausen eingelegt. In der Regel erhalten Sie dann auch ein Mittagessen. Es kann dennoch nicht schaden, wenn Sie sich eine Kleinigkeit zum Essen oder ein paar Stücke Traubenzucker mitnehmen, denn die Tests sind anstrengend und kosten viel Energie.

## Alternative Durchführungsformen von Tests

Wurden in der Vergangenheit die Tests vorwiegend mit Papier und Stift durchgeführt, finden sich heute auch verstärkt elektronische Durchführungsformen:

## PC-gestützte Tests

Hier müssen Sie die Aufgaben an einem PC bearbeiten. Ist es bei der gedruckten Variante oft noch möglich, zu einer der vorhergehenden Aufgaben zurückzublättern und Korrekturen vorzunehmen, wird dies bei der PC-Variante meistens ausgeschlossen. Sobald Sie eine Lösung gewählt haben und zur nächsten Aufgabe weiterklicken, ist das Ergebnis verbindlich. Die Durchführung am PC hat für die Unternehmen den Vorteil, dass die Tests wesentlich leichter auszuwerten sind und damit die Ergebnisse unmittelbar nach der Testdurchführung auch zur Verfügung stehen. Ferner können die Tests damit noch individueller durchgeführt werden.

## Online-Tests

Insbesondere Persönlichkeitstests werden häufig nicht mehr zentral beim Unternehmen, sondern im Vorfeld beim Kandidaten zu Hause durchgeführt. In diesem Fall erhalten Sie eine Internetadresse sowie ein Passwort, mit dem Sie sich auf eine Testplattform begeben können. Sie bearbeiten dann die Aufgaben direkt an Ihrem eigenen PC. Die Bearbeitung hat in der Regel an einem Stück innerhalb eines bestimmten Zeitlimits zu erfolgen. Das Unternehmen kennt das Testergebnis damit bereits, bevor ein Kandidat überhaupt eingeladen werden muss, was unter Kostengesichtspunkten einen großen Vorteil bietet.

**SEIEN SIE BEIM TEST AUSGERUHT UND UNGESTÖRT** ACHTUNG

Wenn Sie einen Online-Test durchführen müssen, sollten Sie darauf achten, dass Sie bei der Bearbeitung ungestört sind. Seien Sie ausgeruht, lesen Sie sich im Vorfeld die allgemeinen Erläuterungen und Anweisungen durch, damit Sie sicher sind, die Aufgabenstellung wirklich verstanden zu haben. Erst dann sollten Sie mit der eigentlichen Testbearbeitung beginnen.

## Self Assessments

Eine besondere Variante von Online-Tests stellen sogenannte „Self Assessments“ dar. Auch hier führen Sie den Test online bei sich zu Hause durch. Allerdings können Sie Ihre Testergebnisse hier unmittelbar nach Durchführung selbst einsehen. Damit verfolgen Unternehmen das Ziel, dass potenzielle Bewerber bereits im Vorfeld einer Bewerbung für sich erkennen können, ob sich die gestellten Anforderungen mit ihren Qualifikationen, Fähigkeiten und Interessen gut decken und eine Bewerbung sinnvoll ist.

In der Auswertung wird der Interessent dann entweder darin bestärkt, eine Bewerbung zu schicken, oder es erfolgt die Rückmeldung, dass aufgrund der Angaben keine sehr hohe Deckung zwischen den Anforderungen des Berufs und dem Bewerberprofil besteht. Ein Beispiel für ein Self Assessment auf einer Unternehmensseite finden Sie bei dem Großhandelsunternehmen Fegro-Selgros auf der Interseite unter http://www.fegro-selgros.de/de/unternehmen/jobs/ausbildung/Passen_wir_zu_Ihnen.asp.

Zahlreiche Übungen, die Ihnen helfen, sich und Ihre Stärken besser zu erkennen, finden Sie in: Doris und Frank Brenner, „Gut sein allein genügt nicht“, Haufe Verlag 2008.

## Bewerberspiele

Eine für die meisten Kandidaten amüsante Variante von Online-Tests wird mit Bewerberspielen geboten. Die gewünschten Fähigkeiten und Kenntnisse werden nicht direkt abgefragt, sondern in ein Spiel integriert. Der Kandidat durchläuft hier mehrere Levels, vergleichbar mit anderen PC-Spielen. Wer das Spiel bis zum Schluss erfolgreich durchläuft, hat die Chance, interessante Preise zu gewinnen und gleichzeitig von den beteiligten Unternehmen für Ausbildungsplätze oder Jobangebote identifiziert zu werden. Spiele dieser Art werden sowohl von einzelnen Unternehmen direkt auf ihrer Homepage oder zentral von einem Dienstleister angeboten. Unter www.cyquest.de ist diese Variante einzusehen bzw. auch praktisch durchzuführen.

# Welche Strategien für die Testbearbeitung gibt es?

Bevor wir im nächsten Kapitel ausführlich auf die einzelnen Aufgabentypen und deren Bearbeitung eingehen, wollen wir über die allgemeine Strategie sprechen, mit der Sie an die Tests herangehen sollten. Wichtig ist natürlich, dass Sie ausgeruht sind, also genügend Schlaf hatten, und kurz vorher keine zu belastenden Aktivitäten ausgeübt haben. Ein Einstellungstest ist anstrengend und fordert Ihre ganze Konzentration. Nehmen Sie zum Test auch etwas zum Schreiben mit (Füller, Kugelschreiber), am besten zusätzlich noch einen Ersatzstift.

**GEHEN SIE SELBSTBEWUSST AN DEN TEST HERAN!** ACHTUNG

Machen Sie sich bewusst, dass Sie sich mit diesem Buch und der CD gut vorbereitet haben. Das schafft Gelassenheit, schließlich wissen Sie ja, was auf Sie zukommt. Haben Sie ruhig etwas Selbstbewusstsein!

Lösen Sie die Aufgaben innerhalb einer Übung in der angegebenen Reihenfolge, bleiben Sie aber nicht zu lange bei einer Frage hängen; möglicherweise sind Sie auf der falschen Spur und könnten die nächste Aufgabe besser lösen. Geben Sie andererseits nicht zu leicht auf; mit ein bisschen Geduld sind die meisten Fragen zu schaffen. Denken Sie daran, dass die Aufgaben insgesamt die Tendenz haben, immer schwieriger zu werden. Prüfen Sie vor Beginn der Bearbeitung, dass Sie verstanden haben, was von Ihnen verlangt wird; Sie verschwenden Zeit, wenn Sie einfach drauflosarbeiten, ohne sich darum zu kümmern, um welches Problem es genau geht.

Die Auswertung der Multiple-Choice-Tests erfolgt in der Regel so, dass nur die richtigen Antworten gezählt werden. Daher ist es ratsam, keine Aufgabe unbeantwortet zu lassen. Auch wenn Sie unsicher sind, kreuzen Sie lieber eine der angeführten Alternative an. So besteht zumindest eine Chance, dass sie richtig liegen und Punkte sammeln.

Nutzen Sie die kleinen Pausen zwischen den Übungen ganz bewusst zur Entspannung. Sie können ruhig die Augen schließen, vielleicht auch ein paar Fingerübungen zur Entspannung machen. Vor allem sollten Sie tief durchatmen, damit der Körper wieder genug Sauerstoff bekommt. Wenn etwa in der Mittagspause die Möglichkeit besteht, gehen Sie ruhig ein paar Minuten ins Freie. Das macht den Kopf frei und bringt neue Energie.

Nutzen Sie die im Kapitel „Wie knacke ich die Testaufgaben? – Wichtige Tipps und Kniffe für die Praxis“ vorgestellten Methoden. Denken Sie daran, die meisten Übungen sind nach ganz bestimmten „Strickmustern“ aufgebaut, die sich wiederholen. Gehen Sie die einzelnen Möglichkeiten der Reihe nach durch. Sollten Sie auch nach einigem Überlegen auf keine Lösung kommen, empfiehlt es sich, zur nächsten Aufgabe überzugehen und keine wertvolle Zeit durch Festbeißen zu vergeuden.

CHECK

**HABEN SIE FOLGENDE VERHALTENSWEISEN VERINNERLICHT?**

| | ja | nein |
|---|---|---|
| Ich gehe gelassen und ruhig an den Test: Da ich zum Einstellungstest zugelassen bin, habe ich bereits eine erste Vorauswahl überstanden. | ☐ | ☐ |
| Ich weiß, dass die Aufgaben innerhalb eines Aufgabenkomplexes an Schwierigkeit zunehmen. Ich arbeite daher am Anfang zügig und behalte meine Vorgehensweise auch bei den schwierigeren Aufgaben bei. | ☐ | ☐ |
| Falls ich bei einer Aufgabe zu keiner Lösung komme, versuche ich es einmal umgekehrt: Ich gehe von den gegebenen Lösungsvorschlägen aus und überlege mir mögliche Systeme, die zu den Lösungen führen. | ☐ | ☐ |

| | | |
|---|---|---|
| Sollte meine Antwort mit der ersten Multiple-Choice-Lösung übereinstimmen, prüfe ich die anderen Lösungsalternativen dennoch kurz, da sich diese oft nur in einem winzigen Detail unterscheiden, das man leicht übersieht. | ☐ | ☐ |
| Ich beiße mich nicht an einer Aufgabe fest. | ☐ | ☐ |
| Ich rate lieber, als gar keine Antwort anzukreuzen. | ☐ | ☐ |
| Ich bleibe ruhig, auch wenn ich nicht alle Aufgaben schaffe. | ☐ | ☐ |
| Sollte ich noch Zeit haben, gehe ich nochmals zu den ausgelassenen Aufgaben zurück. | ☐ | ☐ |

Seien Sie sich bewusst, dass auch Ihr Verhalten im Umgang mit den Unternehmensvertretern oder den anderen Kandidaten bewusst wahrgenommen wird. Wer die einfachsten Umgangsformen nicht beachtet, morgens noch nicht mal grüßt oder mittags beim gemeinsamen Essen nicht wartet, bis alle etwas auf dem Teller haben, sollte sich nicht wundern, wenn er trotz guter Testergebnisse aus dem Rennen fliegt.

Und schließlich: Sehen Sie den Einstellungstest als das, was er ist – ein Verfahren, um die Passgenauigkeit eines Kandidaten bezogen auf ein bestimmtes Berufsbild oder eine konkrete Stelle zu ermitteln. Der Einstellungstest kann auch Ihnen wichtige Erkenntnisse bringen, wo Ihre Stärken liegen und ob die angestrebte Tätigkeit tatsächlich zu Ihnen und Ihren Fähigkeiten passt. Der Test gibt Ihnen damit eine Hilfestellung für Ihre weitere berufliche Orientierung.

# Wie knacke ich die Testaufgaben? – Wichtige Tipps und Kniffe für die Praxis

In diesem Kapitel erhalten Sie gezielt Tipps dafür, wie Sie die einzelnen Übungen in Einstellungstests am besten lösen können. Jetzt brauchen Sie noch einen Stift, eine Stoppuhr (oder wenigstens eine Uhr mit Sekundenzeiger) und zu bestimmten Übungen einen Freund oder Bekannten, der Ihnen assistiert. Alle Übungen finden Sie auch auf der beigefügten CD, die Multiple-Choice-Aufgaben können Sie direkt am PC bearbeiten.

Für jeden Aufgabentypen finden Sie Beispielaufgaben. Anhand dieser stellen wir Ihnen verschiedene Bearbeitungsmethoden und Lösungshilfen vor. Der Weg zur Lösung der einzelnen Aufgabe wird Schritt für Schritt beschrieben und ist somit für Sie gut nachvollziehbar. Wenn Sie das jeweilige Bearbeitungsprinzip verstanden haben, dienen Ihnen die nachfolgenden Aufgaben zur weiteren Übung und Verinnerlichung.

## Zahlenreihen

In dieser Aufgabengruppe finden Sie eine Folge von Zahlen, die nach einer bestimmten Gesetzmäßigkeit aufgebaut ist. Ersetzen Sie das Fragezeichen durch die Zahl, die die Zahlenreihe logisch fortsetzt.

| | | | | | | | |
|---|---|---|---|---|---|---|---|
| a | 3 | 9 | 15 | 21 | 27 | ? | |
| b | 4 | 6 | 9 | 13 | 18 | 24 | ? |
| c | 3 | 6 | 18 | 72 | 360 | ? | |
| d | 1 | 2 | 7 | 20 | 61 | ? | |
| e | 2 | 4 | 25 | 75 | 95 | 380 | ? |
| f | 56 | 112 | 110 | 55 | 57 | 114 | ? |
| g | 523 | 477 | 430 | 382 | ? | | |

Um die Lösung zu finden, sollten Sie zunächst die Differenz- oder die Multiplikationsmethode anwenden.

## Differenzmethode

Die ersten Reihen in einer solchen Aufgabe sind meist sehr einfach zu ergänzen, indem man immer die Differenz der nebeneinander liegenden Zahlen verfolgt.

| | | | | | | |
|---|---|---|---|---|---|---|
| | | + 6 | + 6 | + 6 | + 6 | + 6 |
| a | 3 | 9 | 15 | 21 | 27 | ? |

Die Differenz der nebeneinander liegenden Zahlen ist jeweils 6, somit muss die gesuchte Zahl 33 sein (27 + 6 = 33). Bei dieser Methode sowie der später beschriebenen Multiplikationsmethode ist es zweckmäßig, die verbindenden Zahlen und die zugehörigen Rechenoperationen zu vermerken, um auf die Gesetzmäßigkeit schließen zu können (wie in unserem Beispiel die Differenz + 6).

| | | | | | | | |
|---|---|---|---|---|---|---|---|
| | | + 2 | + 3 | + 4 | + 5 | + 6 | + 7 |
| b | 4 | 6 | 9 | 13 | 18 | 24 | ? |

Im vorliegenden Fall steigert sich die Differenz jeweils um einen Punkt. Die Differenz zwischen der zuletzt vorgegebenen Zahl 24 und der gesuchten Zahl muss 7 betragen. Damit ist die Lösung 31.

## Multiplikationsmethode

Führt die Anwendung der Differenzmethode zu keiner Lösung und steigert sich der Wert der aufeinander folgenden Zahlen schnell, so liegt in der Regel eine Multiplikation vor.

| | | | | | | |
|---|---|---|---|---|---|---|
| | | × 2 | × 3 | × 4 | × 5 | × 6 |
| c | 3 | 6 | 18 | 72 | 360 | ? |

Die gesuchte Zahl ist 2160.

## Divisionsmethode

Verringert sich der Wert der aufeinander folgenden Zahlen schnell, so wird die Divisionsmethode analog angewandt.

**WENDEN SIE DIE 4 GRUNDRECHENARTEN AN** ACHTUNG

Gehen Sie davon aus, dass nahezu alle Ergebnisse mithilfe der 4 Grundrechenarten im Kopf berechnet werden können. Differenz-, Multiplikations- und Divisionsmethode können natürlich auch kombiniert werden.

| | | | | | | |
|---|---|---|---|---|---|---|
| | × 3 – 1 | × 3 + 1 | × 3 – 1 | × 3 + 1 | × 3 – 1 | |
| d | 1 | 2 | 7 | 20 | 61 | ? |

Der größte Schwierigkeitsgrad bei Zahlenreihen dürfte wohl in Aufgaben vorkommen, bei denen 2 völlig verschiedene, voneinander unabhängige Zahlenreihen miteinander verknüpft wurden, auch unter Verwendung der oben beschriebenen Methoden. Hier ist die Lösung 182.

| | | | | | | | |
|---|---|---|---|---|---|---|---|
| | × 2 | + 21 | × 3 | + 20 | × 4 | + 19 | |
| e | 2 | 4 | 25 | 75 | 95 | 380 | ? |

Die Lösung hier heißt 399. Für die Aufgabe f lautet sie 112, für g 333. Damit Sie mehr Übung bekommen folgen einige Übungsaufgaben.

**ZAHLENREIHEN** BEISPIEL

In der nächsten Gruppe von Aufgaben finden Sie jeweils eine Folge von Zahlen, die nach einer bestimmten Regel aufgebaut ist. Ersetzen Sie jedes Fragezeichen durch die Zahl, die die Zahlenreihe logisch fortführt.

2 4 6 8 ?

2 wird jeweils addiert, die gesuchte Zahl ist damit die 10.

## Übungsaufgaben

**Beginnen Sie jetzt, Sie haben 10 Minuten zur Verfügung.**

| | | | | | | |
|---|---|---|---|---|---|---|
| 1. | 5 | 7 | 4 | 6 | 3 | ? |
| 2. | 72 | 61 | 48 | ? | | |
| 3. | 7 | 14 | 12 | 24 | ? | |

| | | | | | | | | |
|---|---|---|---|---|---|---|---|---|
| 4. | 75 | 15 | 25 | 5 | 15 | ? | | |
| 5. | 5 | 35 | 28 | 4 | 11 | 77 | 70 | ? |
| 6. | 8 | 5 | 15 | 18 | 6 | 3 | 9 | ? |
| 7. | 3 | 8 | 5 | 14 | 9 | 22 | 15 | ? |
| 8. | 1 | 2 | 4 | 2 | 4 | 8 | 6 | ? |
| 9. | 64 | 48 | 40 | 36 | 34 | ? | | |
| 10. | 3 | 6 | 18 | 36 | 108 | 216 | ? | |
| 11. | 15 | 6 | 18 | 10 | 30 | 23 | 69 | ? |
| 12. | 6 | 7 | 9 | 13 | 21 | ? | | |
| 13. | 71 | 68 | 77 | 50 | ? | | | |
| 14. | 256 | 16 | 25 | 5 | 16 | 4 | ? | |
| 15. | 3 | 7 | 13 | 27 | 53 | ? | | |
| 16. | 72 | 56 | 48 | 44 | 42 | ? | | |
| 17. | –56 | –33 | –21,5 | –15,75 | ? | | | |
| 18. | 523 | 477 | 430 | 382 | ? | | | |
| 19. | 56 | 112 | 110 | 55 | 57 | 114 | ? | |
| 20. | 8,5 | 4,25 | 6,25 | 12,5 | 10,5 | 5,25 | ? | |
| 21. | 16 | $13\frac{1}{2}$ | $\frac{22}{2}$ | $8\frac{1}{2}$ | 6 | ? | | |
| 22. | $\frac{3}{2}$ | 2,2 | 3,1 | $4\frac{1}{5}$ | $5\frac{1}{2}$ | ? | | |
| 23. | 0,025 | $\frac{1}{20}$ | 0,15 | $\frac{6}{10}$ | ? | | | |
| 24. | 6561 | 81 | 9 | 3 | ? | | | |
| 25. | 312 | 78 | 26 | 13 | ? | | | |
| 26. | 52 | 69 | 88 | 109 | ? | | | |
| 27. | 44 | 55 | 64 | 71 | ? | | | |
| 28. | 37 | 52 | 68 | 85 | ? | | | |
| 29. | 1000 | 980 | 1020 | 960 | ? | | | |
| 30. | 82 | 97 | 114 | 133 | ? | | | |

| | | | | | | |
|---|---|---|---|---|---|---|
| 31. | 0 | 2 | 8 | 18 | ? | |
| 32. | 243 | 81 | 27 | 9 | ? | |
| 33. | 256 | 64 | 192 | 96 | ? | |
| 34. | 7 | 4 | 12 | 9 | ? | |
| 35. | 11 | 13 | 17 | 25 | ? | |
| 36. | 8 | 12 | 24 | 60 | 168 | ? |

## Lösungen

1. 5: Die Reihe wird durch Addition + 2 und Subtraktion – 3 fortgesetzt.

2. 33: Der abzuziehende Betrag steigert sich immer um 2, beginnend mit – 11, dann – 13, dann – 15.

3. 22: Die Reihe wird abwechselnd durch Multiplikation und Subtraktion der Zahl 2 fortgesetzt.

4. 3: Die Werte werden jeweils durch 5 geteilt, 75 : 5 = 15, dann 10 addiert ist 25, wieder durch 5 geteilt = 5, wieder 10 addiert = 15 und zuletzt wieder durch 5 geteilt.

5. 10: Es wird mit 7 multipliziert = 35, 7 subtrahiert = 28, dann durch 7 dividiert = 4, dann 7 addiert = 11, dann mit 7 erneut multipliziert = 77, 7 subtrahiert = 70, zuletzt durch 7 dividiert.

6. 12: Ähnlich wie zuvor wird diesmal 3 subtrahiert = 5, mit 3 multipliziert = 15, 3 addiert = 18, durch 3 dividiert = 6, 3 subtrahiert = 3, mit 3 multipliziert = 9, zuletzt wieder 3 addiert.

7. 32: Es handelt sich um 2 ineinander verschachtelte Zahlenreihen. Die erste beginnt mit 3 und es werden jeweils 2 = 5 addiert, dann 4 addiert = 9, dann 6 addiert = 15. Als Nächstes würde 8 addiert. Für die Lösung maßgeblich ist allerdings die andere Zahlenreihe, dort wird auch um 2 zunehmend addiert und zwar am Anfang + 6 = 14, dann + 8 = 22, dann + 10.

8. 12: Es handelt sich jeweils um eine Multiplikation mit der Zahl 2, 1 x 2 = 2, wiederum mal 2 = 4 und dann – 2 = 2. Es beginnt von neuem mit x 2 = 4, x·2 = 8, – 2 = 6, dann erneut von vorne x 2.

9. 33: Es werden am Anfang 16 abgezogen, dann halbiert sich der abzuziehende Betrag, also – 8 = 40, – 4 = 36, – 2 = 34, am Schluss – 1.

10. 648: Es wird immer abwechselnd mit 2 und 3 multipliziert, 3 x 2 = 6, x 3 = 18, x 2 = 36, x 3 = 108, x 2 = 218, am Schluss x 3.

11. 63: Es wird abwechselnd subtrahiert (– 9, – 8, – 7, – 6), wobei sich die Zahl jeweils um 1 reduziert. Dazwischen wird immer mit 3 multipliziert.

12. 37: Die zu addierende Zahl verdoppelt sich jeweils, also + 1, + 2, + 4, + 8, + 16.

13. 131: Es wird abwechselnd subtrahiert und dann addiert, wobei sich die Zahl jeweils verdreifacht, also – 3, + 9, – 27, + 81.

14. 17: Es wird abwechselnd die Wurzel gezogen und dann eine immer um 2 zunehmende Zahl addiert, also √ 256 = 16, + 9, √25 = 5, + 11, √ 16 = 4, + 13.

15. 107: Es wird jeweils die vorausgegangene Zahl addiert und dann abwechselnd die Zahl 1 noch addiert bzw. subtrahiert, also 3 + 4 = 7, 7 + 6 = 13, 13 + 14 = 27, 27 + 26 = 53, 53 + 54= 107.

16. 41: Es wird jeweils der abzuziehende Betrag halbiert, also – 16, – 8, – 4, – 2, – 1.

17. –12,875: Es wird jeweils der zu addierende Betrag halbiert, also + 23; + 11,5; + 5,75; + 2,875.

18. 333: Es wird jeweils der abzuziehende Betrag um 1 erhöht, also – 46, – 47, – 48, – 49.

19. 112: Es werden alle 4 Grundrechenarten Multiplikation, Subtraktion, Division und Addition mit der Zahl 2 nacheinander durchgeführt.

20. 7,25: Es werden alle 4 Grundrechenarten Division, Addition, Multiplikation und Subtraktion mit der Zahl 2 nacheinander durchgeführt.

21. 3,5: Es wird jeweils die Zahl 2,5 von der vorhergehenden abgezogen.

22. 7: Es wird jeweils die zu addierende Zahl um 0,2 erhöht. Hier ist es hilfreich, alle Zahlen von der Bruchdarstellung in das Dezimalsystem umzurechnen, also 1,5 + 0,7; 2,2 + 0,9; 3,1 + 1,1; 4,2 + 1,3; 5,5 + 1,5.

23. 3: Es wird aufsteigend mit den Zahlen 2, 3, 4, 5 multipliziert. Auch hier ist es hilfreich, alle Zahlen einheitlich entweder als Bruch oder als Dezimalzahl darzustellen, also 0,025 x 2 = 0,05; 0,05 x 3 = 0,15; 0,15 x 4 = 0,6; 0,6 x 5 = 3.

24. 1,73 oder $\sqrt{3}$: Es wird jeweils die Wurzel gezogen.

25. 13: Es wird jeweils dividiert, wobei sich die Zahl jeweils um 1 reduziert, also : 4, : 3, : 2, : 1.

26. 132: Es wird jeweils addiert, wobei sich die zu addierenden Zahlen jeweils um 2 erhöhen, also + 17, + 19, + 21, + 23.

27. 76: Es wird jeweils addiert, wobei sich die zu addierenden Zahlen jeweils um 2 verringern, also + 11, + 9, + 7, + 5.

28. 103: Es wird jeweils addiert, wobei sich die zu addierenden Zahlen jeweils um 1 erhöhen, also + 15, + 16, + 17, + 18.

29. 1040: Es wird abwechselnd addiert und subtrahiert, wobei sich die Zahlen jeweils um 20 erhöhen, also – 20, + 40, – 60, + 80.

30. 154: Es wird jeweils addiert, wobei sich die zu addierenden Zahlen jeweils um 2 erhöhen, also + 15, + 17, + 19, + 21.

31. 32: Es wird jeweils addiert, wobei sich die zu addierenden Zahlen immer um 4 erhöhen, also + 2, + 6, + 10, + 14.

32. 3: Es wird immer durch 3 dividiert.

33. 96: Es wird abwechselnd dividiert und multipliziert, wobei sich die Zahlen jeweils um 1 vermindern, also : 4, x 3, : 2, x 1.

34. 27: Es wird abwechselnd 3 subtrahiert und mit 3 multipliziert, also – 3, x 3, – 3, x 3.

35. 41: Es wird addiert, wobei sich die Zahlen immer verdoppeln, also + 2, + 4, + 8, + 16.

36. 540: Es handelt sich um 2 ineinander verschachtelte Zahlenreihen, sodass immer die übernächste Zahl für die Reihe relevant ist. Die erste Zahlenreihe lautet 8, 24, 168, die zweite Zahlenreihe lautet 12, 60, 540. Die Multiplikatoren erhöhen sich jeweils um 2, also x 3, x 5, x 7, x 9.

## Zahlenreihen in Figuren

Nicht immer müssen die Zahlenreihen in einer Linie aufgestellt sein. Sie können ebenso in Figuren untergebracht werden.

BEISPIEL

**ZAHLENREIHEN IM KREIS**

In diesem Beispiel beginnt die Zahlenreihe an dem dicken Balken.

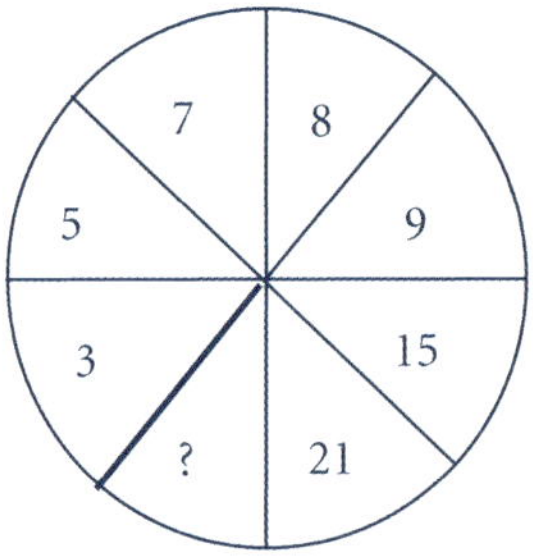


Die Zahlen multipliziert mit 3 ergeben jeweils die gegenüberliegenden Zahlen, die Lösung ist 24.

### Beispiel

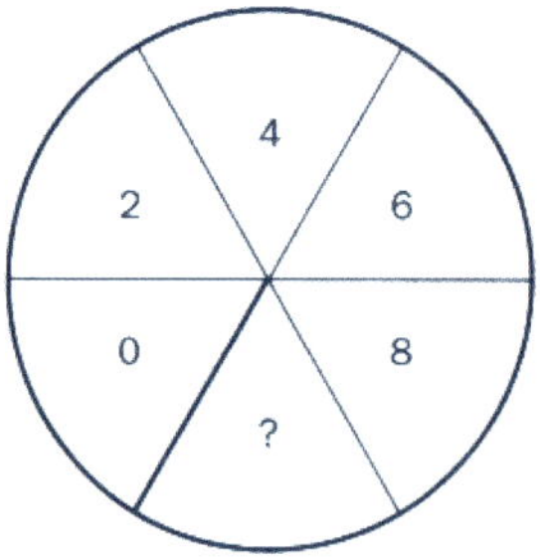


### Lösung

10, zur vorhergehenden Zahl wird jeweils 2 addiert.

## Übungsaufgaben

**Beginnen Sie jetzt, Ihnen stehen 4 Minuten zur Verfügung.**

**a**

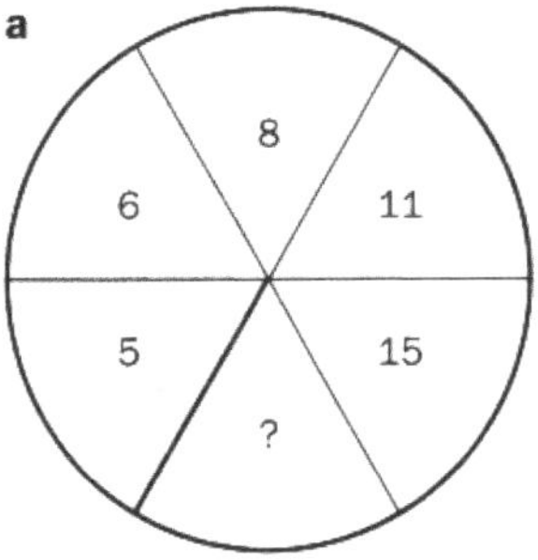


**b**

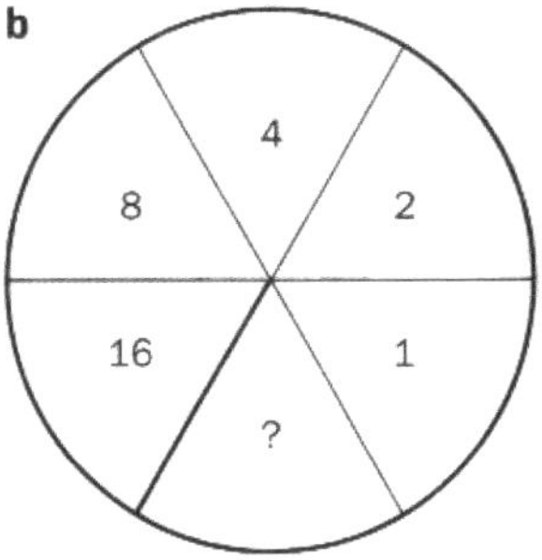


**c**

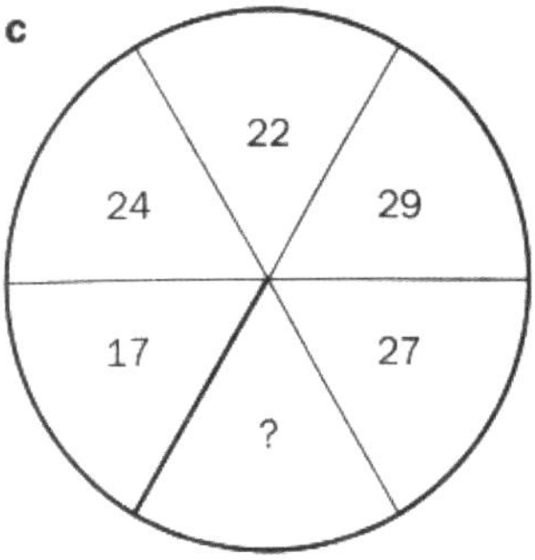


**d**

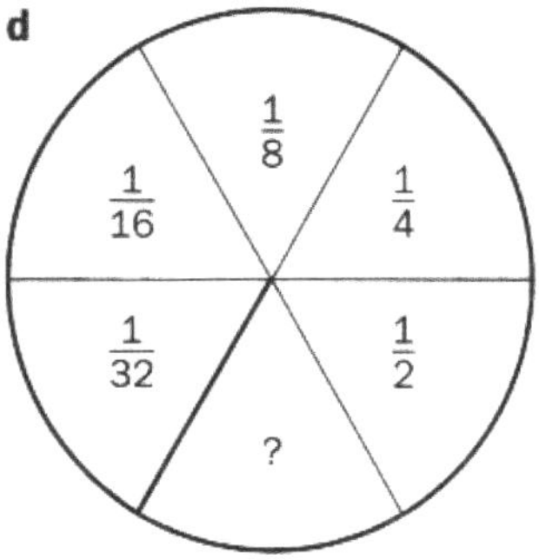


**e**

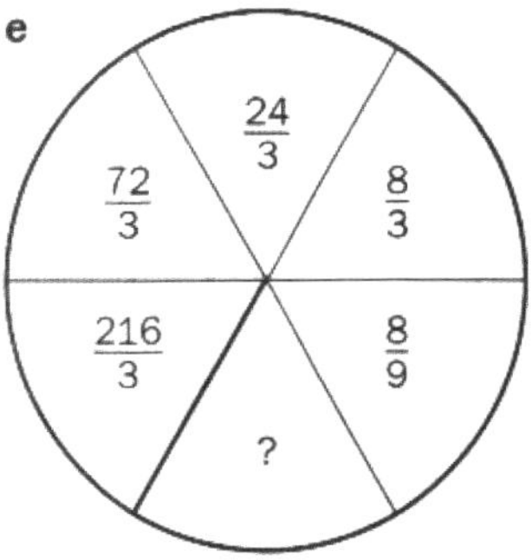


**f**

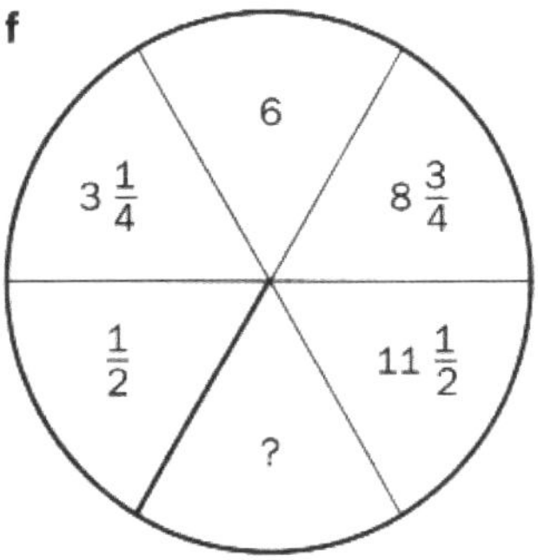

**g**

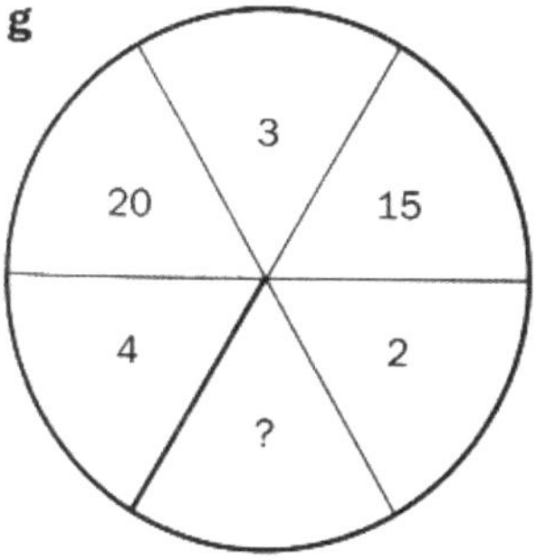


**h**

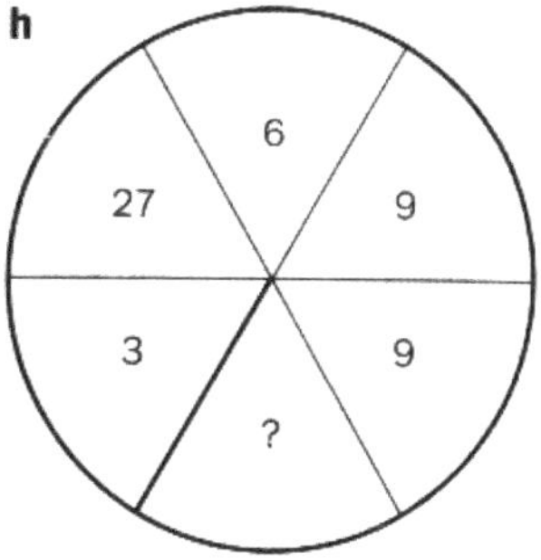


**i**

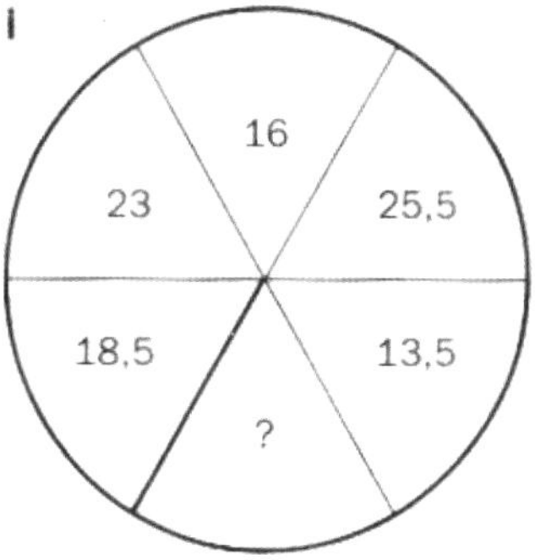


## Lösungen

a 20 b 0,5 c 34 d 1 e $\frac{8}{27}$ f $14\frac{1}{4}$ g 10

h 3 (Alternativ ist auch 18 eine Lösung.) i 28

## Die andere Variante: Welche Zahl passt nicht?

Eine andere Variante der Aufgaben mit Zahlenreihen stellen wir Ihnen in der folgenden Aufgabe vor.

**WELCHE ZAHL PASST NICHT?** BEISPIEL

22 19 14 11 7 6

Bei dieser Aufgabe muss die Zahlenreihe nicht logisch fortgesetzt werden. Vielmehr sollen Sie die Zahl herausfinden, die in die Zahlenreihe eingeschoben wurde und nicht passt. Um diese Zahl zu erkennen, müssen Sie zuerst den Aufbau der Zahlenreihe durchschaut haben. Hierzu dienen Ihnen die in diesem Kapitel beschriebenen Methoden. In dem oben aufgeführten Beispiel ist die Differenz der nebeneinander liegenden Zahlen 3 und 5. Somit passt die 7 nicht in die Reihe.

### Übungsaufgaben

| | | | | | |
|---|---|---|---|---|---|
| $\frac{14}{8}$ | $\frac{13}{8}$ | $\frac{10}{8}$ | $\frac{7}{8}$ | $\frac{5}{8}$ | $\frac{1}{2}$ |
| 22 | 19 | 14 | 11 | 7 | 6 |
| $\frac{10}{2}$ | 2,5 | $\frac{5}{4}$ | 0,625 | $\frac{1}{4}$ | $\frac{5}{16}$ |
| 100 | 125 | 75 | 150 | 175 | 50 |

### Lösungen

$\frac{13}{8}$ 7 $\frac{1}{4}$ 175

# Figuren ergänzen

Bei den folgenden Figuren soll die Reihe der 3 Figuren sinnvoll fortgeführt werden. Wählen Sie dazu aus den 4 Möglichkeiten die richtige Figur aus.

a

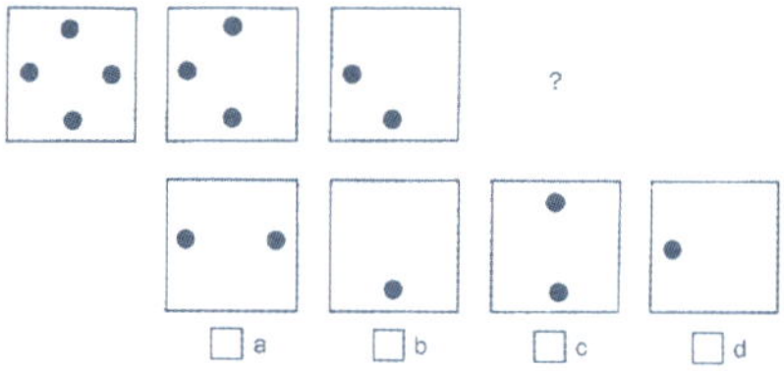


b

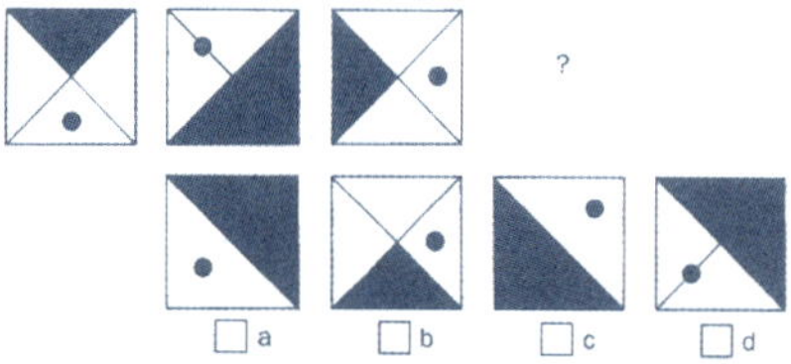


Hier sollen, wie bei den Zahlenreihen, logische Zusammenhänge und Entwicklungen erkannt und fortgeführt werden.

BEISPIEL **FIGUREN ERGÄNZEN 1**

Die Figuren verändern sich, indem sie um Bestandteile erweitert oder verringert werden.

a

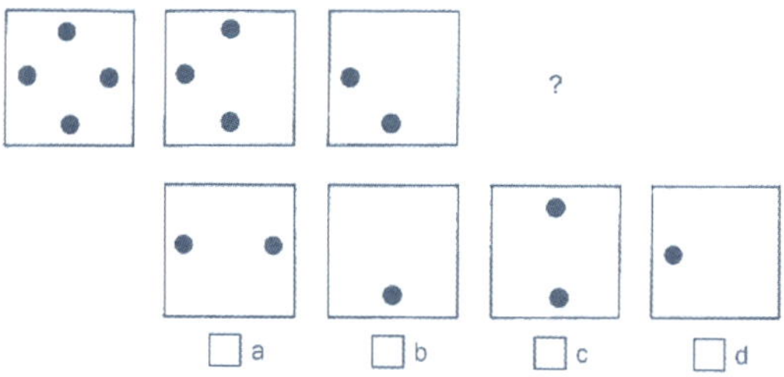


Da von Figur zu Figur ein Punkt wegfällt (bitte beachten Sie, dass dies gegen den Uhrzeigersinn erfolgt), ist die Figurenvorgabe b die richtige Lösung.

**FIGUREN ERGÄNZEN 2** BEISPIEL

Bei schwierigen Aufgaben dieses Typs kann auch eine Kombination verschiedener Entwicklungen vorkommen.

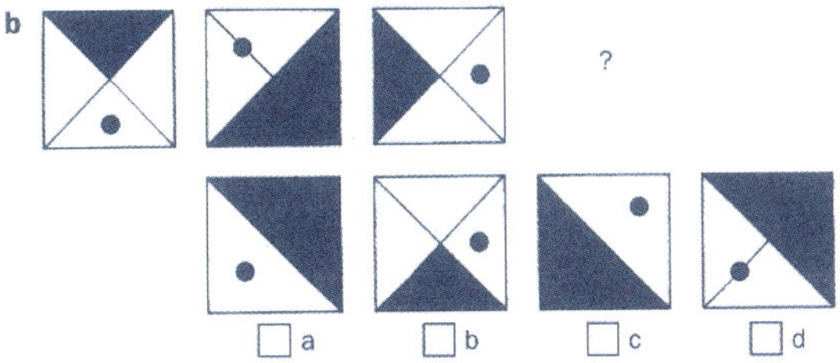


Von den 4 gleich großen Dreiecken in jeder Figur werden abwechselnd 1 und 2 Dreiecke schwarz gefärbt. Die ausgemalten Dreiecke schließen im Uhrzeigersinn aneinander. Daher müssen in der gesuchten Figur das obere und das rechte Dreieck ausgemalt sein. Somit kommen die Lösungen a und d in die nähere Auswahl. Jeweils gegenüber des ausgemalten Dreiecks befindet sich der schwarze Punkt. Auch dies wurde bei Lösung a und d berücksichtigt. Aber die Aufteilung der Figur in jeweils 4 gleich große Dreiecke wurde bei Lösung a nicht berücksichtigt. Damit ist d als die richtige Lösung anzukreuzen.

## Übungsaufgaben

c

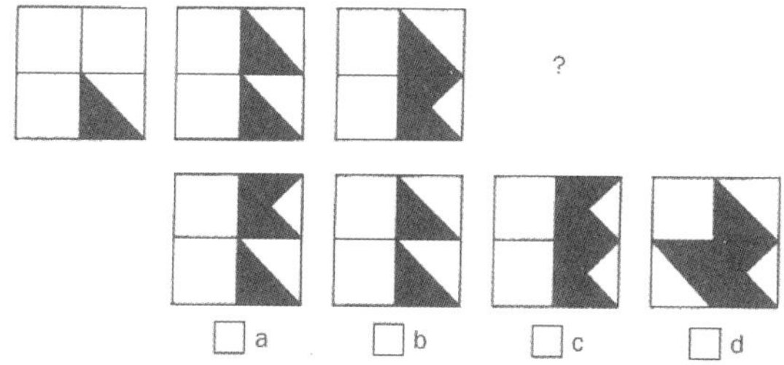


d

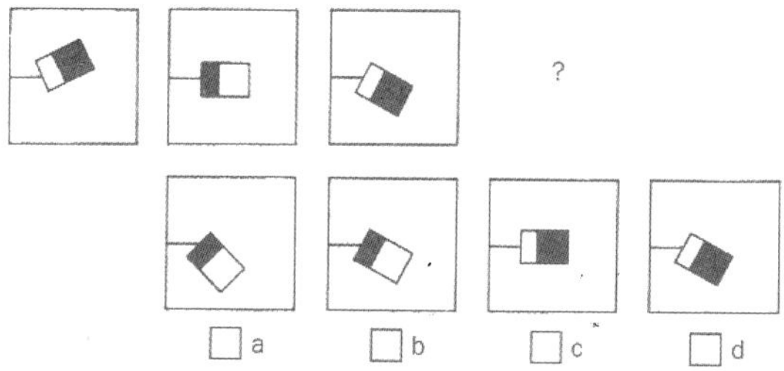


e

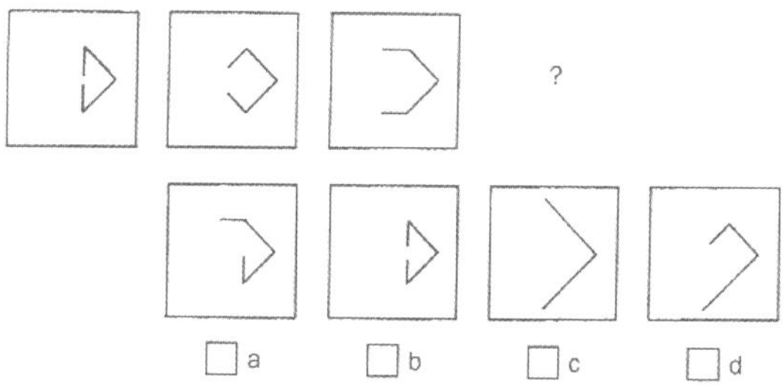


## Lösung

c c

d Die Figuren behalten ihre Bestandteile bei. Die Veränderung kann sowohl auf Drehungen als auch auf Verschiebungen beruhen. In vielen Fällen handelt es sich um eine Kombination der beiden Veränderungen. Die Figur dreht sich von oben nach unten. Die Fläche, die sich am Stiel anschließt, ist abwechselnd weiß oder schwarz. Damit ist a die Lösung.

e c

# Figurengruppen

Bei den folgenden Figuren passen jeweils eine oder mehrere nicht zu den anderen. Finden Sie diese Figur(en) heraus. Meist geht es bei diesen Aufgaben darum, eine seitenverkehrte Darstellung der Figur zu erkennen.

**FALSCHE FIGUREN FINDEN** BEISPIEL

☐ a ☐ b ☐ c ☐ d ☐ e ☐ f

In unserem Beispiel sind die Figuren unter a, c, e und f deckungsgleich, durch entsprechende Drehung feststellbar. Die Figuren unter b und d unterscheiden sich von den anderen Figuren, da sie im Spiegelbild dargestellt sind.

## Übungsaufgaben

Bei der folgenden Aufgabe finden Sie jeweils eine Serie von Figuren, die deckungsgleich sind. Eine oder mehrere Figuren gehören jedoch nicht in die Serie. Finden Sie diese nichtpassenden Figuren heraus und kreuzen Sie die entsprechenden Buchstaben an. Beachten Sie, dass die Figuren untereinander gedreht, jedoch nicht gekippt werden dürfen.

### Beispiel

☒ **a** ☐ **b** ☐ **c** ☐ **d** ☒ **e** ☐ **f** ☐ **g**

### Lösung

Die Figuren a und e passen nicht in die Serie.

**Beginnen Sie jetzt, Sie haben 5 Minuten Zeit.**

1

□ a □ b □ c □ d □ e □ f □ g

2

□ a □ b □ c □ d □ e □ f □ g

3

□ a □ b □ c □ d □ e □ f □ g

4

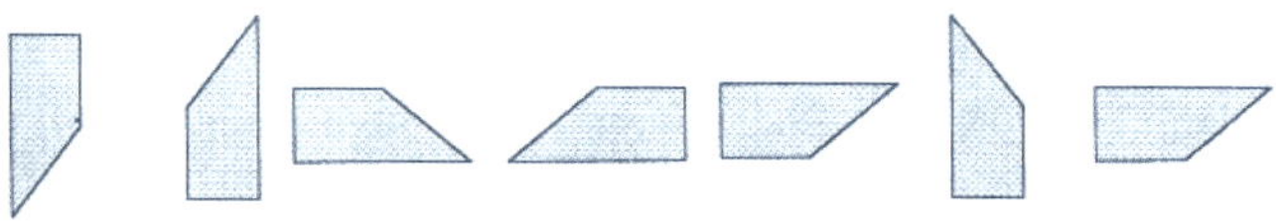

□ a □ b □ c □ d □ e □ f □ g

5

□ a □ b □ c □ d □ e □ f □ g

6

☐ a ☐ b ☐ c ☐ d ☐ e ☐ f

7

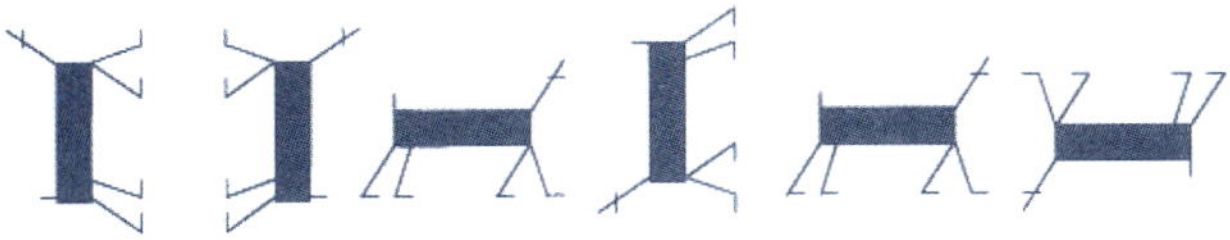

☐ a ☐ b ☐ c ☐ d ☐ e ☐ f

8

☐ a ☐ b ☐ c ☐ d ☐ e ☐ f ☐ g

9

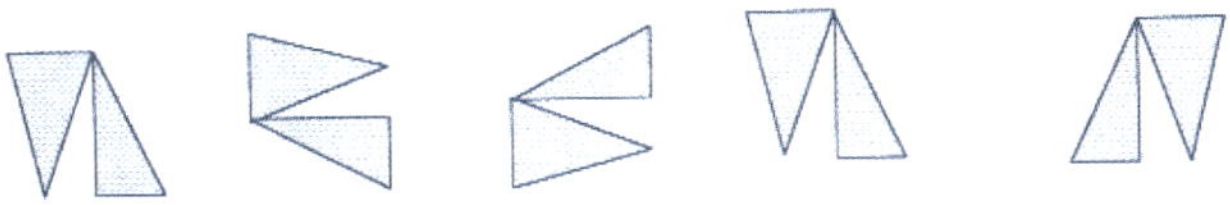

☐ a ☐ b ☐ c ☐ d ☐ e

10

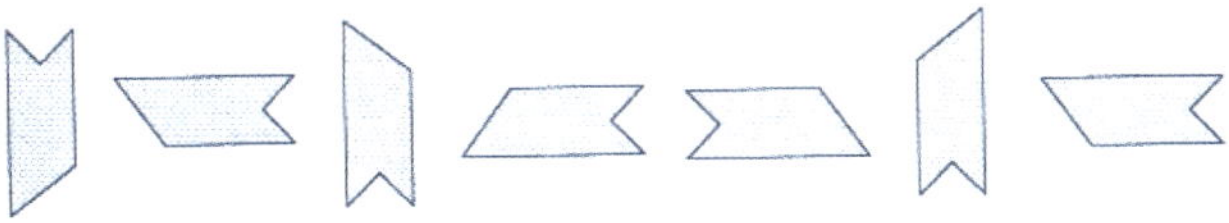

☐ a ☐ b ☐ c ☐ d ☐ e ☐ f ☐ g

**11**

☐ a ☐ b ☐ c ☐ d ☐ e ☐ f ☐ g

**12**

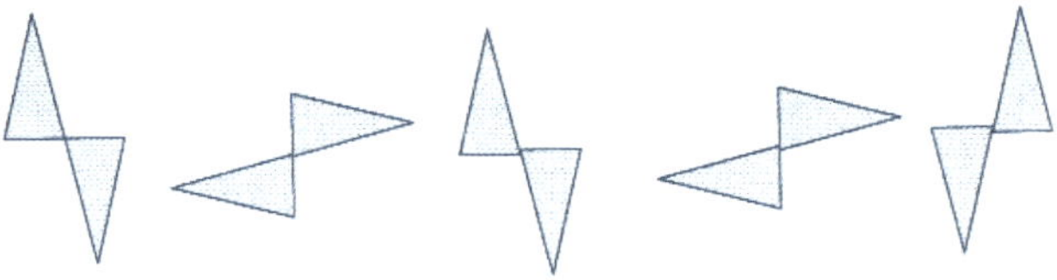

☐ a ☐ b ☐ c ☐ d ☐ e

**13**

☐ a ☐ b ☐ c ☐ d ☐ e ☐ f ☐ g

**14**

☐ a ☐ b ☐ c ☐ d ☐ e ☐ f ☐ g

**15**

☐ a ☐ b ☐ c ☐ d ☐ e ☐ f ☐ g

16

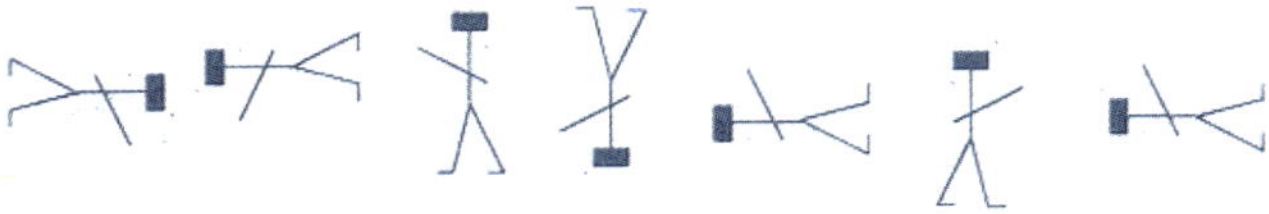

a ☐ b ☐ c ☐ d ☐ e ☐ f ☐ g ☐

17

a ☐ b ☐ c ☐ d ☐ e ☐ f ☐ g ☐

18

a ☐ b ☐ c ☐ d ☐ e ☐ f ☐ g ☐

19

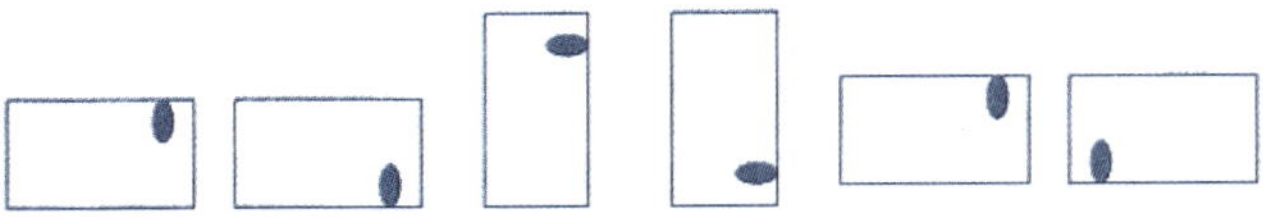

a ☐ b ☐ c ☐ d ☐ e ☐ f ☐

20

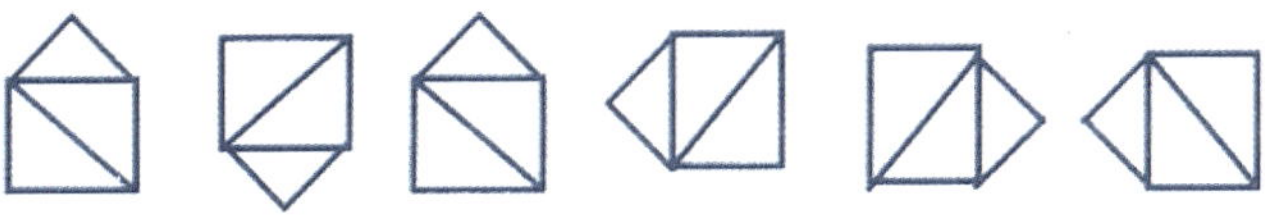

a ☐ b ☐ c ☐ d ☐ e ☐ f ☐

21

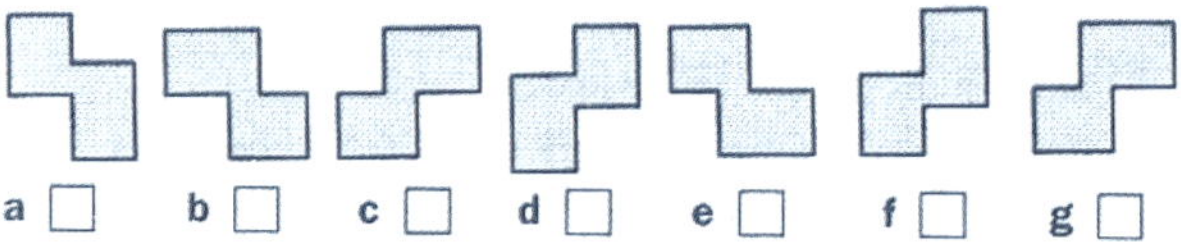


22

## Lösungen

1 a, g

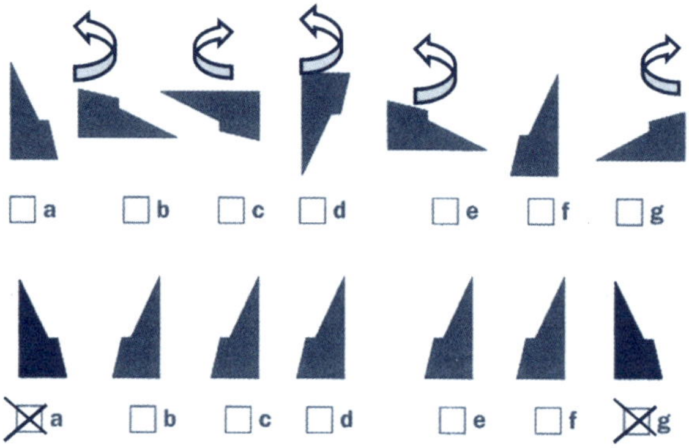


Drehen Sie die Figuren so, dass Sie sie leichter miteinander vergleichen können. Beispielsweise drehen Sie die Figur b nach links, die Figur c nach rechts usw. Sie stellen dann fest, dass 2 Figuren die Ausbuchtung rechts und 5 Figuren die Ausbuchtung links haben. Damit gehören a und g nicht in die Serie und sind als Lösung anzukreuzen.

2 e, g

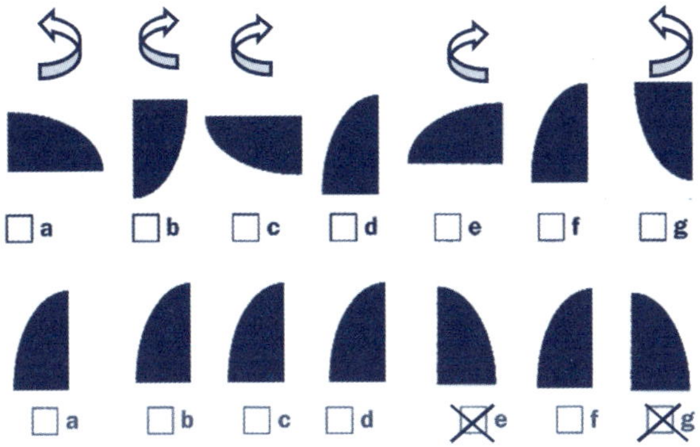


Auch hier drehen Sie wieder die einzelnen Figuren so, dass Sie sie leichter miteinander vergleichen können, und zwar auf die kleine gerade Seite. Dann sehen Sie, ob die Abrundung auf der rechten oder der linken Seite ist. Wiederum finden sich nur 2 Figuren mit einer Abrundung rechts, diese gehören nicht in die Reihe und sind anzukreuzen.

| | | | | | |
|---|---|---|---|---|---|
| 3 b, d | 4 a, b, c | 5 c, e | 6 f | 7 b, d | 8 e, g |
| 9 b, e | 10 c, d | 11 c, f | 12 e | 13 f, g | 14 a, b, d |
| 15 b, d, f | 16 b, c | 17 b, d, e | 18 a, c, f | 19 b, c | 20 b, f |
| 21 a, c, g | 22 a, b, g | | | | |

## Räumliches Denken

Aufgaben, bei denen die Seiten eines auf dem Papier dargestellten Körpers gezählt oder Körper den entsprechenden Grundrissen zugeordnet werden müssen, fehlen in kaum einem Einstellungstest. Geprüft wird damit, ob sich der Bewerber einen zweidimensional dargestellten Körper im dreidimensionalen Raum vorstellen kann. Dies ist speziell für Berufe wie Architekt, Formenbauer, CAD-Konstrukteur, Fluglotse oder Maschinenbauer, um einige Beispiele zu nennen, erforderlich. Vergessen Sie bei diesen Übungen nicht, die Rückseiten der Figuren, die nicht sichtbar sind, mitzuzählen.

BEISPIEL **RÄUMLICHES DENKEN**

Stellen Sie sich den abgebildeten Raumkörper, hier Würfel, in Ihrer Hand vor, zählen Sie die Seiten.

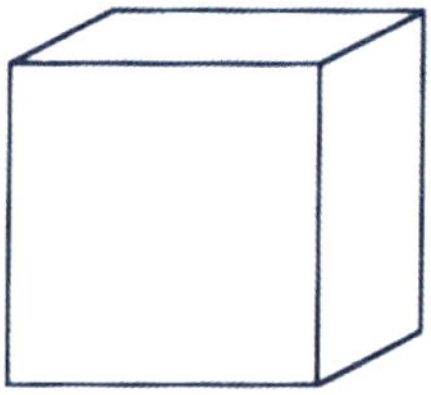

Zur Bearbeitung der Aufgabe stellen wir Ihnen 2 Lösungstechniken vor.

1. Zählen der Seiten bei der Umrundung des Körpers: Dabei zählen Sie die jeweils aneinander liegenden Seiten des Körpers, die Oberseite 1, die vorn liegende Seite 2, die rechts nach hinten führende Seite 3, die nicht zu erkennende Rückseite 4, die links nach vorn führende Seite 5 und die Unterseite 6.
2. Zählen der jeweils gegenüberliegenden Seiten: Bei der zweiten Lösungstechnik beginnen Sie mit einer Fläche und zählen sofort die nicht sichtbare gegenüberliegende Fläche (soweit vorhanden) hinzu. Bei unserem Würfel: Vorderseite und nicht sichtbare Seite: 2; rechtes und nicht sichtbares linkes Seitenteil: 2; Decke und nicht sichtbarer Boden: 2; ergibt 6 Seiten.

## Übungsaufgaben

Hier finden Sie weitere Aufgaben zum räumlichen Denken.

a

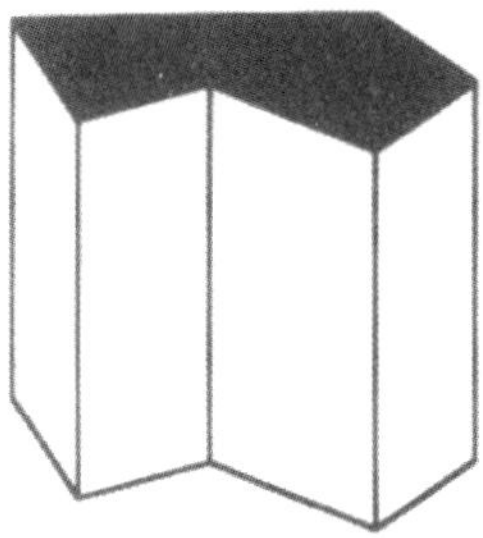

b

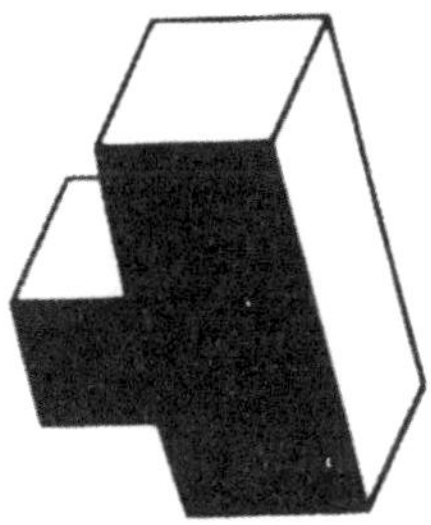

c

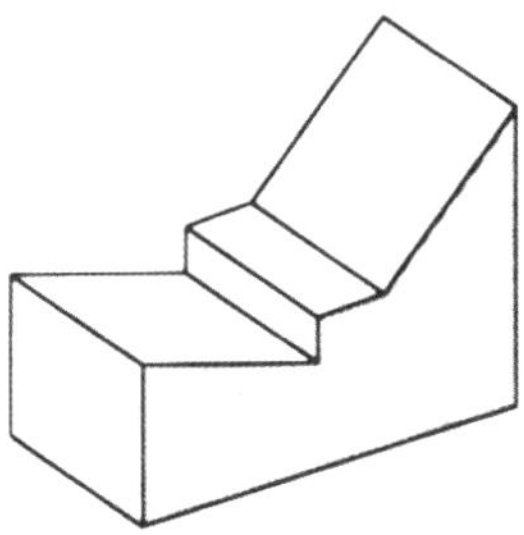

d

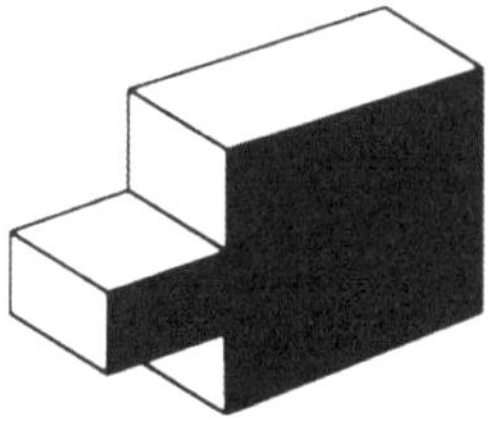

e

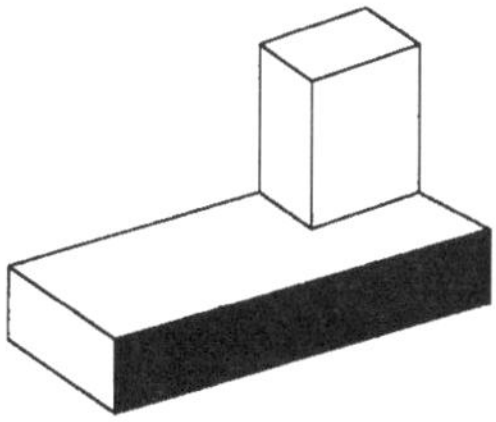

f

g

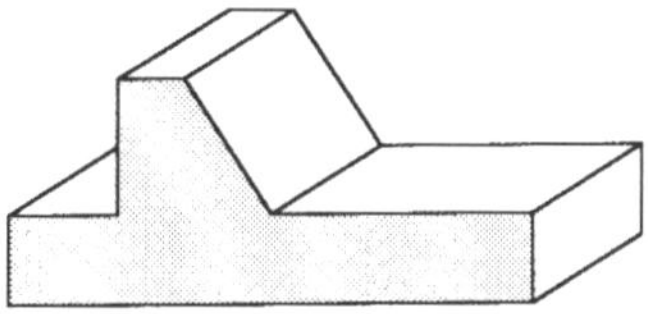

h

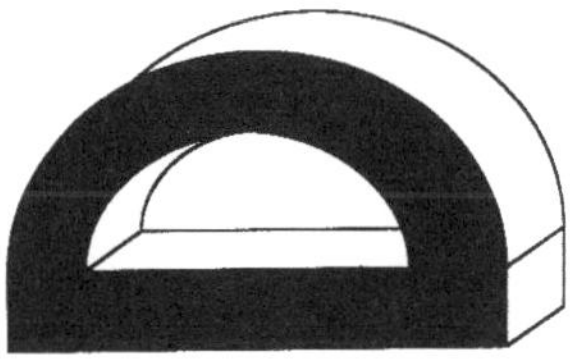

i

j

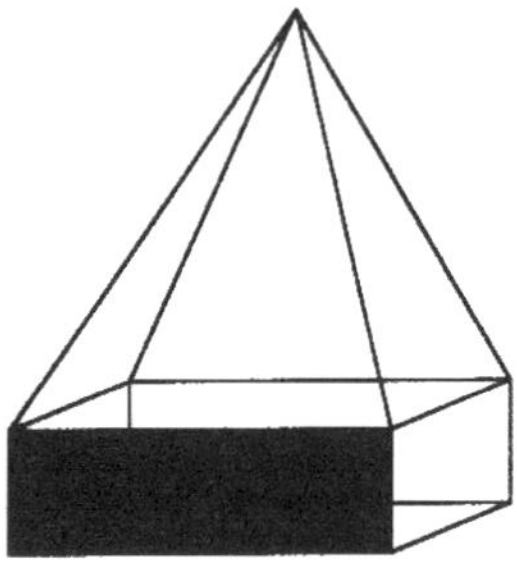

k

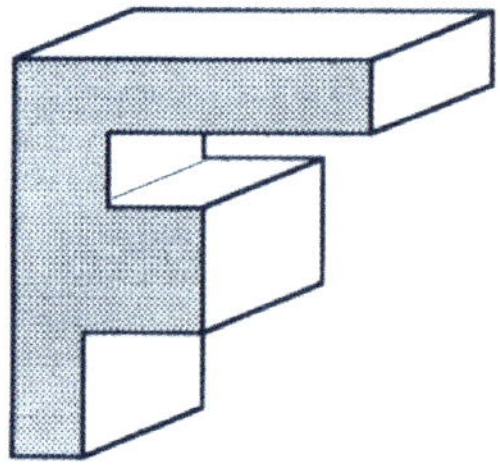

l

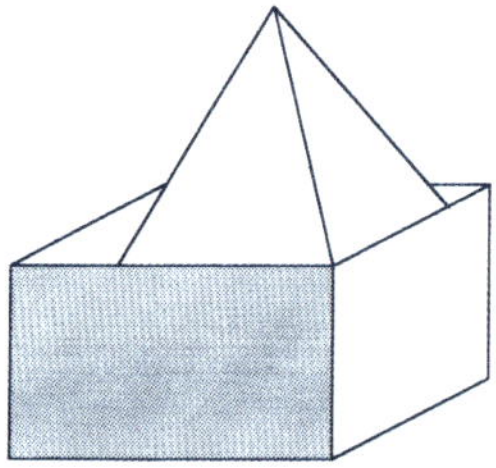

m

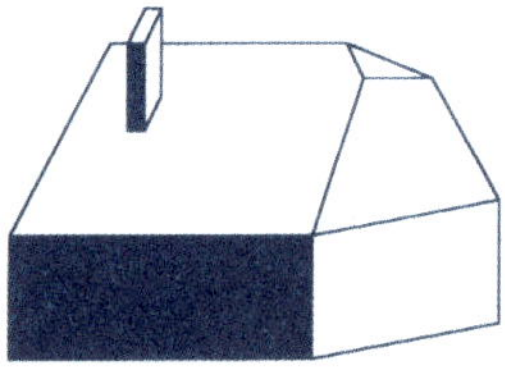

n

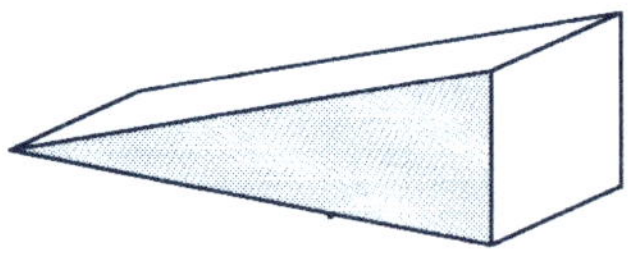

## Lösungen

a 8

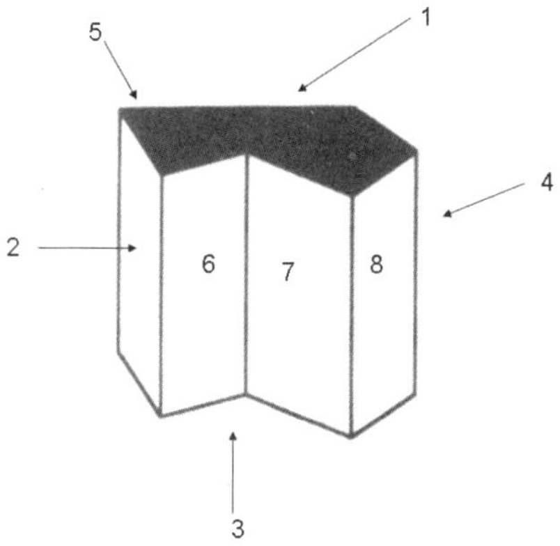


Die schwarze obere Seite ist Seite 1, die linke Seite ist Seite 2, die nicht sichtbare Unterseite ist Seite 3, die nicht sichtbare rechte Seite ist Seite 4. Damit sind wir einmal um die Form herumgegangen, es fehlen noch die Rückseite (5) und die Vorderseiten (6, 7 und 8).

b 10

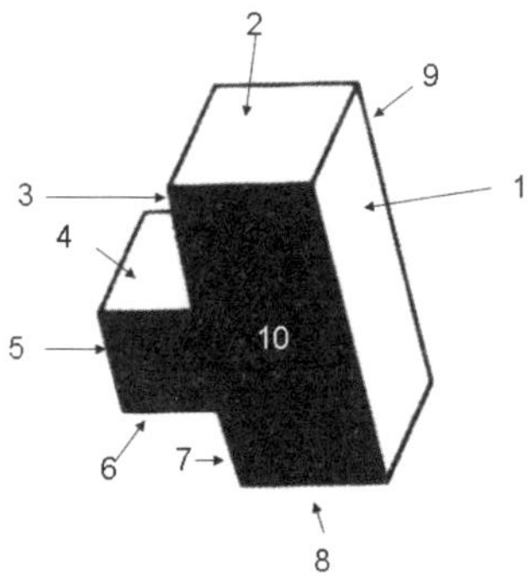


Die rechte Seite ist Seite 1, die obere Seite ist Seite 2, die nicht sichtbare linke Seite ist Seite 3, die sichtbare weiße Fläche ist Seite 4, die nicht sichtbare linke Seite ist Seite 5. Dann folgen 3 weitere nicht sichtbare Flächen 6 bis 8, damit sind wir einmal um die Form herumgegangen. Es fehlen noch die Rückseite (9) und die schwarze Vorderseite (10).

c 9

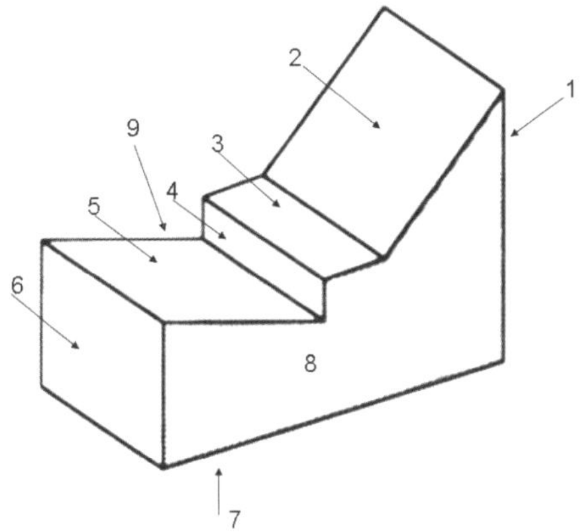


Seite 1 ist die rechte Seite, hinzu kommen die Oberseiten 2, 3, 4, 5, die linke Seite 6, die nicht sichtbare Unterseite 7, die Vorderseite 8 und die nicht sichtbare Rückseite 9.

d 10

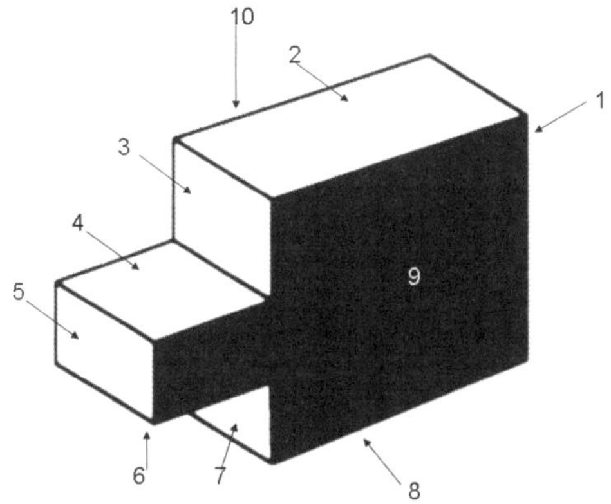


Seite 1 ist die rechte Seite, Seite 2 die Oberseite, gefolgt von den Seiten 3, 4, 5 auf der linken Seite, der nicht sichtbaren Seite 6, der Seite 7, der nicht sichtbaren Unterseite 8, der Vorderseite 9 und der nicht sichtbaren Rückseite 10.

e 9

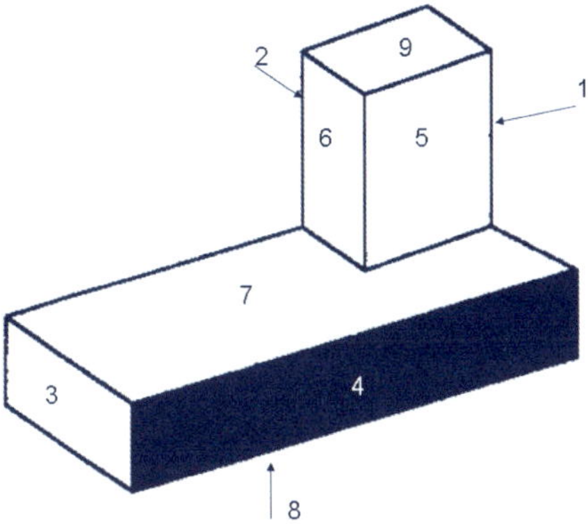


Wir beginnen mit der rechten Seite 1, die Rückseite 2, wobei 1 und 2 nicht nur den oberen Teil des Gebildes, sondern auch den unteren umfassen. Seite 3 ist die linke Querseite, 4 die Vorderseite, 5 und 6 sind die weiteren Seiten des oberen Körpers, 7 und 8 die Ober- und Unterseite des unteren Körpers, 9 ist die Oberseite des oberen Körpers.

f 10

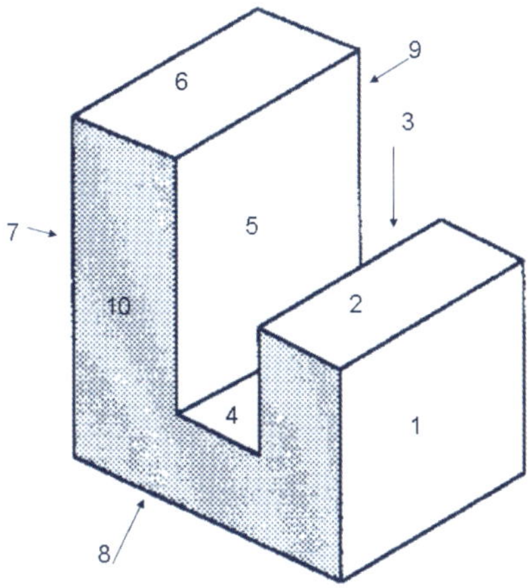

Die vordere rechte Seite ist 1, die obere Seite 2, die nicht sichtbare Innenseite 3, gefolgt von den Seiten 4 und 5, der Oberseite 6, der nicht sichtbaren Rückseite 7 und der nicht sichtbaren Unterseite 8. Die nicht sichtbare Rückseite ist 9, die Vorderseite 10.

g 10

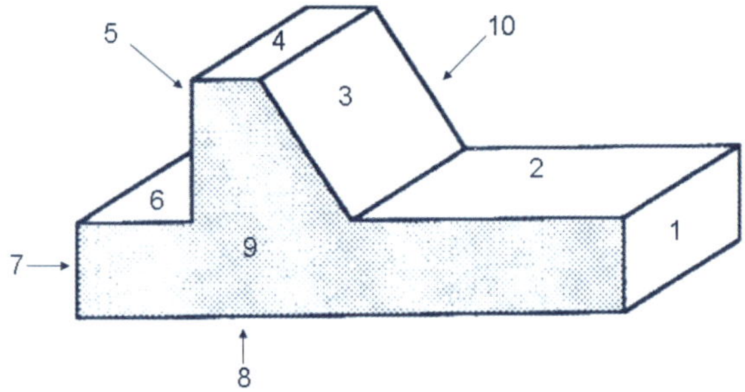


Zu zählen sind: Die rechte Seite 1, gefolgt von den oberen Seiten 2 bis 4, der nicht sichtbaren linken Seite 5 und Seite 6, der nicht sichtbaren linken wie auch der Unterseite (7 und 8), der Vorderseite 9 und der nicht sichtbaren Rückseite 10.

h 8

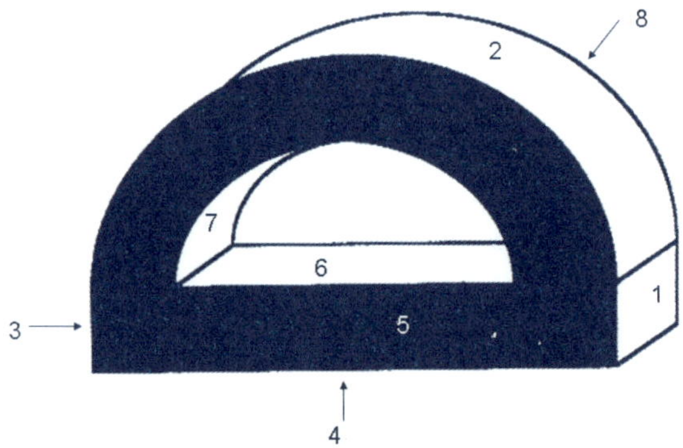

Die rechte Seite 1, die Oberseite 2, die entgegengesetzte nicht sichtbare Seite 3, die Unterseite 4, die Vorderseite 5, die beiden innenliegenden Seiten 6 und 7 und die Rückseite 8.

i 12

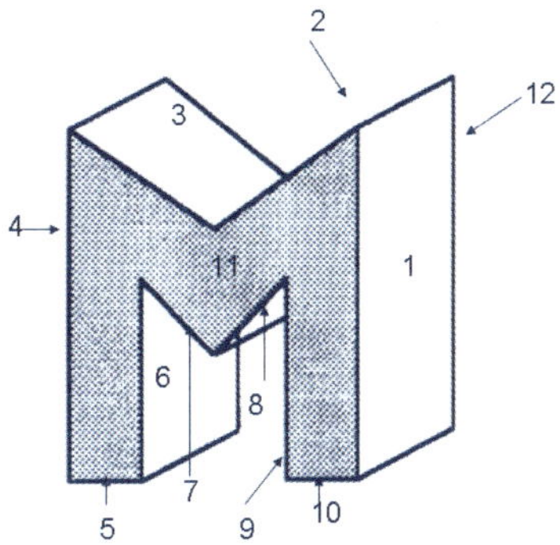


Die rechte Seite 1, die oberen Seiten 2 und 3, die linke nicht sichtbare Seite 4, die linke Unterseite 5, die linke Innenseite 6. 7 und 8 sind die beiden mittleren Unterseiten, 9 die rechte Innenseite, 10 die rechte Unterseite. 11 ist die Vorderseite und 12 die nicht sichtbare Rückseite.

j 9

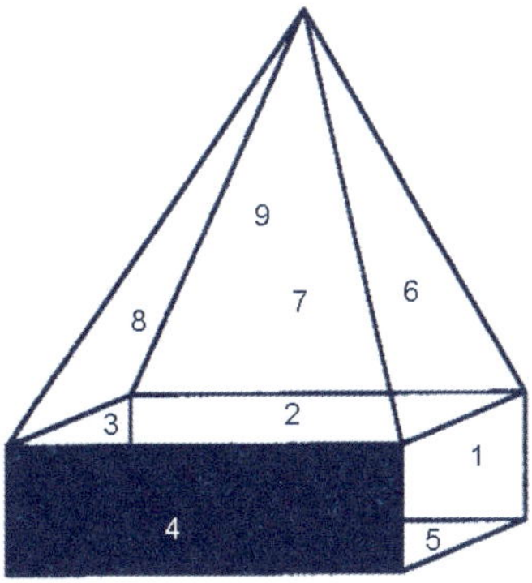


Da die Pyramide mit dem Sockel so gezeichnet ist, dass man die sonst nicht sichtbaren hinteren Seiten auch sehen kann, ist diese Figur besonders anschaulich. Seite 1 ist rechts, Seite 2 hinten, Seite 3 links und Seite 4 die Vorderseite des Sockels. Seite 5 ist die Unterseite, Seite 6 die rechte Pyramidenseite, 7 die Rückseite, 8 die linke Pyramidenseite und 9 die Vorderseite.

k 12

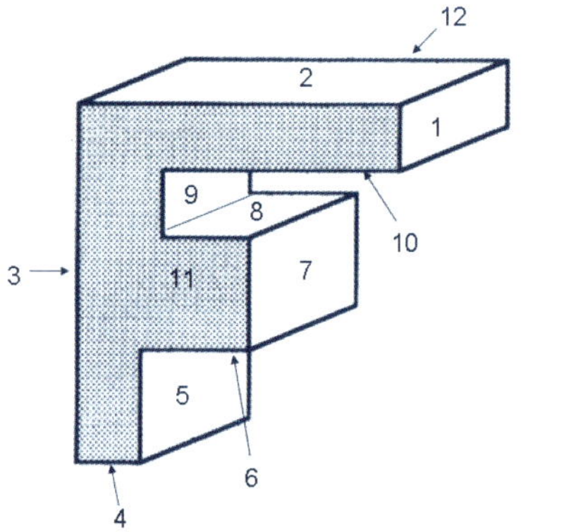


Wir beginnen oben rechts und gehen einmal um den Körper herum. 2 ist die Oberseite, 3 die linke Seite, 4 ist die nicht sichtbare Unterseite. Dann folgt Seite 5, 6 ist wiederum eine nicht sichtbare Unterseite, 7, 8 und 9 sind sichtbar, 10 ist eine nicht sichtbare Unterseite. 11 ist die Vorderseite und 12 die nicht sichtbare Rückseite.

l 10

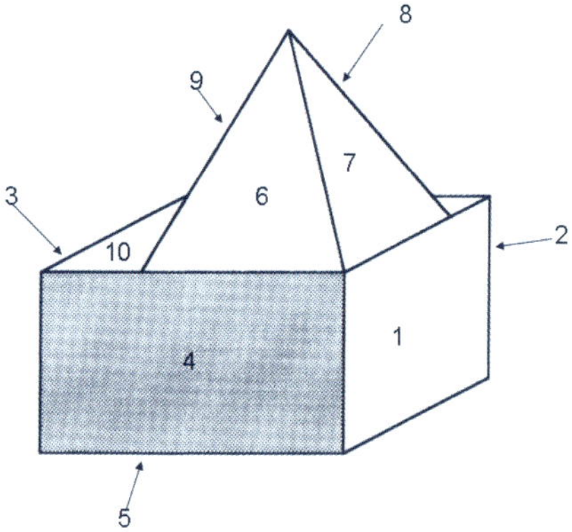

Wir beginnen rechts am unteren Teil des Körpers mit 1. Dann folgt die nicht sichtbare Rückseite 2, die nicht sichtbare linke Seite 3, die Vorderseite 4 und die Unterseite 5. Dann geht es weiter zu der Pyramide mit der Vorderseite 6, der rechten Seite 7, der nicht sichtbaren Rückseite 8, der linken Seite 9 und der Oberseite 10.

m 15

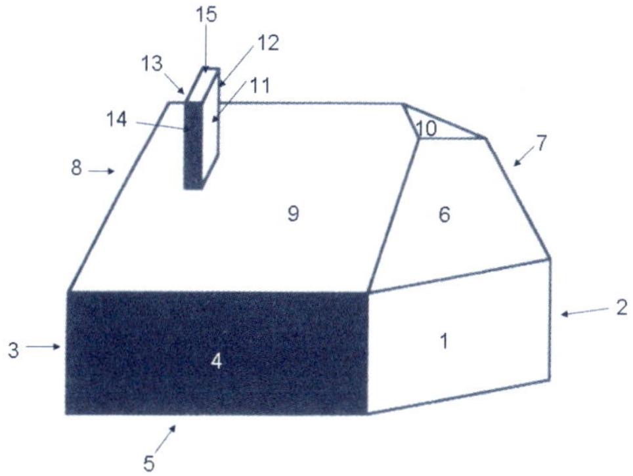


Wir beginnen mit der rechten Seite des Hauses (1). Seite 2 ist die nicht sichtbare Rückseite, Seite 3 die nicht sichtbare linke Seite, 4 die Vorderseite. Nach der Unterseite 5 geht es zum Dach, 6 ist der rechte Giebel, 7 die Dachrückseite, 8 der linke Giebel, 9 das vordere Dach, 10 Dach. Dann kommt der Schornstein: 11 ist die rechte Seite, 12 die Rückseite, 13 die linke Seite, 14 die Vorderseite, 15 die Oberseite.

n 5

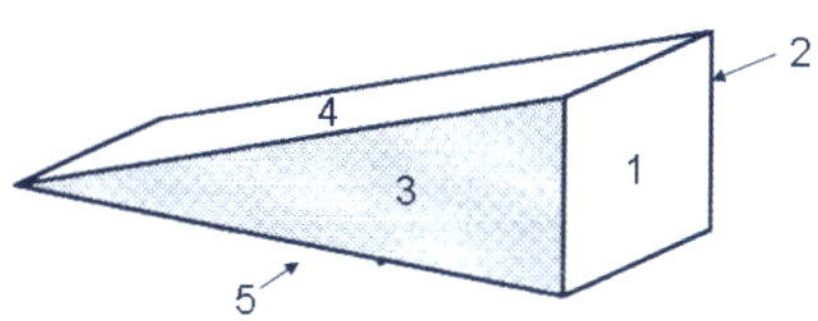

Bei dem Keil beginnen wir rechts mit 1, die Rückseite ist 2, die Vorderseite 3, die Oberseite 4 und die Unterseite 5.

## Wortgruppen

Bei den folgenden Wortgruppen passt jeweils einer der Begriffe nicht zu den anderen. Bei diesem Aufgabentypen kommt es darauf an, einen möglichst eng gefassten Oberbegriff zu finden, unter den sich lediglich 3 der 4 vorgegebenen Begriffe bringen lassen. Stellen Sie sich hier immer die Frage: Was haben die Begriffe gemeinsam, worin unterscheiden sie sich?

BEISPIEL **WORTGRUPPE 1**

☐ a Quadrat ☐ b Würfel ☐ c Dreieck ☐ d Rechteck

Bei allen 4 Begriffen handelt es sich um Begriffe aus der Geometrie. Jedoch nur Quadrat, Dreieck und Rechteck sind (zweidimensionale) Flächen. Der Würfel (Antwort b) fällt als dreidimensionaler Körper aus der Reihe heraus.

BEISPIEL **WORTGRUPPE 2**

☐ a Fluss ☐ b Bach ☐ c Strom ☐ d See

Bei allen 4 Begriffen handelt es sich um Wasser, jedoch nur 3 Begriffe lassen sich unter dem Oberbegriff „fließendes Wasser“ zusammenfassen. Somit fällt der Begriff „See“ aus der Reihe heraus.

## Übungsaufgaben

Finden Sie das Wort, das nicht zu den anderen Begriffen passt.

**Ihnen stehen 2 Minuten zur Verfügung.**

1 ☐ a einkaufen ☐ b verkaufen ☐ c annektieren
☐ d stehlen ☐ e in Verwahrung nehmen

2 ☐ a Zuckerrüben ☐ b Zwiebeln ☐ c Mohrrüben
☐ d Radieschen ☐ e Erbsen

3 ☐ a Zigarren ☐ b Opium ☐ c Alkohol
☐ d Marihuana ☐ e Zigarillo

4 ☐ a Koffer ☐ b Tasche ☐ c Eimer
☐ d Truhe ☐ e Rucksack

5 ☐ a Leber ☐ b Niere ☐ c Lunge ☐ d Herz ☐ e Hals

6 ☐ a Schnee ☐ b Regen ☐ c Hagel
☐ d Graupel ☐ e Schneeschauer

7 ☐ a Seeteufel ☐ b Delfin ☐ c Hai ☐ d Barsch ☐ e Forelle

8 ☐ a Habicht ☐ b Adler ☐ c Geier ☐ d Drossel ☐ e Bussard

9 ☐ a Tinte ☐ b Bote ☐ c Federhalter
☐ d Briefpapier ☐ e Umschlag

10 ☐ a alarmierend ☐ b informierend ☐ c bestürzend
☐ d erschreckend ☐ e aufrüttelnd

## Lösungen

1 b

Nach dem Einkaufen erhält man Ware, beim Annektieren und Stehlen ist auch ein Erhalt von Ware die Folge, wenn auch auf etwas anderer Basis. Wenn etwas in Verwahrung genommen wird, nimmt man etwas an sich, nur beim Verkaufen wird etwas abgegeben. Daher passt b nicht in die Reihe.

2 e

Zuckerrüben, Zwiebeln, Mohrrüben und Radieschen sind keine Hülsenfrüchte, lediglich die Erbse gehört in diese Gruppe.

3 c

Zigarren, Opium, Marihuana und Zigarillos sind alles Rauschgifte, die geraucht werden können. Alkohol dagegen ist ein flüssiges Gift, das nicht geraucht wird.

4 d

Koffer, Tasche, Eimer und Rucksack dienen dazu, Dinge zu transportieren. In einer Truhe können Sachen aufbewahrt werden, sie dient aber nicht zur Beförderung.

5 e

Leber, Niere, Lunge und Herz sind Innereien, der Hals ist dagegen ein äußerer Körperteil.

6 b

Schnee, Hagel, Graupel und Schneeschauer enthalten gefrorene Eiskristalle, beim Regen ist das Wasser nicht gefroren.

7 b

Delfine sind Säugetiere, während Seeteufel, Hai, Barsch und Forelle zu den Fischen zählen.

8 d

Habicht, Adler, Geier und Bussard sind Raubvögel, die Drossel nicht.

9 b

Tinte, Federhalter, Briefpapier und Umschlag sind notwendig, um einen Brief fertigzustellen. Der Bote kann hingegen nur der Überbringer eines Briefs sein.

10 b

Die Begriffe „alarmierend“, „bestürzend“, „erschreckend“ und „aufrüttelnd“ beschreiben die durch eine Information ausgelöste Wirkung. „Informierend“ hingegen ist absolut neutral und kann ebenso zu beispielsweise Jubel führen.

# Begriffspaare

Suchen Sie bei den folgenden Begriffspaaren jeweils das passende Wort.

**BEGRIFFSPAARE** BEISPIEL

1 Blume – Veilchen

? – Löwe

☐ a Tier ☐ b Fleisch ☐ c Löwenzahn ☐ d Zirkus

2 Jahr – Monat

Kilometer – ?

☐ a Meter ☐ b Tag ☐ c Straße ☐ d Einheit

Bei dieser Aufgabe stehen 2 Begriffe in einem bestimmten Verhältnis zueinander und bilden ein Begriffspaar (Wortpaar). Ihre Aufgabe ist es, ein zweites Wortpaar zu bilden, das das gleiche Verhältnis ausdrückt.

**SUCHEN SIE DEN OBERBEGRIFF** ACHTUNG

Fragen Sie sich immer: Welche Beziehung besteht zwischen den beiden Begriffen des ersten Wortpaares? Ist der eine ein Oberbegriff zum anderen, wie zum Beispiel Blume zu Veilchen? Sind es Gegensätze, wie zum Beispiel bei heiß und kalt?

Haben Sie das richtige Kriterium gefunden, ist es nicht schwer, ein neues Wortpaar zu bilden. Eine der vorgegebenen Multiple-Choice-Lösungen muss natürlich passen. Im ersten Beispiel ist „Blume" der Ober-, „Veilchen" der Unterbegriff. Daher ist Lösung a richtig, da „Tier" der Oberbegriff zu „Löwe" ist. Im Beispiel 2 ist „Jahr" die größere, „Monat" die kleinere Einheit. Also ist a richtig, da „Meter" die kleinere Einheit im Vergleich zum „Kilometer" ist.

## Übungsaufgaben

Suchen Sie bei den folgenden Begriffen jeweils das passende Wort.

### Beispiel

Samstag – Januar
Mittwoch – ?
☐ a Winter ☐ b Freitag ☐ c Sonntag ☐ d Juli

### Lösung

d Juli

**Beginnen Sie nun, Sie haben 7 Minuten zur Verfügung.**

1 Fußboden – Decke
Erde – ?
☐ a Zimmer ☐ b Stein ☐ c Gras ☐ d Himmel

2 lieben – Freunde
hassen – ?
☐ a verachten ☐ b Freunde ☐ c Bekannte ☐ d Feinde

3 Arbeit – Reichtum
Müßiggang – ?
☐ a Armut ☐ b Faulheit ☐ c Laster ☐ d Gold

4 Eiche – Blatt
Tanne – ?
☐ a Baum ☐ b Fichte ☐ c Nadel ☐ d Weihnachten

5 weiß – schwarz
gut – ?
☐ a besser ☐ b schlecht ☐ c grau ☐ d Farbe

6 Rohöl – Benzin
? – Aluminium
☐ a Stahl ☐ b Eisenerz ☐ c Bauxit ☐ d Wolfram

7 Vorwort – Buch
? – Vertrag
☐ a Einleitung ☐ b Präambel ☐ c Legende ☐ d Prämisse

8 Bern – Schweiz
? – USA
☐ a New York ☐ b Las Vegas ☐ c Washington ☐ d Chicago

9 Geschirr – Teller
? – Limonade
☐ a Apfelsaft ☐ b Zitrone ☐ c Wasser ☐ d Getränk

10 dunkel – hell
? – nass
☐ a Regen ☐ b feucht ☐ c Wind ☐ d trocken

11 Dackel – Windhund
Verbrennung – ?
☐ a Feuerwehr ☐ b Explosion ☐ c Streichholz ☐ d Waldbrand

12 Zorn – Affekt
Trauer – ?
☐ a Stimmung ☐ b Wut ☐ c Wehmut ☐ d Freude

13 Zisterne – Wasser
? – Wertsachen
☐ a Schmuck ☐ b Safe ☐ c Millionär ☐ d Schlüssel

14 Meteorologie – Wetterkunde
Quantität – ?
☐ a Menge ☐ b Volumen ☐ c Güte ☐ d Preis

15 Krücke – Fortbewegung
? – Sicht
☐ a Nebel ☐ b Blende ☐ c Licht ☐ d Brille

16 mischen – panschen
berichten – ?
☐ a erzählen ☐ b verleumden ☐ c sagen ☐ d tun

17 Papier – schneiden
Knoten – ?
☐ a lösen ☐ b zerschneiden ☐ c zerreißen ☐ d zerschlagen

18 Tulpe – Rose
Schrank – ?
☐ a Einrichtung ☐ b Stuhl ☐ c Gardine ☐ d Möbel

19 Leben – Jugend
Jahr – ?
☐ a April ☐ b Zeit ☐ c Frühling ☐ d Schaltjahr

20 Gras – Wiese
Blatt – ?
☐ a Laub ☐ b Baum ☐ c Busch ☐ d Laus

21 Schiff – Leuchtturm
Flugzeug – ?
☐ a Flughafen ☐ b Lotse ☐ c Kompass ☐ d Funkfeuer

22 Chirurg – Skalpell
? – Kelle
☐ a Kellner ☐ b Maurer ☐ c Schlosser ☐ d Installateur

23 Konto – Bilanz
Temperatur – ?
☐ a Klima ☐ b Atmosphäre ☐ c Hitze ☐ d Eis

24 Diskette – Computer
Kassette –
☐ a Recorder ☐ b Fernseher ☐ c CD ☐ d Festplatte

### Lösungen

| | | | | | | | | | |
|---|---|---|---|---|---|---|---|---|---|
| 1 d | 2 d | 3 a | 4 c | 5 b | 6 c | 7 b | 8 c | 9 d | 10 d |
| 11 b | 12 a | 13 b | 14 a | 15 d | 16 b | 17 a | 18 b | 19 c | 20 a |
| 21 d | 22 b | 23 a | 24 a | | | | | | |

# Logisches Denken

Bei dieser Aufgabengruppe geht es um das logische Denken und die Kombinationsfähigkeit. Lösen Sie die nachfolgenden kurzen Aufgaben. Die Lösungsmenge kann aus einem oder auch aus keinem Namen bestehen. Es ergibt sich keine Lösung, wenn die Aufgabe in sich widersprüchlich ist.

**WER IST DER GRÖSSTE?** BEISPIEL

> Heinz ist größer als Marion.
> Marion ist kleiner als Dietmar.
> Dietmar ist kleiner als Heinz.

Für diesen Aufgabentyp gibt es 2 Lösungswege.

## Buchstabenmethode

Ordnen Sie die einzelnen Aussagen (= Sätze) in eine Buchstabenreihe, die, der Übersichtlichkeit wegen, nur aus den Anfangsbuchstaben der Namen besteht, wie folgt:

| | | |
|---|---|---|
| | H | Aussage 1: Heinz ist größer als Marion. Sie schreiben das |
| | M | H von Heinz über das M von Marion, da Heinz größer ist. |
| H | D | Aussage 2: Marion ist kleiner als Dietmar. Das D wird über |
| D | M | das M gesetzt. Über die Beziehung von Heinz zu Dietmar ist |
| M | | bisher noch nichts bekannt. |
| | H | Aussage 3: Dietmar ist kleiner als Heinz. Damit ist auch diese |
| | D | Beziehung bekannt. Heinz ist der Größte, was sich aus der |
| | | Buchstabenreihe auch leicht ablesen lässt. |

Vielleicht kommt Ihnen die Buchstabenmethode für eine einfache Aufgabe zu aufwendig vor, aber in schwierigeren Fällen hilft sie, die einzelnen Beziehungen überschaubarer zu machen. Um Zeit zu sparen, werden Sie nicht für jede Aussage eine neue Buchstabenreihe aufstellen. Vielmehr werden Sie die mit Aussage 1 angefangene Buchstabenreihe durch die folgenden Aussagen ergänzen, um am Ende eine Lösung zu erhalten. Vielfach werden verschiedene Beziehungen in der Aufgabe genannt, die zuerst nichts miteinander zu tun haben und somit auch nicht miteinander zu verbinden sind.

BEISPIEL

**WER IST DER KLÜGSTE?**

Gabi ist klüger als Michael.

Doris ist dümmer als Rainer.

Doris ist klüger als Gabi.

Die in Satz 1 und 2 genannten Beziehungen stehen vorerst nicht in Zusammenhang. Es empfiehlt sich, 2 parallele Buchstabenreihen aufzustellen.

| | | |
|---|---|---|
| G | R | (Doris ist dümmer als Rainer; im Umkehrschluss |
| M | D | ist Rainer klüger als Doris.) |

Im Satz 3 klärt sich die Beziehung auf; die Buchstabenreihe sieht dann folgendermaßen aus:

R
D
G
M

Damit ist Rainer der Klügste.

Manche dieser Aufgaben lassen sich, wie bereits in der Erläuterung zu der Aufgabe angegeben, nicht lösen. Auch dies ist durch die Buchstabenreihe leicht feststellbar.

**WER IST DER ÄLTESTE?** BEISPIEL

> Jürgen ist älter als Klaus.
> Beate ist jünger als Klaus.
> Jürgen ist jünger als Beate.

| | | |
|---|---|---|
| Buchstabenreihe zu Aussage 1: | J | |
| | K | |
| Buchstabenreihe zu Aussage 2: | K | J |
| | B | K |
| | | B |

Aussage 3: Jürgen ist jünger als Beate.

Diese Beziehung lässt sich nicht in die aufgestellte Buchstabenreihe eingliedern, die Aufgabe ist damit nicht lösbar.

## Gleichungsmethode

Mit der zweiten Methode wird mathematisch über Gleichungen beziehungsweise Ungleichungen versucht, die Aufgabe zu lösen.

**WER IST DER ÄLTESTE?** BEISPIEL

> Alfred ist älter als Berta.
> Berta ist älter als Charlotte, aber jünger als Dorothea.
> Dorothea ist älter als Alfred.

Zu jeder dieser Beziehungen können Sie eine Ungleichung aufstellen. Verwenden Sie dabei die Zeichen für größer als (>) beziehungsweise kleiner als (<) – je nach Aufgabenstellung. In unserem Beispiel bedeutet > älter als.

Aussage 1: A > B
Aussage 2: D > B > C
Aussage 3: D > A

Aus dem mathematischen Ungleichungssystem lassen sich diese Schlüsse ziehen: Da A älter als B (aus Aussage 1), aber B älter als C (aus Aussage 2) folgt, dass A älter als C ist. Jetzt bleibt die Frage, ob A oder D älter ist. Die Antwort gibt die Ungleichung 3 (aus Aussage 3). Damit ist D die Älteste.

## Übungsaufgaben

Probieren Sie aus, welche der beiden Methoden Ihnen mehr liegt. Lösen Sie die nachfolgenden Aufgaben. Die Lösungsmenge besteht generell aus einem Namen. Es gibt jedoch auch Aufgaben, bei denen keine eindeutige Lösung festgelegt werden kann. Tragen Sie den gefundenen Namen ein oder machen Sie, falls Sie keine eindeutige Lösung feststellen können, einen Strich.

### Beispiel

Wer ist der Kleinste?
Gustav ist kleiner als Peter.
Peter ist kleiner als Michael.

### Lösung

Gustav ist der Kleinste. Der Name „Gustav" ist einzutragen.

**Beginnen Sie jetzt. Sie haben 4 Minuten zur Verfügung.**

a Wer ist der Größte? ____________________

Charly ist größer als Alfred.
Alfred ist kleiner als Bibo.
Charly ist kleiner als Bibo.

b Wer ist die Dickste? ____________________

Nine ist dicker als Claudia.
Karin ist dünner als Stephanie.
Stephanie ist genauso dick wie Nine.
Rose ist dicker als Stephanie.

c Wer ist der Ärmste? ______________________

Albert ist ärmer als Bert.
Jürgen ist reicher als Albert.
Bert ist genauso reich wie Jürgen.

d Wer ist der Stärkste? ______________________

Jochen ist stärker als Christian.
Fritz ist schwächer als Reiner.
Reiner ist schwächer als Christian.

e Wer hat das kleinste Auto? ______________________

Christophers Auto ist größer als Alberts Auto.
Christinas Auto ist kleiner als Konrads Auto.
Alberts Auto ist kleiner als Christinas Auto.

f Welche ist die hellste Farbe? ______________________

Weiß ist heller als Gelb.
Blau ist dunkler als Schwarz.
Schwarz ist heller als Gelb.
Weiß ist dunkler als Gelb.

g Wer ist der Kleinste? ______________________

Oliver ist so groß wie Otto.
Bert ist kleiner als Bernhard.
Bernhard ist größer als Otto.
Oliver ist kleiner als Bert.

h Wer ist der Schwerste? ______________________

Achim ist leichter als Fabienne.
Norbert ist schwerer als Achim.
Ulrich ist schwerer als Fabienne.
Norbert ist schwerer als Ulrich.

i Wer ist der Schwächste? ______________________

Jochen ist so stark wie Joachim.
Christoph ist schwächer als Ludwig.
Joachim ist stärker als Christoph.
Jochen ist schwächer als Herbert.

j Wer ist der Klügste? ______________________

Doris ist klüger als Achim.
Dietmar ist dümmer als Adelheid.
Dieter ist klüger als Edeltraud.
Frank ist dümmer als Adelheid.

**Lösungen**

a Bibo b Rose c Albert d Jochen e Albert f keine Lösung
g keine Lösung h Norbert i Christoph j keine Lösung

## Lückentext

Bei dieser Übung wird Ihnen ein Sachtext vorgelegt, der einige Lücken aufweist. Ihre Aufgabe ist es, diese Wörter einzufügen. Da Sie hier in der Regel genügend Zeit haben, empfiehlt es sich, den Text erst einmal im Zusammenhang durchzulesen. Viele gesuchte Begriffe werden im weiteren Verlauf erläutert und lassen sich dann leichter ergänzen.

BEISPIEL **LÜCKENTEXT**

Der .... dreht sich um die Erde. Er braucht dafür ca. 28 .... . Seine Einwirkung auf die Erde macht sich in .... und Flut bemerkbar.

Lösung: Mond – Tage – Ebbe

Erleichtert werden solche Lückentests meist dadurch, dass für jeden Buchstaben ein Punkt gesetzt wird. Im obigen Beispiel bestehen die Lücken aus jeweils 4 Punkten, das heißt, die gesuchten Wörter bestehen aus 4 Buchstaben. Die Themenschwerpunkte der Lückentexte werden häufig an den angestrebten Berufen oder Branchen ausgerichtet.

## Übungsaufgaben

Ergänzen Sie die nachfolgende Texte sinngemäß. Umlaute (ä, ö oder ü) sowie ß werden als solche geschrieben und zählen als ein Buchstabe.

**Beginnen Sie jetzt, Sie haben 10 Minuten Zeit.**

### Das Prinzip eines Motors

Am Beispiel eines Viertaktverbrennungsmotors, auch . . . . . . . . . genannt, der mit Benzin betrieben wird, wollen wir das Prinzip eines Motors erklären. Der . . . . . . . . ist ein geschlossenes Metallgehäuse. In ihm bewegt sich ein . . . . . . auf und ab. Diese Auf- und Abbewegung wird an die Pleuelstange, an die ein Schwunggewicht angegliedert ist, weitergegeben. Das . . . . . . . . überträgt diese Bewegungen an die Räder. Das Einlassventil des Zylinders ist für ein Luft-Gas-Gemisch bestimmt, während die verbrannten . . . . über ein . . . . . . . . . . . . . abgegeben werden. Als ersten Takt bezeichnet man den Ansaugtakt. In den durch die Abwärtsbewegung des Kolbens entstehenden leeren Raum strömt ein Gas-Luft-Gemisch ein. Im zweiten Takt, dem Verdichtungstakt, sind beide . . . . . . . geschlossen. Der Kolben steigt aufwärts, dadurch wird die Luft im Zylinder zusammengepresst, sie . . . . . . . . . . sich. Im dritten Takt, auch Arbeitstakt genannt, entzündet sich das . . . . . . . an einer Zündkerze, die einen Funken abgibt. Die durch die Explosion entstehenden Gase weiten sich aus und treiben den Kolben . . . . . . . . . Im Auspufftakt entweichen die Gase durch das Auslassventil. Dann beginnt der Prozess von neuem. Um bei der sehr schnellen Abfolge der Prozesse keine Ungleichmäßigkeiten aufkommen zu lassen, werden die 4 Zylinder . . . . . . . . . . . . . . . geschaltet. Diese Schaltung wird so vorgenommen, dass in jedem Zylinder zu einem ganz bestimmten Zeitpunkt ein anderer . . . . stattfindet. Im Gegensatz zum Ottomotor wird beim . . . . . . . . . . . . Öl in die im Zylinder befindliche erhitzte Luft gespritzt. Eine . . . . . . . . . wird nicht benötigt.

### Warum ein Flugzeug fliegt

Ein Flugzeug ist schwerer als . . . . . Es wirken die Erdanziehungskräfte. Es wird in der Luft gehalten durch den dynamischen . . . . . . . . Dieser wird durch die Luft, die über und unter den Tragflächen vorbeiströmt, . . . . . . . Der Vortrieb wird durch einen Motor erzeugt, sei es ein Düsen-, Propeller- oder Raketen-. . . . . . . . . Der Vortrieb muss den natürlichen . . . . . . . . . . . . . . überwinden, damit sich das Luftfahrzeug horizontal vorwärts bewegen kann. Die Größe des Auftriebs hängt ab von der Geschwindigkeit und Dichte der anströmenden Luft sowie von dem . . . . . . . . . . . . . der angeströmten Tragflächen. Luftfahrzeuge dürfen nur mit einer ganz bestimmten . . . . . . . . . . . . . . . landen. Um diese zu verringern, wird der Widerstand der Tragflächen . . . . . . . . . . . Dies geschieht durch das zusätzliche Ausfahren von Landeklappen und Luftbremsen. Um ein Flugzeug in der Luft zu halten, wird ein Drittel des benötigten Auftriebs durch Überdruck unter den Tragflächen und zwei Drittel durch . . . . . . . . . . oberhalb der . . . . . . . . . . . erzeugt. Flugzeuge starten und landen . . . . . den Wind. Gelenkt werden sie mit Höhenruder, Seitenruder und Querruder. Das Höhenruder bestimmt die Bewegungen des Flugzeuges um die . . . . . . . . . . Um eine Kurve zu fliegen, werden . . . . . . . . . . . und Querruder betätigt.

### Lösungen

Text 1

Ottomotor – Zylinder – Kolben – Getriebe – Gase – Auslassventil – Ventile – verdichtet – Gemisch – abwärts – hintereinander – Takt – Dieselmotor – Zündkerze

Text 2

Luft – Auftrieb – erzeugt – Triebwerk – Luftwiderstand – Anstellwinkel – Geschwindigkeit – vergrößert – Unterdruck – Tragflächen – gegen – Querachse – Seitenruder

# Textvergleich

Bei der folgenden Übung sollen Sie den Originaltext mit der Abschrift vergleichen und sämtliche Fehler in der Abschrift kennzeichnen. Die Fehler sollen nicht ausgebessert, sondern lediglich unterstrichen werden. Es kann sich hierbei um Schreibfehler, Zeichenfehler, Satzbau, Lücken, Einfügungen, Verdrehungen usw. handeln.

| **Originaltext** | **Abschrift** |
|---|---|
| Der Rigi-Kulm ist ein 1800 hohes imposantes Alpenmassiv, das für sich allein steht und eine mächtige Aussicht auf blaue Seen, grüne Täler und schneebedeckte Berge bietet. | Der Riggi-Kulm ist ein 1800 m Meter hohes imposante-Alpenmassiv, daß für mich allein steht, und einen mächtigen Blick auf blaue Seen, grüne Täler und schnee-bedeckte Berge bitet. |

**VERGLEICHEN SIE BUCHSTABEN UND SATZZEICHEN** ! ACHTUNG

Bei dieser Aufgabe, die eine sehr hohe Konzentration fordert, wird oft ein großer Fehler begangen: Viele Prüflinge konzentrieren sich zu sehr auf den Inhalt des Textes, anstatt sich ausschließlich auf die Schreibunterschiede zwischen Original und Abschrift zu beschränken. Gehen Sie daher ganz mechanisch an den Text heran und vergleichen Sie einfach die geschriebenen Buchstaben und Satzzeichen.

## Übungsaufgabe

Nun folgt der vollständige Text zur Durchsicht.

**Beginnen Sie jetzt, Sie haben 5 Minuten zur Verfügung.**

## Originaltext

Der Rigi-Kulm ist ein 1800 Meter hohes imposantes Alpenmassiv, das für sich allein steht und eine mächtige Aussicht auf blaue Seen, grüne Täler und schneebedeckte Berge bietet – ein voll gestopftes, großartiges Bild von 500 Kilometer Umfang.

Man erklimmt ihn je nach Wunsch und Vorliebe entweder auf dem Schienenweg oder zu Pferde oder aber auch zu Fuß. Ich und mein Reisebegleiter warfen uns an einem sonnigen Morgen in unsere Wandertracht und überquerten den See mit einem Dampfer; in dem Dorf Wäggis, dreiviertel Stunden von Luzern entfernt, gingen wir an Land. Dieses Dorf liegt am Fuß des Berges.

Schon bald stapften wir gemächlich den laubüberwölbten Maultierpfad hinan, und dann begann auch, wie gewöhnlich, die Unterhaltung zu fließen.

Es war 12 Uhr Mittag und ein wolkenloser Tag mit leichter Brise; der Hang stieg nur allmählich, und die Blicke, die wir durch den Vorhang der Äste auf das blaue Wasser und winzige Segelboote und überhängende Felsenklippen werfen konnten, waren so bezaubernd wie Blicke ins Traumland. Die Umstände waren vollkommen und unsere Erwartungen freudig gespannt, denn bald schon würden wir uns ja zum ersten Mal an jenem wundervollen Schauspiel ergötzen, einem Sonnenaufgang in den Alpen – dem Zweck unserer Wanderung.

(Aus: Mark Twain: „Zu Fuß durch Europa")

### Abschrift

Der Riggi Kulm ist ein 1800 m hohes imposante Alpenmassiv, dass für mich allein steht und einen mächtigen Blick auf blaue Seen, grüne Täler und schneebedeckte Berge bitet – ein vollgestopftes, grosartiges Bild von 5000 Kilometer Umfang.

Je nach Wunsch und Vorliebe erklimmt man ihn entweder auf dem Schienenweg oder zu Pferde oder aber auch zufuß. Mein Reisebegleiterund ich und warfen uns an einem sonnigen Morgen in unsere Wandertrackt und überquerten den See mit jenem Dampfer. In dem Dorf Wäggis, drei Viertel Stunden von Luzern entfernt, gingen wir an Land. Dieses Dorf liegt am Fuß des Berges.

Bald schon stapften wir gemächlich den laubüberwölbten Maultirpfad hinauf, und dann begann auch wie gewöhnlich die Unterhaltung zu fließen.

Es war 12 Uhr mittags und ein wolkenloser, herrlicher Tag mit leichter Brise; Der Hang stieg allmälich nur, und die Blicke, die wir durch den Vorhang der Zweige auf dass blaue Wasser, und winzig kleine Segelboote und überhängende Felsenglippen werfen konnten, waren so bezaubernd, wie Blicke ins Traumland. Die Umstände wurden vollkommen und unsere Erwartungen freundlich gespannt, denn bald schon werden wir ja zum erstenmal uns an jenem wundervollen Schauspiel ergötzen, einem Sonnenaufgang in den Alpen – dem Zweck unserer Wanderung.

## Merkfähigkeit

Bei derartigen Aufgaben wird Ihr Kurzzeitgedächtnis geprüft. Die Fragen können auf Bilder, Zahlen, Figuren oder Fakten abzielen.

### Bildergeschichten

In vielen Einstellungstests kommt eine Bildergeschichte vor. Diese ist mit den Porträts der beschriebenen Personen illustriert. Sie lesen sich die Geschichte in einer bestimmten vorgegebenen Zeit durch, später werden Ihnen zur Geschichte Fragen gestellt; ebenso sollen Sie die Personen auf Porträtaufnahmen wiedererkennen. Geprüft wird Ihr Kurzzeitgedächtnis für Zahlen und Fakten sowie Ihr Erinnerungsvermögen in Bezug auf Bilder beziehungsweise Gesichter.

**Beispiel**

Die Maschinenbaufirma Scheib GmbH, Hirschstraße 5, 28816 Stuhr, Telefon 0 24 21/8 87 00 hat 1200 Mitarbeiter, von denen wir Ihnen jetzt einige vorstellen:

Herr Jörg Fleißig, 34 Jahre, ist Diplomkaufmann. Seit dem Ersten dieses Monats ist er bei der Firma Scheib als Gruppenleiter in der Abteilung Verkauf beschäftigt. Herr Fleißig ist verheiratet und er hat 3 Kinder. Seine Hobbys sind Tennis und französische Literatur.

Herr Dr. Rudolf Bensen, 42 Jahre, ledig, ist Abteilungsleiter im Bereich Vertrieb und für den Verkauf Inland verantwortlich. Er ist in seiner Funktion direkter Vorgesetzter von Herrn Fleißig.

Frau Sonja Heim, 32, Industriekauffrau, arbeitet in der Einkaufsabteilung von Herrn Deiringer.

Frau Sophie Schmitz, 52 Jahre, ist die Abteilungssekretärin des Bereichs Einkauf.

Herr Hartmut Maier, 32 Jahre, ist Meister in der Prototypenfertigung.

## Mögliche Fragen

1 In welcher Stadt ist die Firma Scheib ansässig?

☐ a Steeden ☐ b Stuhr ☐ c Starnberg ☐ d Suhl

2 Welches Foto zeigt Herrn Dr. Rudolf Bensen?

☐ a ☐ b ☐ c ☐ d

3 Welche Funktion übt Herr Hartmut Maier aus?

☐ a Gruppenleiter in der Abteilung Verkauf

☐ b Mitarbeiter der Einkaufsabteilung

☐ c Meister in der Prototypenfertigung

☐ d Kraftfahrer

**MERKEN SIE SICH AUFFÄLLIGE DETAILS**

Versuchen Sie immer, sich das Foto in Verbindung mit dem Namen der Person einzuprägen. Hilfreich kann es auch sein, sich eine kleine Besonderheit oder ein Detail zu merken, das Ihnen bei der Person auffällt. Das könnten zum Beispiel bei Frau Sophie Schmitz die Perlenohrringe sein. Das hilft dem Gedächtnis auf die Sprünge, wenn Sie aus einer Auswahl von mehreren Bildern die richtige Person erkennen sollen.

## Flächenaufgaben

Bei diesem Aufgabentyp wird überprüft, wie gut Sie graphische Einzelheiten und Details aufnehmen, sich merken und später wiedergeben können. Es geht darum, dass Sie sich bei den Ihnen gezeigten Zeichnungen die grauen Flächen einprägen. Später sollen Sie angeben, welche Flächen grau hinterlegt waren.

BEISPIEL **FLÄCHENAUFGABEN**

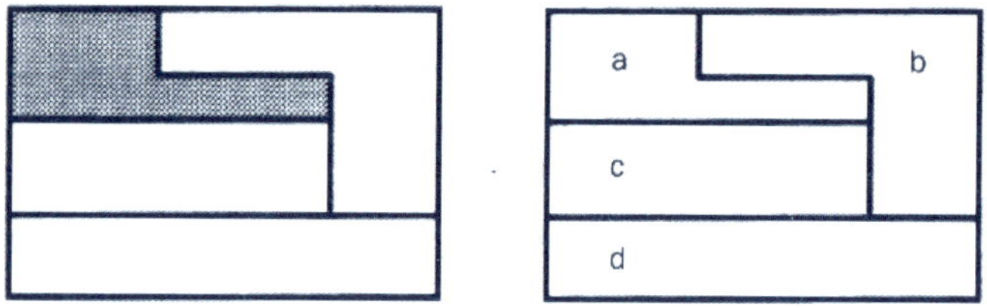


Bei dieser Aufgabe sollen Sie sich später daran erinnern, dass Feld a grau hinterlegt war.

Nutzen Sie die Ihnen zur Verfügung stehende Zeit, um sich die Form der gestrichelten Flächen sowie ihre Lage innerhalb des Bildes einzuprägen. Welche markanten Merkmale weist die hinterlegte Fläche auf? Ist es die kleinste oder die größte Fläche im Bild? Ist es der einzige Kreis, das einzige Rechteck? Grenzt die Fläche an den Rand des Bildes? Wenn ja, an welcher Seite? Prägen Sie sich jede Zeichnung getrennt ein; versuchen Sie nicht, Beziehungen herzustellen, die auf der Anordnung der einzelnen Bilder beruhen. Dies würde Sie später eher verwirren, da die Anordnung der Zeichnungen nicht beibehalten wird.

## Übungsaufgaben

Prägen Sie sich jeweils die Lage des grau hinterlegten Feldes bei den folgenden Zeichnungen ein. Sie sollen später bestimmen, welches Feld der Zeichnung grau eingefärbt war.

**Für die Durchsicht der nachfolgenden Zeichnungen haben Sie 2 Minuten zur Verfügung.**

Legen Sie das Buch 5 Minuten zur Seite und beantworten Sie dann die folgenden Fragen: Ihnen wurden 6 Zeichnungen mit jeweils einem grauen Feld vorgestellt. Kreuzen Sie auf der folgenden Seite an, welches Feld dies jeweils war. Decken Sie dabei bitte diese Seite so ab, dass Sie die Figuren nicht erkennen können.

**Beginnen Sie jetzt, Sie haben 5 Minuten zur Verfügung.**

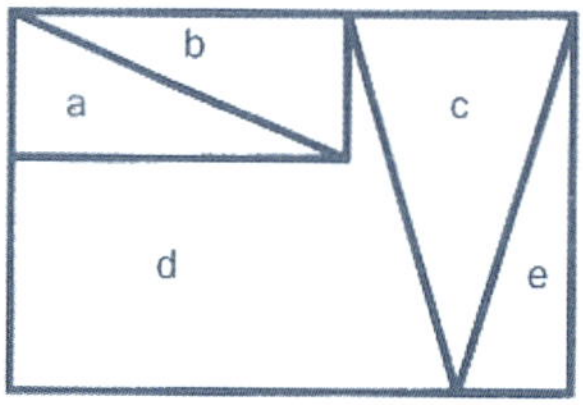


**1** ☐ **a** ☐ **b** ☐ **c** ☐ **d** ☐ **e**

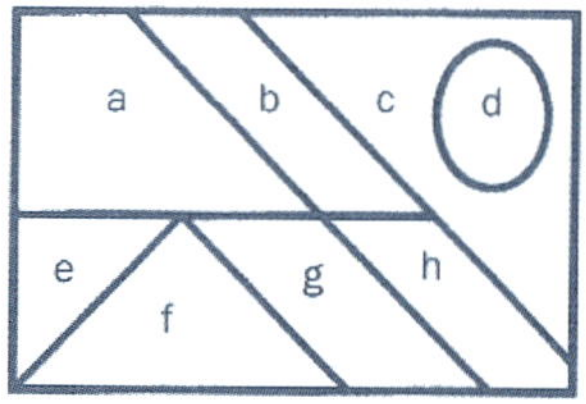


**2** ☐ **a** ☐ **b** ☐ **c** ☐ **d** ☐ **e** ☐ **f** ☐ **g** ☐ **h**

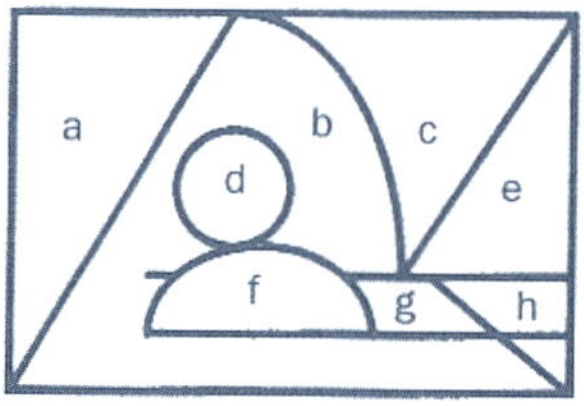


**3** ☐ **a** ☐ **b** ☐ **c** ☐ **d** ☐ **e** ☐ **f** ☐ **g** ☐ **h**

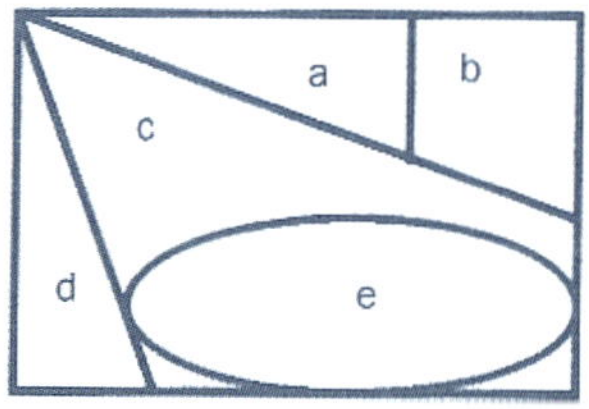


**4** ☐ **a** ☐ **b** ☐ **c** ☐ **d** ☐ **e**

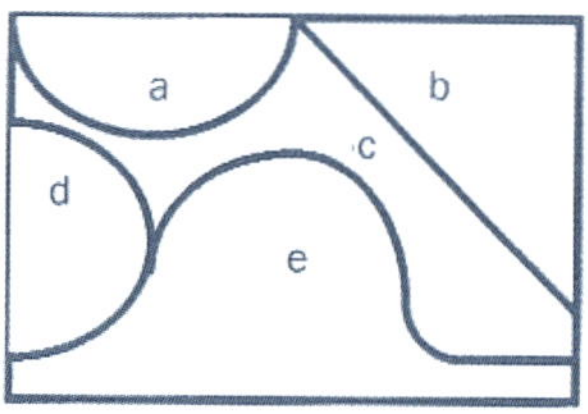


**5** ☐ **a** ☐ **b** ☐ **c** ☐ **d** ☐ **e**

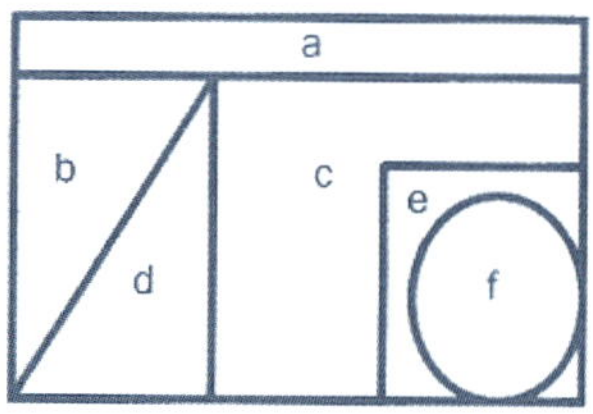


**6** ☐ **a** ☐ **b** ☐ **c** ☐ **d** ☐ **e** ☐ **f**

# Konzentrationsfähigkeit

Bei dieser Übungskategorie handelt es sich um eine Aufgabe, die Ihre Konzentrationsfähigkeit unter Zeitdruck bewerten soll. Sie sollten sich darüber im Klaren sein, dass bei diesem Test sowohl die Geschwindigkeit als auch die Genauigkeit der Bearbeitung beurteilt wird.

**KONZENTRATIONSFÄHIGKEIT** BEISPIEL

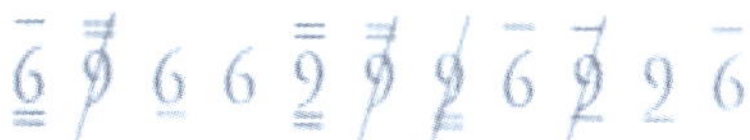


In einer langen Zahlenreihe sollen Sie alle „9" durchstreichen, die genau 2 Striche aufweisen. Diese Striche können sowohl über als auch unter der Zahl sein.

Lesen Sie sich bei der folgenden Übung die Anweisung zweimal durch und blättern Sie auf keinen Fall um, bevor Sie nicht mit der Übung beginnen. Auf der folgenden Seite finden Sie 15 Reihen mit „6“ und „9“. Es wird Ihnen während der Prüfung immer ein Zeichen gegeben werden, wann Sie mit der Bearbeitung einer neuen Reihe beginnen sollen. Es ist daher notwendig, dass Sie einen Bekannten bitten, Ihnen jeweils nach 10 Sekunden ein Zeichen zu geben, sodass Sie dann unverzüglich mit einer neuen Reihe beginnen, auch dann, wenn Sie mit der vorhergehenden noch nicht ganz fertig sind.

Arbeiten Sie genau, aber zügig, und achten Sie auf die 10-Sekunden-Zeichen. Benutzen Sie die nachfolgende Zeile als Übungszeile, bevor Sie umblättern und mit der Übung beginnen.

9 6 9 6 6 6 9 6 6 9 9 9 9 6 6 6 6 9 9 6 6 9 6 6

6 9 6 6 6 9 9 9 6 9 6 9 6 9 9 9 9 6 6 9 6 9 9 6

6 9 9 6 6 9 6 9 6 6 6 6 9 9 6 9 9 9 6 9 6 9 6 9

9 6 9 6 9 6 9 6 9 6 9 9 9 9 6 9 6 6 6 9 6 9 6 9

9 9 9 6 6 9 6 9 6 9 6 6 9 9 6 6 9 9 9 9 6 9 9 9

9 9 9 6 6 9 6 9 6 6 6 6 6 9 6 9 6 9 6 9 6 9 6 9

6 9 9 6 6 9 6 9 6 6 6 6 9 9 6 9 9 9 6 9 6 9 6 9

9 9 9 6 6 9 9 9 6 6 6 6 9 9 9 9 9 9 6 9 6 9 6 6

6 9 9 9 6 6 9 9 6 6 6 6 9 6 6 9 9 9 6 9 6 9 6 9

6 9 9 6 6 9 6 9 6 6 6 6 9 9 6 9 9 9 6 9 6 9 6 9

6 9 6 6 6 9 6 9 9 6 6 6 9 9 6 9 6 9 6 9 6 9 6 9

6 9 9 6 6 9 6 9 6 6 6 6 9 9 6 9 9 9 6 9 6 9 6 9

6 9 9 9 6 9 6 9 6 6 9 6 9 9 6 9 9 9 6 9 6 9 6 9

6 9 9 6 6 9 6 9 6 6 6 6 9 9 6 9 9 9 6 9 6 9 6 9

6 9 6 6 9 9 6 9 6 6 6 6 9 9 6 9 9 6 6 9 6 9 6 9

**ARBEITEN SIE ZÜGIG UND KONZENTRIERT** ACHTUNG

Gehen Sie gelassen an die Arbeit und schließen Sie die Augen zwischendurch ganz kurz zur Entspannung, falls die Zahlen im Verlauf der Übung mehr und mehr verschwimmen. Benutzen Sie die schnellste Form der Kennzeichnung; es ist zu umständlich, die zu markierenden Zahlen anzukreuzen oder durch einen Kreis zu kennzeichnen. Ein leichter, aus dem Handgelenk kommender Strich in Leserichtung hält Sie am wenigsten auf.

# Persönlichkeitstests

Bereits im Kapitel „Welche Testverfahren gibt es?" hatten wir Ihnen das Wesen und die Zielsetzung von Persönlichkeitstests vorgestellt. Die folgenden Beispielaufgaben und Tipps sollen Ihnen die Bearbeitung dieser Tests erleichtern.

## Situationsaufgaben

Bitte wählen Sie bei den folgenden Situationen die Antwortalternative aus, mit der Sie sich am meisten identifizieren können.

### Situation 1

Sie sitzen im Kino und vor Ihnen hat eine Dame einen Hut auf, der Ihre Sicht stark behindert:

a) Sie setzen sich auf einen anderen Platz ganz am Rand der Kinoreihe, von dem aus Sie zwar einen schlechteren Blickwinkel haben, jedoch die Dame mit dem Hut Sie nicht mehr behindert.

b) Sie schieben der Dame den Hut vom Kopf und sagen, dass Sie sonst nichts sehen.

c) Sie machen gar nichts und nehmen die Behinderung in Kauf.

d) Sie sprechen die Dame an und bitten sie, den Hut abzunehmen, da Sie sonst nichts sehen.

### Situation 2

Sie stehen mit Ihrem/Ihrer Partner/in vor dem verschlossenen Fahrzeug und können den Schlüssel nicht finden. Nach längerem Suchen stellen Sie fest, dass Sie den Autoschlüssel wohl verloren haben. Ihr/e Partner/in macht Ihnen große Vorwürfe: „Du mit deiner ewigen Unachtsamkeit, wie sollen wir jetzt nach Hause kommen?“

a) Ach, es tut mir so leid, immer mache ich Fehler.

b) Da kann ich doch auch nichts dafür, dass der Schlüssel jetzt weg ist.

c) Ja, das ist ärgerlich, aber streiten nützt uns jetzt auch nichts. Lass uns gemeinsam überlegen, wie wir jetzt eine Lösung finden.

d) Schuld bist doch eigentlich du, mit deiner blöden Trödelei bin ich ganz nervös geworden.

## Situation 3

Sie werden wegen erhöhter Geschwindigkeit von der Polizei gestoppt. Der Polizist sagt: „Sie sind 30 Stundenkilometer zu schnell gefahren."

a) Es ist doch nichts passiert, wozu die Aufregung?
b) Dauernd passieren Überfälle und Morde und sie haben nichts Besseres zu tun, als hier die Geschwindigkeit zu kontrollieren!
c) Das kann gar nicht sein, mein Tacho hat genau 50 Stundenkilometer angezeigt. Ihr Radargerät misst falsch!
d) Tut mir leid, es war nicht meine Absicht, die Geschwindigkeitsbegrenzung zu überschreiten.

### Situation 4

Sie haben für 99 EUR einen Receiver für Satellitenprogramme gekauft. Nach der Montage stellen Sie fest, dass der Receiver nicht funktioniert, und bringen das Gerät zurück. Der Verkäufer stellt in der Tat fest, dass das Gerät defekt ist, und schlägt vor, dass Sie den Receiver gegen ein Ersatzgerät der gleichen Marke tauschen. Als Sie zu Hause ankommen und den neuen Receiver wieder montieren wollen, funktioniert dieser erneut nicht.

a) Es ist Ihnen peinlich, wieder in den Laden zu gehen, um das Gerät erneut zu tauschen. Sie gehen in einen anderen Laden und kaufen ein anderes Gerät und verschenken das nicht funktionierende Gerät an einen Freund, von dem Sie wissen, dass er gerne bastelt.
b) Sie gehen nochmals in den Verkaufsladen und lassen den Receiver wiederum gegen ein anderes Gerät der gleichen Marke tauschen.
c) Sie gehen wieder in den Verkaufsladen, bestehen aber darauf, Ihr Geld zurückzubekommen, und kaufen woanders ein anderes Gerät.
d) Sie gehen wieder in den Verkaufsladen und tauschen das Gerät gegen ein Modell eines anderen Herstellers, nachdem der Verkäufer sich zunächst weigert, das Gerät zurückzunehmen und Ihnen den Betrag auszuzahlen.

### Situation 5

Sie telefonieren privat während der Arbeitszeit mit einem Freund und unterhalten sich über die Sportergebnisse vom Wochenende. Plötzlich sehen Sie Ihren Chef auf sich zukommen.

a) Sie beenden das Telefonat so schnell wie möglich, beginnen wieder mit der Arbeit und fragen, ob Sie etwas für Ihren Chef tun können.

b) Sie tun so, als ob sie Ihren Chef gar nicht bemerkt hätten, und telefonieren weiter.

c) Sie versuchen, den Chef in das Gespräch einzubeziehen, indem Sie zu ihm sagen: „Herr Weber gibt mir gerade die Umsätze des letzten Monats durch. Das wird Sie sicher interessieren."

d) Sie entschuldigen sich bei Ihrem Chef: „Zu Hause komme ich kaum zum Telefonieren, da blockieren immer die Kinder die Leitung."

## Situation 6

Sie haben einen freien Parkplatz entdeckt, dabei haben Sie allerdings den bereits wartenden Fahrer, der in den Parkplatz rückwärts einfahren wollte, übersehen. Dieser fängt auch gleich an Sie lauthals zu beschimpfen: „Was glauben Sie eigentlich? Ich war zuerst hier!"

a) Sie zeigen dem Fahrer einen Vogel und fahren mit dem Lächeln des Überlegenen in die noch freie Parklücke.

b) Sie fahren in die freie Fahrlücke, denn schließlich gilt: Wer zuerst kommt, mahlt zuerst.

c) Sie sagen dem wartenden Fahrer, dass Sie ihn leider nicht gesehen haben, lassen ihm den Vortritt und suchen sich einen anderen Parkplatz.

d) Sie schimpfen zurück und fahren weg.

## Situation 7

Sie sitzen mit Freunden beim Kartenspiel. Nach verlorenem Spiel sagt Ihr/e Spielpartner/in: „Wegen deiner unverzeihlichen Fehler haben wir jetzt verloren.“ Was antworten Sie?

a) Das macht doch nichts. Es heißt doch: Pech im Spiel, Glück in der Liebe.

b) Der Vorwurf ist ungerechtfertigt. Hättest du vorher das Kreuzass mit der Piksieben genommen, hätten wir den Stich gemacht.

c) Ich sage es ja immer: Man soll nicht mit Anfängern spielen, die hinterher alles besser wissen wollen.

d) Du benimmst dich wie ein Kind, du kannst einfach nicht verlieren.

## Situation 8

Sie sind in einen Laden gegangen, um einen ganz bestimmten Artikel zu kaufen. Der Verkäufer erklärt Ihnen jedoch, dass dieser Artikel nicht vorrätig sei. Was antworten Sie?

a) Wissen Sie, wann Sie die Ware wieder bekommen werden?

b) Das ist mir jetzt schon zum zweiten Mal bei Ihnen passiert, dass Sie dies nicht vorrätig haben.

c) So ein Saftladen, das ist doch kein Service!

d) Immer wenn ich irgendetwas dringend brauche, ist es ausverkauft. Das kann doch immer nur mir passieren.

## Analyse

### Situation 1

Es ist schon etwas rücksichtslos oder zumindest gedankenlos, im Kino einen solchen Hut zu tragen. Es ist deshalb durchaus berechtigt, die Dame darauf anzusprechen und sie zu bitten, den Hut abzunehmen. Ihr den Hut vom Kopf zu schieben ist sicherlich nicht verhältnismäßig und provoziert eine Eskalation des Konflikts.

Lösungsvorschlag d)

### Situation 2

Sie haben ein gemeinsames Problem. Indem Sie auf den Vorwurf mit einem Gegenvorwurf reagieren, schaukelt sich der Konflikt nur noch hoch. Auch große Selbstvorwürfe oder das Zurückweisen der Schuld bringt in dieser Situation nichts. Deshalb ist es am besten, sachlich nach einer Lösung zu suchen.

Lösungsvorschlag c)

**Situation 3**

Den Polizisten verbal anzugreifen oder so zu tun, als ob nichts gewesen wäre, ist in der Situation nicht angebracht. Sie haben einen Fehler gemacht und sollten dazu stehen.

Lösungsvorschlag d)

**Situation 4**

Sie sind zu Recht verärgert. Nachdem Sie bereits das zweite Mal Probleme mit dem Gerät hatten, sollten Sie darauf bestehen, das Geld zurückzubekommen.

Lösungsvorschlag c)

**Situation 5**

Eine unangenehme Situation. Da Sie nicht wissen, wie lange der Chef Ihr privates Gespräch schon mitbekommen hat, wäre es unklug, so zu tun, als ob Sie geschäftlich telefonieren. Weiterzutelefonieren, so als ob nichts wäre, provoziert Ihren Chef. Am besten ist es, so schnell wie möglich das Telefonat zu beenden.

Lösungsvorschlag a)

**Situation 6**

Sie haben übersehen, dass ein anderer Fahrer bereits vor Ihnen da war und die Parklücke nutzen möchte. Daher sind die Antwortalternativen a) und b) sicherlich unpassend. Selbst zurückzuschimpfen ist nicht sehr sinnvoll, daher ist Antwortalternative d) auch nicht zu empfehlen.

Lösungsvorschlag c)

**Situation 7**

Eine sachliche Diskussion ist wohl wenig hilfreich. Zwar kann man, wie in Lösungsvorschlag a) beschrieben, jetzt darüber debattieren, ob man in der entsprechenden Situation besser das Kreuzass statt der Piksieben gespielt hätte. Aber Zweck des Spiels ist es doch zu unterhalten. Es sei denn, Sie trainieren auf ein Turnier hin und spielen professionell. Die geschilderte Situation lässt eher darauf schließen, dass Sie mir Freunden zum Spaß spielen, dann sollte das Spiel in Harmonie verlaufen, wie stark Sie sich auch engagieren. Schon so manche Freundschaft ist durch Ärger beim Spiel ins Wanken gebracht worden. Wenn jemand zeigt, dass er nicht verlieren kann, bringt er auch die Mitspieler in eine unangenehme Situation. Eine nicht unbedingt ernst gemeinte Reaktion wie unter a) hilft, die Situation zu entkrampfen. Vorwürfe, wie sie unter d) angeführt sind, erhöhen nur die Spannung.

### Situation 8

Diese alltägliche Erfahrung sollte gemeistert werden, ohne in Vorwürfe gegenüber dem Verkäufer zu verfallen oder auch sich selbst zu bemitleiden.

## Weitere Situationsaufgaben

Nachfolgend finden Sie weitere Situationen, mit denen Sie in Persönlichkeitstests konfrontiert werden könnten. Testen Sie Ihre Einschätzung und Bewertung von Situationen, indem Sie sich für eine Antwortalternative entscheiden, die Ihrem Verhalten in den folgenden Situationen am nächsten kommt.

### Situation 1

Sie haben einen Besprechungstermin und stellen fest, dass Sie 10 Minuten zu spät kommen werden. Wie verhalten Sie sich?

a) Ich mache nichts weiter, schließlich wissen ja alle, dass ich nicht so pünktlich bin.

b) Ich beeile mich und finde, wenn ich zu spät komme, eine Ausrede.

c) Ich entschuldige mich für mein Zuspätkommen.

d) Ich gebe vorab kurz Bescheid, dass ich ungefähr 10 Minuten zu spät kommen werde, damit die anderen sich darauf einstellen können.

### Situation 2

Einer Ihrer Kunde schickt eine Anfrage, dass er dringend noch ein Ersatzteil braucht. Es ist jedoch schon Feierabend und Sie haben vor, noch ein paar Dinge in der Stadt zu erledigen. Wie verhalten Sie sich?

a) Ich lasse den Auftrag liegen, morgen ist auch noch ein Tag.
b) Ich rufe den Kunden am nächsten Morgen an und sage, dass alle gestern schon aus dem Haus waren, als sein Auftrag eingetroffen ist.
c) Ich frage einen Kollegen, ob er den Auftrag für mich noch am Abend bearbeiten kann.
d) Ich wickle den Auftrag noch ab und verschiebe meine Einkäufe.

### Situation 3

Sie kaufen in einem Geschäft mehrere Sachen ein. Die Kassiererin vergisst, ein Teil, das 49 EUR kostet, einzuscannen. Wie verhalten Sie sich?

a) Ich freue mich und sage nichts.
b) Ich tue so, als ob ich es nicht gemerkt hätte, und sage nichts.
c) Ich gehe zum Marktleiter, erzähle von dem Vorfall und bitte um einen Warengutschein für meine Ehrlichkeit.
d) Sie machen die Kassiererin darauf aufmerksam und bezahlen das Teil.

### Situation 4

Sie erreichen den Eingang zur U-Bahn-Station, die Rolltreppe ist ausgefallen. Eine Mutter mit Kinderwagen möchte zum Bahnsteig. Wie verhalten Sie sich?

a) Ich gehe einfach weiter, schließlich kann man sich ja nicht um alles kümmern.
b) Ich laufe weiter, sage aber der Mutter, dass ich sehr in Eile bin.
c) Ich bitte jemand anderen, der Mutter zu helfen.
d) Ich helfe der Frau, den Kinderwagen die Treppen hinunterzutragen.

### Situation 5

Auf dem Firmenparkplatz sehen Sie ein Auto, bei dem am Tag Licht brennt. Wie verhalten Sie sich?

a) Ich mache nichts. Wer so schusselig ist, hat es verdient, dass die Batterie am Abend leer ist.

b) Ich frage einen Kollegen, ob er weiß, wem das Auto gehört. Falls er verneint, kümmere ich mich nicht weiter um die Sache.

c) Ich warte etwa eine Stunde ab und schaue dann noch einmal nach dem Auto. Falls das Licht immer noch brennt, gebe ich in der Telefonzentrale Bescheid.

d) Ich versuche herauszubekommen, wem das Auto gehört, und informiere die Person sofort.

### Situation 6

Sie arbeiten in einem Büro, bei dem das Büromaterial für jeden frei zugänglich gelagert ist. Wie verhalten Sie sich?

a) Ich decke meinen privaten Bedarf an Büromaterial ebenfalls aus diesem Lager, schließlich macht man ja sonst genug für die Firma, da muss das bisschen drin sein.

b) Ich nehme regelmäßig Kleinigkeiten wie Bleistifte oder Radiergummis mit nach Hause.

c) Ich nehme ab und an Kleinigkeiten zur Deckung meines privaten Bedarfs mit.

d) Ich nehme keinerlei Büromaterialien für private Zwecke aus dem Lager mit nach Hause.

### Situation 7

Sie haben bei der Bearbeitung eines Vorgangs einen Fehler gemacht, aus dem sich weitere Konsequenzen für die Firma ergeben können. Wie verhalten Sie sich?

a) Ich sage nichts, die anderen werden schon nicht merken, dass ich den Fehler gemacht habe.

b) Ich unternehme nichts. Falls jemand darauf kommt, tue ich so, als ob ich den Fehler nicht bemerkt hätte.

c) Ich versuche, den Fehler zu korrigieren. Falls ich es nicht hinkriege, hoffe ich, dass es keiner merkt.

d) Ich versuche den Fehler zu korrigieren. Falls das nicht klappt, informiere ich meinen Chef, damit er frühzeitig reagieren und eingreifen kann, bevor der Schaden größer wird.

### Situation 8

Sie haben sich mit Kollegen verabredet, um abends gemeinsam wegzugehen. Unerwartet werden Sie von einem Freund angesprochen, ob Sie mit ihm etwas unternehmen. Wie verhalten Sie sich?

a) Da ich mehr Lust habe, mit meinem Freund wegzugehen, sage ich das Treffen mit den Kollegen einfach ab.

b) Ich sage meinen Kollegen, dass ich mich nicht gut fühle, und gehe dann mit meinem Freund weg.

c) Ich erkläre meinem Freund, dass ich schon etwas vorhabe, und sage ihm ab.

d) Ich sage meinem Freund, dass ich schon eine feste Verabredung mit meinen Kollegen habe, frage ihn aber, ob wir nicht an einem anderen Tag etwas zusammen unternehmen können.

### Situation 9

Sie hatten die Möglichkeit, mit einem Kollegen in dessen Auto von einer Dienstreise mit nach Hause zu fahren. Zuvor hatten Sie jedoch Ihren Dienstreiseantrag für die Hin- und Rückfahrt gestellt. Wie verhalten Sie sich?

a) Ich rechne trotzdem die vollen Reisekosten gegenüber der Firma ab.

b) Ich rechne die Reisekosten voll ab, lade dann aber den Kollegen zum Essen ein.

c) Ich veranschlage nur eine Strecke bei den Reisekosten, wir gehen jedoch noch schön essen, was ich der Firma in Rechnung stelle.

d) Ich rechne nur die Fahrtkosten für die Hinfahrt ab.

### Situation 10

Ihr Kollege hat eine Idee für die Optimierung des Arbeitsprozesses entwickelt, über die er mit Ihnen gesprochen hat. Sie halten die Idee für gut und glauben, dass Ihr Chef dies auch so sieht. Wie verhalten Sie sich?

a) Ich gehe zum Chef und verkaufe die Idee meines Kollegen als meine eigene.

b) Ich gehe zum Chef und sage, dass ich diese Idee zusammen mit dem Kollegen entwickelt hätte.

c) Ich sage dem Kollegen, dass ich die Idee für ganz gut halte, in einigen Punkten bedürfe sie jedoch noch der Verbesserung. Dann gehen wir gemeinsam zum Chef und verkaufen die leicht modifizierte Idee als eine gemeinsame.

d) Ich gratuliere dem Kollegen zu dieser Idee und empfehle ihm, sie dem Chef vorzustellen.

### Auswertung

Für a-Antworten bekommen Sie 0 Punkte, für b-Antworten 1 Punkt, für c-Antworten 3 Punkte und für d-Antworten 5 Punkte.

#### 0 bis 19 Punkte

Die klassischen Tugenden wie Zuverlässigkeit, Pünktlichkeit, Loyalität und Ehrlichkeit bedeuten Ihnen nicht sehr viel. Sie handeln nach dem Motto: Das Leben ist hart, da muss man sehen, wo man bleibt. Für Ritterlichkeit ist da kein Platz. Vielleicht haben Sie diese Einstellung aufgrund schlechter Erfahrungen mit anderen Menschen entwickelt, fühlten sich schlecht behandelt und passen sich diesem Stil an. Damit laufen Sie jedoch Gefahr, dass Sie andere Menschen vor den Kopf stoßen, sich ein negatives Image aufbauen und leicht zum egoistischen Außenseiter werden. Wer so auftritt, darf keine Rücksicht von anderen erwarten. Vielmehr müssen Sie immer auf der Lauer sein, dass andere Ihnen Ihr Verhalten nicht heimzahlen wollen. Das macht das Leben sehr anstrengend.

#### 20 bis 35 Punkte

Sie fühlen sich immer ein wenig hin und her gerissen zwischen dem Streben nach dem eigenen Vorteil und dem, was aus Ihrer Sicht „richtig“ wäre. Ihnen ist die Bedeutung von Tugenden wie Verlässlichkeit, Redlichkeit und Pünktlichkeit durchaus bewusst. Im Alltag ist die Verführung aber doch sehr groß, sich den eigenen Vorteil zu sichern. Dann flüchten Sie sich in Ausreden, um Ihr Handeln zu rechtfertigen. Sie sollten sich darüber im Klaren sein, dass Sie von anderen dann auch nichts anderes erwarten können. Wie heißt es so schön? Wie man in den Wald hineinruft, so schallt es heraus.

**36 bis 50 Punkte**

Die klassischen Tugenden wie Pünktlichkeit, Zuverlässigkeit, Hilfsbereitschaft oder Loyalität haben für Sie einen hohen Stellenwert. Sie sind sehr bestrebt, Ihr tägliches Verhalten an diesen Wertmaßstäben auszurichten. Dies kann oftmals bedeuten, dass sich für Sie zunächst Nachteile ergeben. Auf Dauer gesehen werden Sie sich mit dieser Einstellung jedoch ein positives Image aufbauen und auch von anderen in der Mehrzahl der Fälle belohnt werden. Seien Sie sich aber auch darüber im Klaren, dass Ihr Verhalten bisweilen von anderen ausgenutzt werden kann. Entscheidend ist, dass Sie mit sich und Ihrem Verhalten im Reinen sind und eine klare Leitlinie haben, an der Sie sich orientieren.

## Skalierungsfragen

Nachfolgend noch ein paar Übungen aus dem Bereich der Persönlichkeitstests, die in Form von Skalierungsfragen dargestellt sind. Auf einer Skala von „trifft voll zu“ bis „trifft überhaupt nicht zu“ sollen Sie Ihre Einstellung wiedergeben.

Beantworten Sie bitte die folgenden Fragen auf der aufgeführten Skala:

1) Ich sehe vieles weniger dramatisch als andere. (+)

0------------0------------0------------0------------0------------0

Trifft voll zu — Trifft überhaupt nicht zu

2) Vergangene Misserfolge belasten mich nicht mehr. (+)

0------------0------------0------------0------------0------------0

Trifft voll zu — Trifft überhaupt nicht zu

3) Auch wenn man mich unberechtigterweise kritisiert, denke ich noch lange darüber nach. (–)

0------------0------------0------------0------------0------------0

Trifft voll zu | Trifft überhaupt nicht zu

4) Nach einer Begegnung denke ich noch einige Zeit intensiv darüber nach, wie ich gewirkt habe. (–)

0------------0------------0------------0------------0------------0

Trifft voll zu | Trifft überhaupt nicht zu

5) Spannungen mit Kollegen kann ich gut ertragen. (+)

0------------0------------0------------0------------0------------0

Trifft voll zu | Trifft überhaupt nicht zu

6) Vor bedeutenden Ereignissen (z. B. wichtigen Gesprächen oder Präsentationen) habe ich mich gut im Griff. (+)

0------------0------------0------------0------------0------------0

Trifft voll zu | Trifft überhaupt nicht zu

7) Ich interessiere mich für Aufgaben, die viel Ausdauer und Sorgfalt verlangen. (+)

0------------0------------0------------0------------0------------0

Trifft voll zu | Trifft überhaupt nicht zu

8) Aufgaben, bei denen ich die Genauigkeit der Arbeit kontrollieren muss, kommen meinen Fähigkeiten entgegen. (+)

0------------0------------0------------0------------0------------0

Trifft voll zu | Trifft überhaupt nicht zu

9) Ich folge lieber spontanen Einfällen, anstatt systematisch zu planen. (–)

0------------0------------0------------0------------0------------0

Trifft voll zu | Trifft überhaupt nicht zu

10) Manche Kollegen denken, ich dränge zu stark auf Veränderungen, wenn ich mit Ihnen zusammenarbeite. (+)

0------------0------------0------------0------------0------------0

Trifft voll zu | Trifft überhaupt nicht zu

11) Wenn ich ansonsten mit meiner Tätigkeit sehr zufrieden bin, kann ich auf einen großen Gestaltungsspielraum verzichten. (–)

0------------0------------0------------0------------0------------0

Trifft voll zu | Trifft überhaupt nicht zu

12) Ich kämpfe für meine Überzeugungen, auch wenn ich dafür Nachteile in Kauf nehmen muss. (+)

0------------0------------0------------0------------0------------0

Trifft voll zu | Trifft überhaupt nicht zu

Bei den obigen Fragen handelt es sich um Originalfragen des BIP Persönlichkeitstests[1], der insgesamt 210 Fragen umfasst. Die Beispielfragen 1–3 beziehen sich auf die emotionale Stabilität. Bei den Fragen 4–6 wird das Persönlichkeitsmerkmal Selbstbewusstsein hinterfragt. Die Fragen 7–9 beschäftigen sich mit der Gewissenhaftigkeit und die Fragen 10–12 hinterfragen die Gestaltungsmotivation.

Persönlichkeitstests werden wie der BIP vorwiegend in Form von Fragebogentests durchgeführt, bei denen die Kandidaten eine große Zahl von Fragen zu ihren Vorlieben und Neigungen beantworten sollen. Häufig sind Kontrollfragen eingebaut, um die gemachten Aussagen auf deren Verlässlichkeit zu prüfen. Ferner kommen Persönlichkeitstests in Form von Ver-

---

[1] Hossiep, R. & Paschen, M. (2003). Das Bochumer Inventar zur berufsbezogenen Persönlichkeitsbeschreibung - BIP (2., vollständig überarbeitete Auflage). Göttingen: Hogrefe. ©1999, 2003 by Hogrefe. Abdruck mit freundlicher Genehmigung des Hogrefe Verlags. Bezugsquelle des Bochumer Inventars zur berufsbezogenen Persönlichkeitsbeschreibung (BIP): Testzentrale Göttingen, Robert-Bosch-Breite 25, 37079 Göttingen, Tel. (0551) 50-688-0, Fax: (0551) 50-688-24.

haltenstests zum Einsatz, die anhand von vorgestellten Situationen die mögliche Reaktion des Kandidaten abfragen.

**SATZERGÄNZUNGSTEST**

Weniger offensichtlich als klassische Persönlichkeitstests sind die sogenannten Satzergänzungstests. Hier werden Sie gebeten einen Satzanfang nach Ihren Vorstellungen zu ergänzen.

Mein sehnlichster Wunsch ist ...

Mit einer Gruppe von Menschen zu arbeiten ist ...

Peter ist besorgt, dass ...

Wenn ich einen Fehler gemacht habe, ...

Ganz gleich, ob es sich um einen Satz in der Ich-Form handelt oder eine scheinbar neutrale Person betrifft, immer geht es darum, Ihre Einstellung und Meinung zu erfahren und daraus Rückschlüsse auf Ihre Persönlichkeit zu ziehen. Hier empfiehlt es sich, knappe und an einer positiven Grundhaltung orientierte Ergänzungen aufzuschreiben. Das könnte zum Beispiel so aussehen:

- Mein sehnlichster Wunsch ist, weiterhin mit meinem Leben zufrieden sein zu können.
- Mit einer Gruppe von Menschen zu arbeiten ist eine Chance, gemeinsam erfolgreich zu sein.
- Peter ist besorgt, wenn eines seiner Kinder ernsthaft erkrankt ist.
- Wenn ich einen Fehler gemacht habe, dann versuche ich ihn wieder zu beheben.

## Sind Sie kreativ?

Versuchen Sie, aus dem nachfolgenden Grafikelement so viele Figuren oder Bilder wie möglich zu zeichnen.

Hierzu 3 Beispiellösungen:

Der Buchstabe W.

Ein Gesicht.

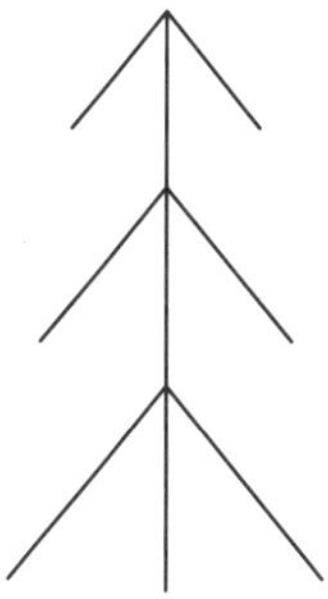

Ein Tannenbaum.

**Beginnen Sie jetzt. Sie haben 10 Minuten zur Verfügung.**

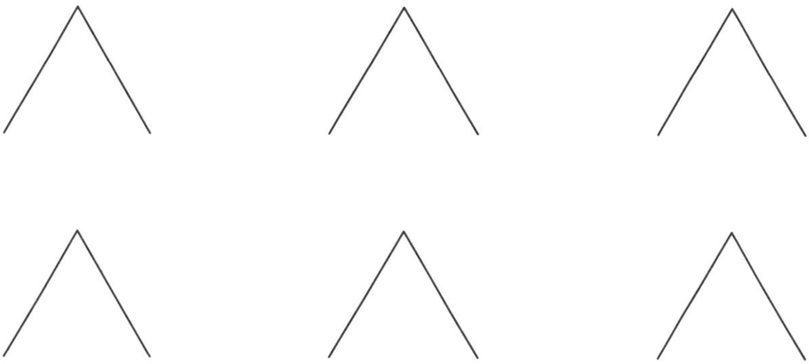

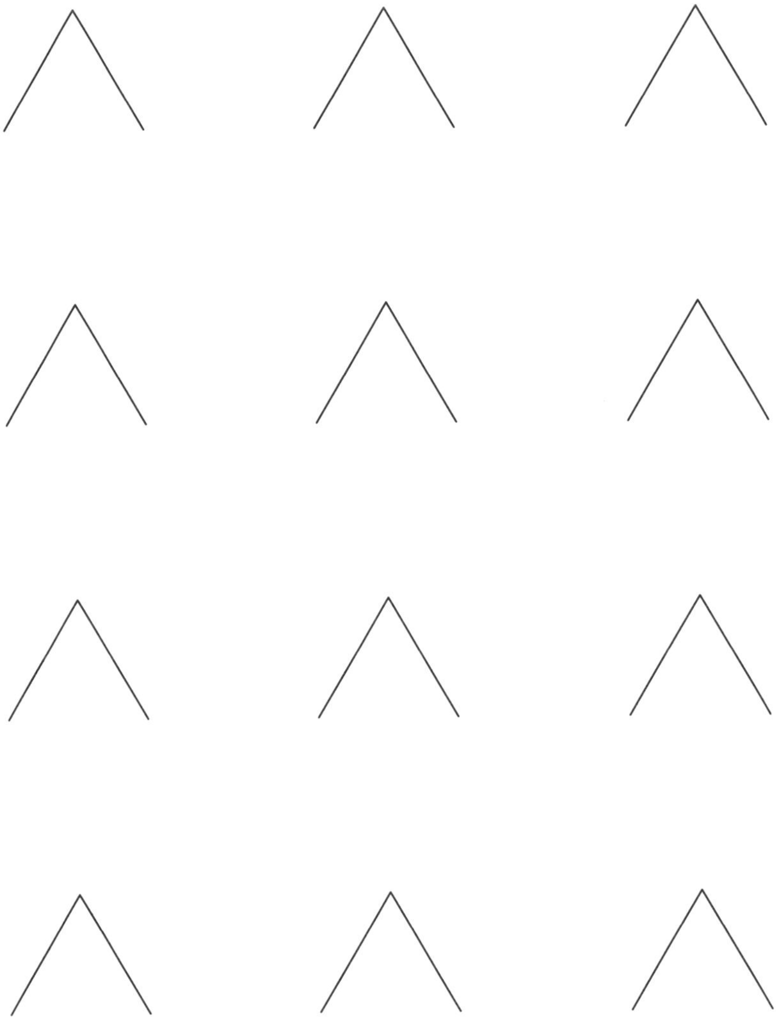

Was hätte man alles zeichnen können?

## Wie realistisch ist Ihr Selbstbild?

In den Persönlichkeitsfragebogen kommen auch immer wieder Fragen zur Selbsteinschätzung vor. (Abdruck des Bogens mit freundlicher Genehmigung von Jutta Boenig, www.boenig-beratung-deutschland.de.)

| Arbeitsblatt: Selbsteinschätzung ............................................................ | | | | | | | |
|---|---|---|---|---|---|---|---|
| **Eigenschaft** | **Schwach ausgeprägt** | | | | **Stark ausgeprägt** | | |
| | −3 | −2 | −1 | 0 | +1 | +2 | +3 |
| kann gut organisieren | | | | | | | |
| effektiv | | | | | | | |
| schnell | | | | | | | |
| ausdauernd | | | | | | | |

| | | | | | | | |
|---|---|---|---|---|---|---|---|
| belastbar | | | | | | | |
| entschlossen | | | | | | | |
| gute Fachkenntnisse | | | | | | | |
| arbeitet fehlerfrei | | | | | | | |
| einsatzbereit | | | | | | | |
| begeisterungsfähig | | | | | | | |
| aktiv | | | | | | | |
| gewissenhaft | | | | | | | |
| fähig zu rationalisieren | | | | | | | |
| selbständig | | | | | | | |
| verantwortungsbereit | | | | | | | |
| zielstrebig | | | | | | | |
| zuverlässig | | | | | | | |
| gute Auffassungsgabe | | | | | | | |
| gutes Gedächtnis | | | | | | | |
| intelligent | | | | | | | |
| konzentriert | | | | | | | |
| lernfähig | | | | | | | |
| logisch denkend | | | | | | | |
| problemlösend | | | | | | | |
| kreativ | | | | | | | |
| konfliktfähig | | | | | | | |
| ausgeglichen | | | | | | | |
| diszipliniert | | | | | | | |

| | | | | | | | |
|---|---|---|---|---|---|---|---|
| ehrgeizig | | | | | | | |
| aufgeschlossen | | | | | | | |
| flexibel | | | | | | | |
| kontrolliert gerne | | | | | | | |
| motivierend | | | | | | | |
| objektiv | | | | | | | |
| sensibel | | | | | | | |
| teamfähig | | | | | | | |
| tolerant | | | | | | | |
| kommunikationsfreudig | | | | | | | |

ACHTUNG

**MACHEN SIE SICH BEWUSST, WAS WICHTIG UND ERWÜNSCHT IST**

Versuchen Sie sich anhand des Anforderungsprofils der angestrebten Position klar zu machen, welche Charaktereigenschaften seitens des Arbeitgebers besonders wichtig und erwünscht sind. Diese geben Ihnen eine wichtige Orientierungshilfe für Antworten, die eine positive Beurteilung finden werden. Machen Sie sich außerdem die Aspekte in der Checkliste bewusst.

CHECK

**CHECKLISTE: ZUR VORBEREITUNG AUF PERSÖNLICHKEITSTESTS**

| | ja | nein |
|---|---|---|
| Ich bin mir über die Zielsetzung von Persönlichkeitstests im Klaren. | ☐ | ☐ |
| Mir ist bewusst, dass insbesondere emotionale Stabilität, soziale Intelligenz und das Leistungsverhalten im Mittelpunkt der Betrachtungen stehen. | ☐ | ☐ |

| | | |
|---|---|---|
| Ich versuche insgesamt eine positive Lebenseinstellung zu vermitteln. | ☐ | ☐ |
| Ich vermeide bei Satzergänzungstests Extremantworten und bevorzuge sozial unverfängliche und möglichst konfliktfreie Alternativen. | ☐ | ☐ |
| Ich halte mir das Anforderungsprofil der angestrebten Position vor Augen. | ☐ | ☐ |
| Ich versuche mir selbst über meine persönlichen Stärken und Schwächen klar zu werden. | ☐ | ☐ |
| Ich versuche ruhig und gelassen an den Test zu gehen. | ☐ | ☐ |

## Weitere Tipps zur Bearbeitung von Testaufgaben

Außer den bisher erläuterten Aufgabentypen werden Sie in den 3 noch folgenden Testbatterien auch Wissensfragen und Aufgaben finden, die die Rechtschreibung, das Grundwissen aus der Mathematik sowie die Allgemeinbildung betreffen. Konkrete Bearbeitungshinweise und Tipps gibt es hierzu leider nicht. Wie schon gesagt: In jedem Fall sollten Sie im Vorfeld eines Einstellungstests nochmals Mathematikbücher oder Hefte ansehen, in denen

- der Dreisatz
- das Prozentrechnen
- und Flächenberechnungen (Rechteck, Dreieck ...)

erklärt werden. Es ist außerdem sinnvoll, sich über die aktuellen politischen und wirtschaftlichen Entwicklungen auf dem Laufenden zu halten, indem Sie die Tageszeitung lesen oder Nachrichtensendungen schauen.

# Was sind meine Rechte als Bewerber?

Sicherlich wird diese Frage für Sie bei einem Auswahlverfahren nicht im Vordergrund stehen. Doch unabhängig davon, ob Sie nach dem Auswahlverfahren ein Vertragsangebot erhalten oder nicht, ist es von Vorteil, Ihre Rechte zu kennen. Hierzu gibt Ihnen Frau Simone Burkard, Fachanwältin für Arbeitsrecht, Auskunft.

## Werden Vorstellungskosten erstattet?

Werden Sie von einem Unternehmen zu einem Auswahlverfahren eingeladen, trägt grundsätzlich das Unternehmen die Kosten, die Ihnen im Rahmen des Auswahlverfahrens entstanden sind.

Das Unternehmen darf die Erstattung der Vorstellungskosten ausschließen, aber muss dies unmissverständlich erklären. In der Regel erhalten Sie ein Einladungsschreiben, in dem Ihnen mitgeteilt wird, ob und in welcher Form die Vorstellungskosten übernommen werden. Fragen Sie nach, sofern Sie hierzu keine Informationen erhalten.

### Welche Kosten werden erstattet?

Das Unternehmen muss Ihnen alle erforderlichen Aufwendungen ersetzen, die Ihnen tatsächlich entstanden sind. Dazu zählen vorwiegend Fahrtkosten und Mehrkosten für Verpflegung und Übernachtung.

Erstattet werden sowohl die Bahnfahrtkosten 2. Klasse, als auch die Fahrtkosten mit dem eigenen Pkw. Diese sind nach den jeweils gültigen steuerrechtlichen Vorschriften zu berechnen – derzeit 0,30 Euro pro Kilometer.

In der Regel gibt das Unternehmen vor, welche Fahrtkosten es erstattet. In Einzelfällen, z. B. wenn es um die Besetzung einer leitenden Führungsposition geht, übernehmen Unternehmen auch Flugkosten und Bahnfahrtkosten 1. Klasse. Sollten Sie jedoch keine Vorgaben erhalten, empfiehlt es sich stets nachzufragen, um Auseinandersetzungen über die Erstattung der Vorstellungskosten zu vermeiden.

Das Unternehmen hat die Übernachtungskosten zu ersetzen, wenn Ihnen aufgrund der zeitlichen Lage oder Dauer und aufgrund der Entfernung zu Ihrem Wohnort die Hin- und Rückreise am selben Tag nicht mehr zugemutet werden kann. Dies kann gerade bei längeren Auswahlverfahren wie Assessment-Center der Fall sein. Sofern Sie zu Übernachtungsmöglichkeiten keine Informationen vom Unternehmen erhalten, gilt auch hier die Empfehlung, die Einzelheiten vorher mit dem Unternehmen abzustimmen. Die Erstattung von Verpflegungskosten kann pauschal nach den steuerrechtlichen Vorschriften oder auf Einzelnachweis durch entsprechende Rechnungen erfolgen. Die jeweils gültigen Verpflegungspauschbeträge finden Sie unter http://www.bundesfinanzministerium.de.

Sagt das Unternehmen das Auswahlverfahren ab, haben Sie trotzdem Anspruch darauf, dass Ihnen die entstandenen Kosten (z. B. bereits gekaufte Bahnfahrtkarte) ersetzt werden.

## Was gilt für die einzelnen Testverfahren?

Ein Unternehmen kann zur Bewerberauswahl Testverfahren wie zum Beispiel grafologische Gutachten, Assessment-Center, psychologische Eignungstests oder Stressinterviews einsetzen. Das Unternehmen muss ein berechtigtes Interesse an der Durchführung solcher Testverfahren haben. Ein berechtigtes Interesse liegt nur dann vor, wenn mit dem Testverfahren Fähigkeiten und Eigenschaften geprüft werden, die für den zu besetzenden Arbeitsplatz erforderlich sind. Die Tests dürfen nicht zu einer völligen Durchleuchtung Ihrer Persönlichkeit führen.

Für alle Arten von Testverfahren gilt, dass Sie vorher über deren Durchführung informiert werden müssen. Ebenso ist das Unternehmen verpflichtet, Ihnen den Zweck und den Umfang des Eignungstests mitzuteilen. Alle Testverfahren können nur mit Ihrer Einwilligung erfolgen.

### Grafologische Gutachten

Auch im Zeitalter der Online-Bewerbung ist es noch üblich, dass Unternehmen einen handgeschriebenen Lebenslauf anfordern. Soll der Lebenslauf zur Einholung eines grafologischen Gutachtens dienen, ist das Unternehmen verpflichtet, hierzu Ihre Einwilligung einzuholen.

Ein grafologisches Gutachten ohne Ihre Einwilligung ist unzulässig. Wird ein Gutachten ohne Ihre Einwilligung erstellt, können Sie gegebenenfalls einen Schadensersatzanspruch gegenüber dem Unternehmen geltend machen.

Das grafologische Gutachten ist vom Unternehmen vertraulich zu behandeln. Wenn Sie eingestellt werden, haben Sie das Recht, das Gutachten einzusehen. Werden Sie nicht eingestellt oder wird das grafologische Gutachten ohne Ihre Einwilligung erstellt, können Sie vom Unternehmen verlangen, dass das Gutachten vernichtet wird.

## Assessment-Center

Ein Assessment-Center darf nur mit Ihrer Einwilligung durchgeführt werden. In einem Assessment-Center dürfen Sie als Bewerber nur auf Ihre Fähigkeiten und auf Ihre Eignung für den zu besetzenden Arbeitsplatz hin getestet werden. Das Unternehmen ist daher verpflichtet, Sie mit der Einladung oder mündlich über den Zweck und den Umfang des Assessment-Centers im Voraus zu informieren.

## Psychologische Tests

Psychologische Tests sind mit Ihrer Zustimmung grundsätzlich zulässig. Der psychologische Test muss sich aber auf die geplante Arbeitstätigkeit und die entsprechenden Anforderungen beschränken. Ein Test, der sich auf Ihre gesamte Persönlichkeit erstreckt, ist unzulässig.

### Intelligenztests

Intelligenztests sind umstritten. Reine Intelligenztests sind unzulässig, da ihnen in der Regel der Bezug zum konkreten Arbeitsplatz fehlt. Analytische Intelligenztests, bei denen arbeitsbezogene Aussagen über einzelne Intelligenzausprägungen und Begabungsstrukturen gemacht werden, sind, natürlich nur mit Ihrer Zustimmung, zulässig.

### Stressinterviews

Stressinterviews sind in der Regel unzulässig. Bei Stressinterviews soll herausgefunden werden, wie Sie auf emotionale und intellektuelle Belastungen reagieren. Diese Interviews können zur vollständigen Persönlichkeitsdurchleuchtung führen und stellen damit einen besonders schweren Persönlichkeitseingriff dar.

Ein Stressinterview kann ausnahmsweise zulässig sein, wenn sichergestellt wird, dass Sie in eine für die ausgeschriebene Stelle typische Stresssituation gestellt werden. Denn dann ist gewährleistet, dass tatsächlich nur arbeitsbezogene Fähigkeiten und Eignungsmerkmale getestet werden.

Sie haben das Recht, die Testergebnisse einzusehen. Wenn Sie nicht eingestellt werden, haben Sie auch das Recht zu verlangen, dass die Testergebnisse vom Unternehmen nachweislich vernichtet werden.

### Fazit

In der Praxis werden Sie mit Sicherheit Situation erleben, in denen die zuvor genannten rechtlichen Rahmenbedingungen für Einstellungsverfahren von Unternehmen nicht eingehalten werden, sei es durch Unwissenheit oder bewusst. Letztendlich müssen Sie als Bewerber entscheiden, ob Sie ein Auswahlverfahren mit dem Hinweis ablehnen, z. B. nicht umfassend über Zweck und Umfang des Tests informiert worden zu sein, auch wenn Sie dadurch vielleicht riskieren, dass Ihre Bewerbung nicht mehr berücksichtigt wird.

Auf jeden Fall können Sie sich mit diesen Informationen ein Bild darüber machen, wie Ihr möglicher neuer Arbeitgeber mit diesen sehr sensiblen Themen umgeht, und bei Persönlichkeitsverletzungen entsprechend reagieren.

## Zum Allgemeinen Gleichbehandlungsgesetz (AGG)

Das Allgemeine Gleichbehandlungsgesetz (AGG), das seit dem 18.8.2006 gilt, richtet sich gegen die Benachteiligung von Arbeitnehmern wegen

- ihrer Rasse,
- ihrer ethnischen Herkunft,
- ihres Geschlechts,
- ihrer Religion oder Weltanschauung,
- ihrer Behinderung,
- ihres Alters oder
- ihrer sexuellen Orientierung.

Das Gesetz soll Arbeitnehmer in allen Phasen, die ein Arbeitsverhältnis durchläuft, vor Benachteiligungen schützen und die Voraussetzungen für ein tolerantes und benachteiligungsfreies Miteinander schaffen: von der Stellenausschreibung (Auswahlkriterien) über die Einstellung (Einstellungsbedingungen), Beförderung, Arbeitsentgelt, Berufsaus- und Fortbildung bis hin zur Beendigung des Arbeitsverhältnisses. Verstößt der Arbeitgeber gegen das Gesetz, drohen ihm erhebliche Sanktionen. Der Betroffene kann Schadensersatz und Entschädigung (Schmerzensgeld) verlangen. Benachteiligungen aufgrund der im Gesetz genannten Merkmale sind grundsätzlich unzulässig und nur unter den engen, im Gesetz genannten Voraussetzungen ausnahmsweise gerechtfertigt. Nach dem Gesetz ist eine zulässige unterschiedliche Behandlung wegen beruflicher Anforderungen, wegen der Religion oder Weltanschauung und wegen des Alters gerechtfertigt.

### Welche Bedeutung hat das AGG für Sie als Bewerber?

Zunächst dürfen Stellenausschreibungen keine Diskriminierungen beinhalten. Dies ist zum Beispiel der Fall, wenn ausdrücklich nur ein Mann oder nur eine Frau in einer Anzeige gesucht wird und es hierfür keinen in der Ausübung der Tätigkeit liegenden Grund gibt, wie z. B. bei einem Mannequin für Damenmode.

Auch im Rahmen des Auswahlprozesses darf keine Benachteiligung aufgrund der oben genannten Kriterien erfolgen. So darf ein geeigneter Bewerber nicht deshalb abgelehnt werden, weil er z. B. eine andere Hautfarbe hat, kein Deutscher ist oder die deutsche Sprache nicht perfekt in Wort und Schrift beherrscht – es sei denn, die deutsche Staatsangehörigkeit oder aber die perfekte Beherrschung der deutschen Sprache in Wort und Schrift ist Voraussetzung für die Ausübung der Tätigkeit. Dies hat der Arbeitgeber aber darzulegen.

Ferner ist es im Bewerbungsgespräch nicht zulässig, Fragen nach

- Schwangerschaft,
- Familienstand/Familienplanung,
- der Sicherstellung der Betreuung von Kindern und Angehörigen,
- dem Alter,
- der Schwerbehinderung (Status als Schwerbehinderter oder Gleichgestellter),
- der Konfession (Ausnahme Tendenzbetrieb/Kirche) oder
- Partei-/Gewerkschaftszugehörigkeit (Ausnahme Tendenzbetrieb/Parteien/Gewerkschaften)

zu stellen.

Sofern Sie benachteiligt wurden, können Sie auf Entschädigung bzw. Schadensersatz klagen. Hierfür reicht jedoch nicht aus, dass Sie lediglich behaupten, einer ungerechtfertigten Benachteiligung zu unterliegen. Es gilt vielmehr Indizien vorzutragen, die eine Benachteiligung vermuten lassen. Dies wäre zum Beispiel der Fall, wenn Sie in einer Absage diesbezügliche Gründe finden, in einem Interview Bemerkungen gefallen sind, die eine Benachteiligung in der Auswahl nahelegen, oder unzulässige Fragen gestellt wurden. Können Sie solche Indizien liefern, muss der Arbeitgeber beweisen, dass kein Verstoß gegen das Benachteiligungsverbot vorliegt.

Sie können Ihren Anspruch innerhalb von 2 Monaten schriftlich geltend machen. Die Frist beginnt im Falle der Bewerbung mit dem Zugang der Ablehnung. Im Hinblick auf den Schadensersatz gibt es keine Haftungshöchstgrenze, d. h. der gesamte materielle Schaden ist zu ersetzen. Auch bei der Entschädigung immaterieller Schäden, z. B. Geltendmachung von Schmerzensgeld, gibt es keine Haftungshöchstgrenzen. Die Benachteiligung bei einer Einstellung wird jedoch auf maximal 3 Monatsgehälter begrenzt, wenn Sie auch ohne Benachteiligung nicht eingestellt worden wären. Eine Benachteiligung nach dem AGG führt allerdings nicht dazu, dass Sie als Bewerber einen Anspruch darauf haben, eingestellt zu werden.

# Wie geht es nach dem Test weiter?

Nach dem Test ist man natürlich erst einmal geschafft, sämtliche Energie ist aufgebraucht. Und so geht es jedem Teilnehmer. Wenn Sie dann eine gewisse Zeit später aufgrund des Testergebnisses eine Einladung zum Vorstellungsgespräch erhalten, können Sie sich freuen und sich mit neuer Kraft darauf vorbereiten.

**BEREITEN SIE SICH GUT VOR!** ACHTUNG

Dies sollten Sie übrigens tatsächlich tun, denn nichts ist ärgerlicher, als mit einem guten Testergebnis zum Schluss doch noch wegen eines verpatzten Vorstellungsgesprächs keinen Ausbildungs- beziehungsweise Arbeitsplatz angeboten zu bekommen.

Vergessen Sie aber nicht, dass ein erfolgreich verlaufener Test keine Garantie dafür ist, dass Sie in der Ausbildung oder an Ihrem neuen Arbeitsplatz erfolgreich sein werden. Umgekehrt ist eine Absage nicht zwangsläufig ein Beleg für fehlende Qualifikation: Oft ist einfach die Zahl der Bewerberinnen und Bewerber zu hoch. Haben Sie aufgrund des Testergebnisses eine Absage erhalten, so ist Ihre Stimmung natürlich nicht auf dem Höhepunkt.

Geben Sie dann auf keinen Fall auf. Versuchen Sie, von der Personalabteilung des Unternehmens, bei dem der Test stattgefunden hat, Informationen darüber zu bekommen, in welchen Bereichen Ihre größten Schwächen liegen. Vielleicht haben Sie das ja auch schon selbst bemerkt. Dann können Sie diese Bereiche speziell trainieren, um bei dem nächsten Test besser abzuschneiden. Die Ergebnisse werden erfahrungsgemäß von Test zu Test besser. Vielleicht sollten Sie die Testverfahren auch einmal in einer Gruppe üben, das kann sehr viel Spaß machen – probieren Sie es aus. Es kann auch sein – insbesondere wenn Sie sich um einen Ausbildungsplatz bewerben –, dass Sie bei bestimmten Testaufgaben immer wieder Schwierigkeiten haben. Vielleicht kommen Ihnen Zweifel, ob das von Ihnen angestrebte Berufsfeld überhaupt das richtige ist.

Wenn Sie sich in einer solchen Situation befinden, prüfen Sie nochmals kritisch, ob Ihre Fähigkeiten und Ihre Interessen auch wirklich zu dem angestrebten Beruf passen.

ACHTUNG

**HOLEN SIE SICH HILFE**

Hilfreich kann in dieser Situation die Berufsberatung der Bundesagentur für Arbeit für Sie sein. Die Berater dort können übrigens auch eine psychologische Beratung bei einem Psychologen der Agentur für Arbeit vermitteln, der auf der Grundlage von speziellen Interessen- und Begabungstests vielleicht neue Alternativen aufzeigen kann.

Wir wünschen Ihnen auf jeden Fall für die nächsten Schritte Ihrer beruflichen Laufbahn alles Gute und viel Erfolg.

# Testbatterie I

Nun folgen die bereits angekündigten Testbatterien. Sie brauchen einen Stift, eine Stoppuhr und bei einigen Übungen die Unterstützung einer weiteren Person, die Ihnen die Zeitzeichen während der Bearbeitung gibt.

## Übung I/1

Bei den abgebildeten Figurenfolgen soll die Reihe der 3 Figuren sinnvoll fortgesetzt werden. Wählen Sie aus den 4 Möglichkeiten die richtige heraus und kreuzen Sie die Lösung an.

### Beispiel

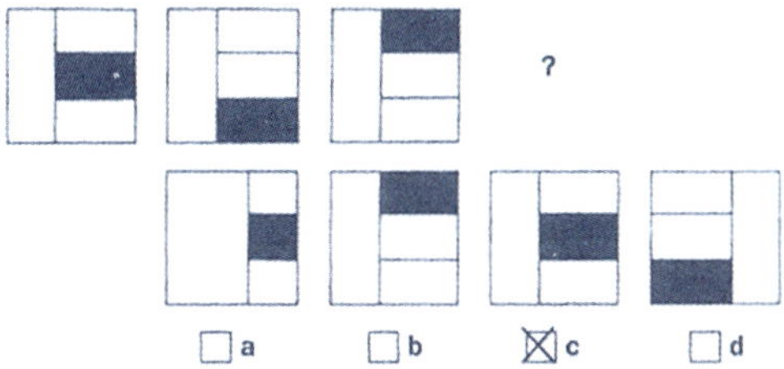


### Lösung

c

**Beginnen Sie jetzt, Ihnen stehen 5 Minuten zur Verfügung.**

**1**

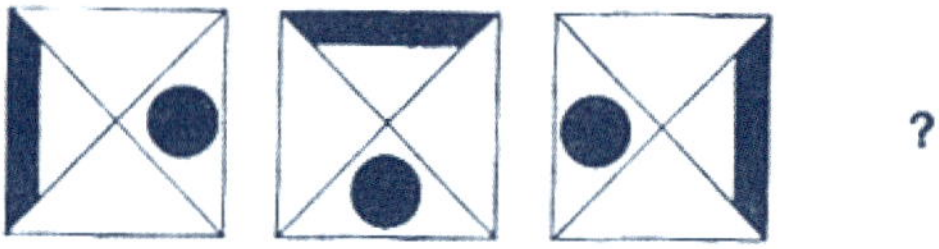

☐ a ☐ b ☐ c ☐ d

**2**

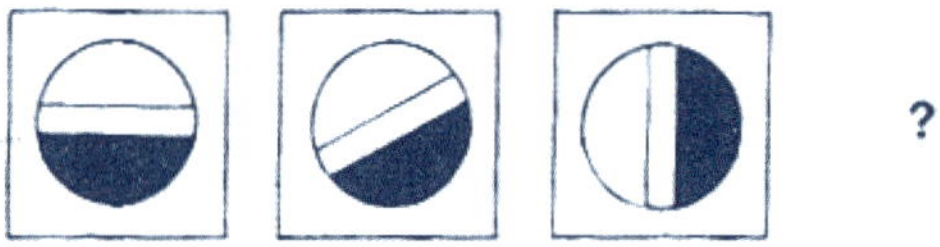

☐ a ☐ b ☐ c ☐ d

**3**

☐ a ☐ b ☐ c ☐ d

**4**

?

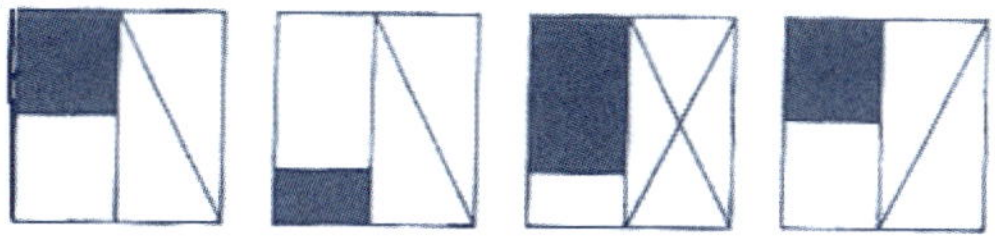

☐ a ☐ b ☐ c ☐ d

**5**

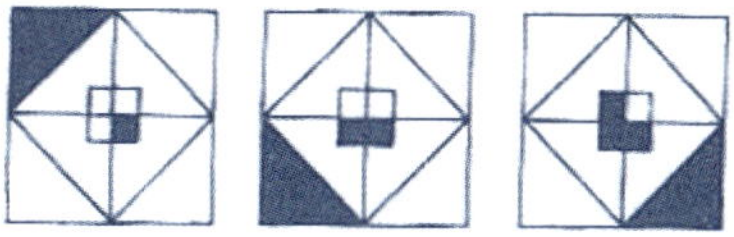

?

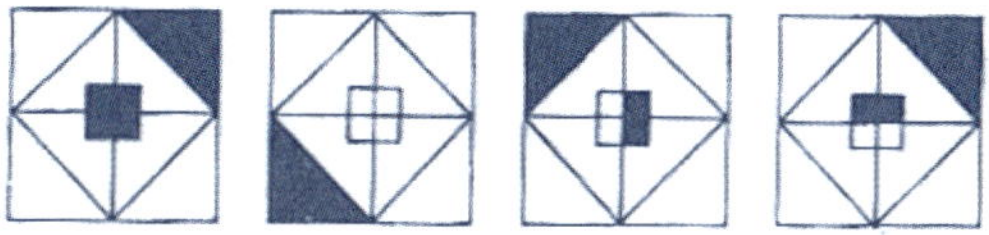

☐ a ☐ b ☐ c ☐ d

**6**

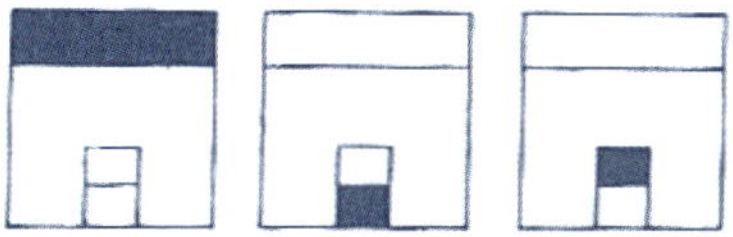

?

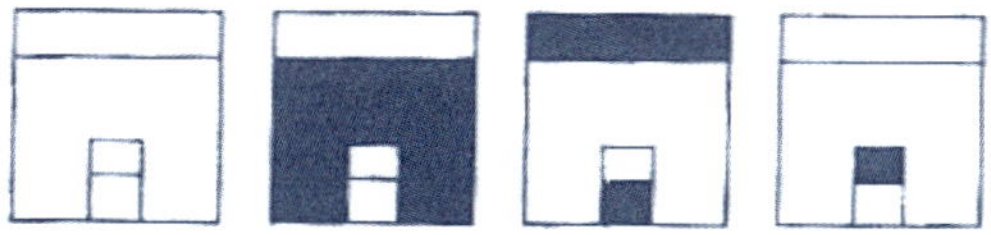

☐ a ☐ b ☐ c ☐ d

7

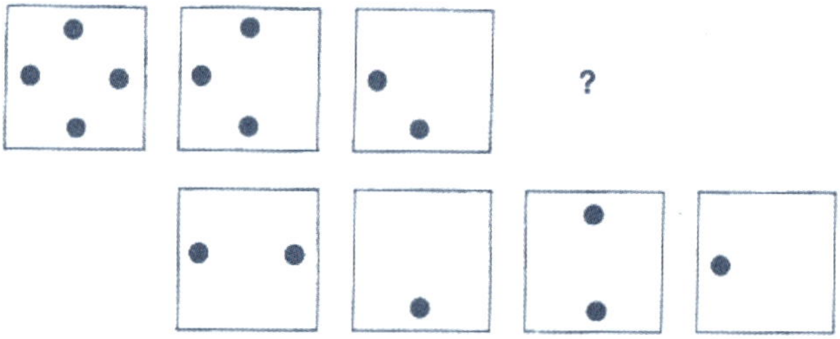

☐ a ☐ b ☐ c ☐ d

8

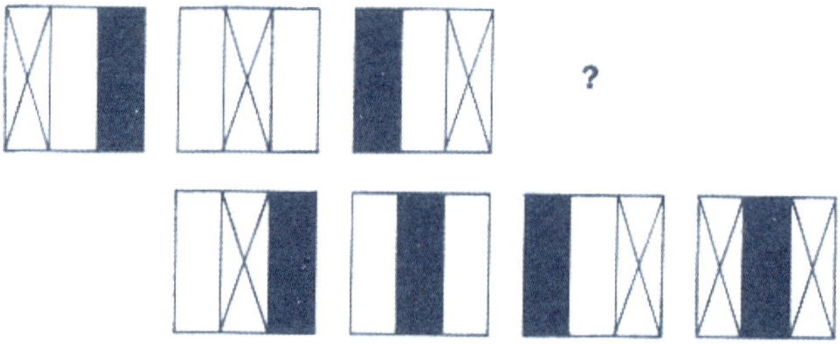

☐ a ☐ b ☐ c ☐ d

9

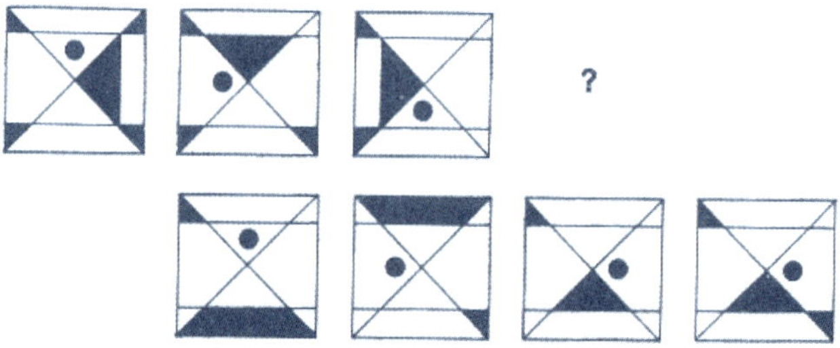

☐ a ☐ b ☐ c ☐ d

**10**

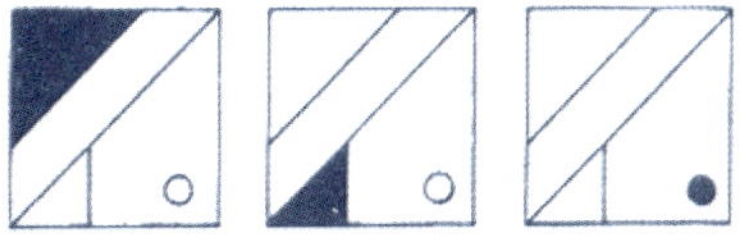

?

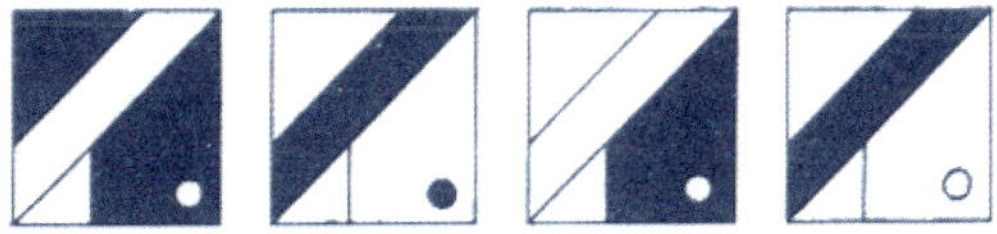

☐ a ☐ b ☐ c ☐ d

**11**

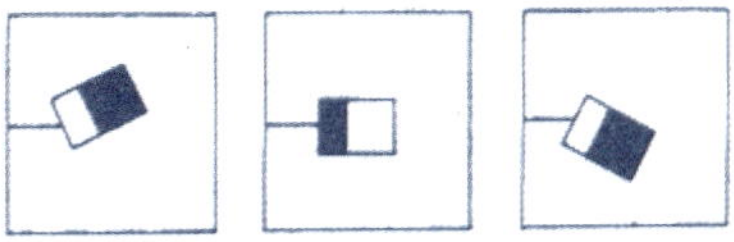

?

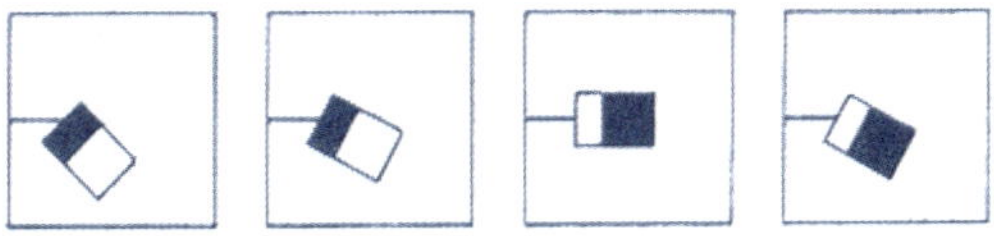

☐ a ☐ b ☐ c ☐ d

**12**

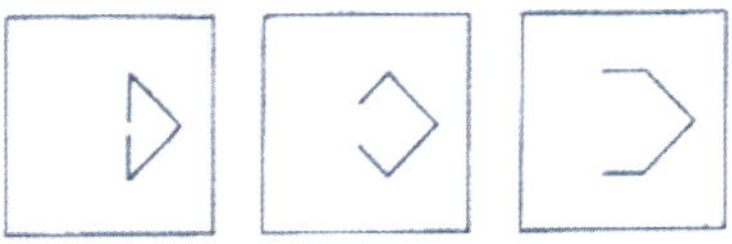

?

☐ a ☐ b ☐ c ☐ d

**13**

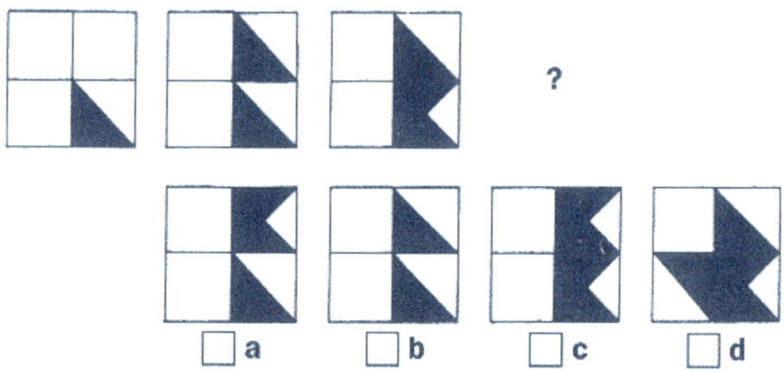


**14**

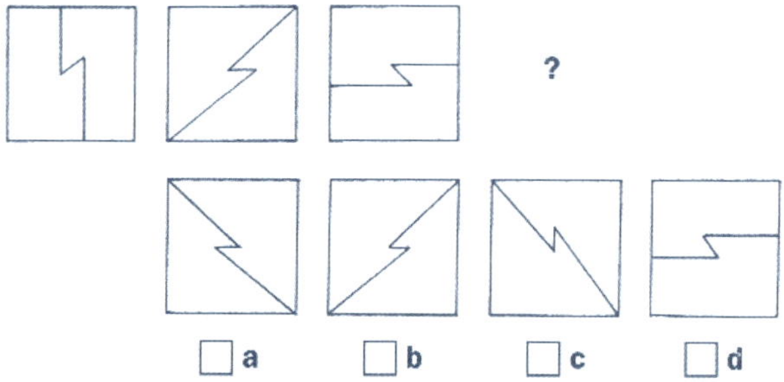


**15**

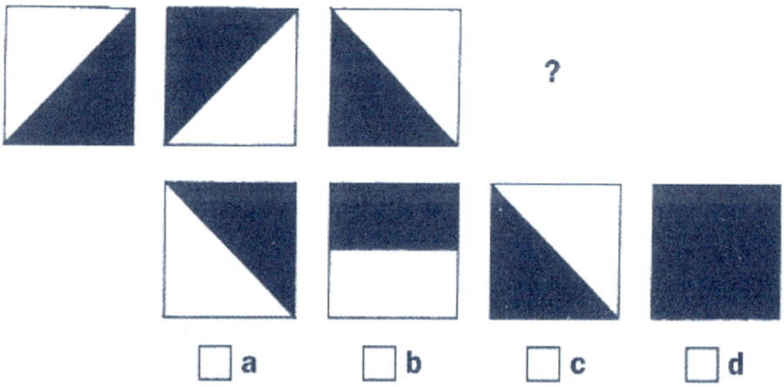

16

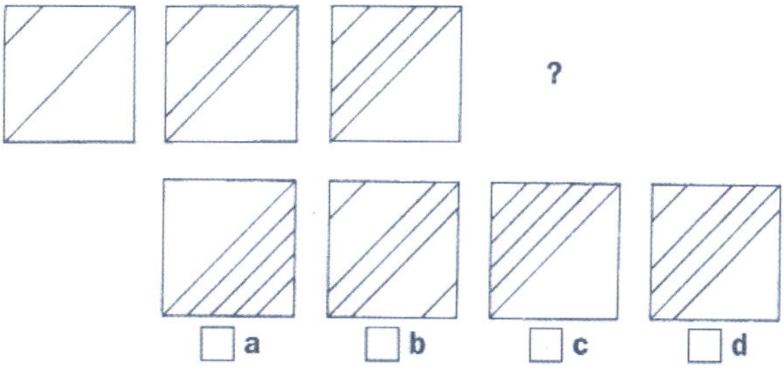


17

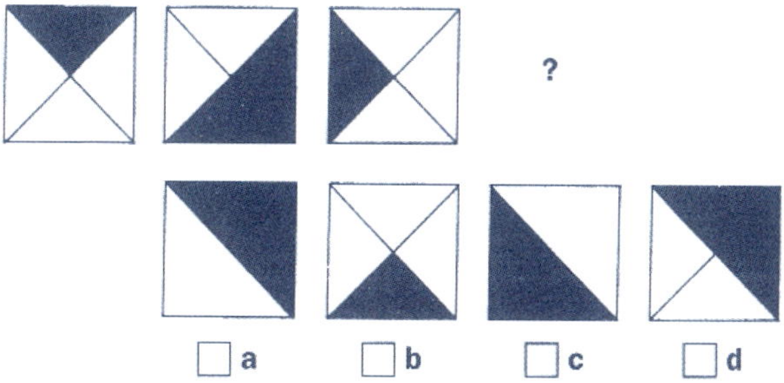


# Übung I/2

Bei den folgenden Zahlenreihen wird jeweils eine Zahl in die Reihe geschoben, die nicht passt. Suchen Sie diese Zahl und streichen Sie sie durch.

**Beispiel**

1 3 ~~4~~ 5 7 9

**Lösung**

4; es wurde nicht – wie sonst – 2 addiert.

**Beginnen Sie jetzt, Sie haben 10 Minuten zur Verfügung.**

| | | | | | | |
|---|---|---|---|---|---|---|
| a | 3 | 5 | 7 | 8 | 9 | 11 |
| b | 2 | 4 | 8 | 16 | 32 | 48 |
| c | 56 | 28 | 14 | 7 | 3,5 | 1,9 |
| d | 23 | 19 | 16 | 14 | 13 | 12 |
| e | 15,5 | 12,0 | 8,5 | 6,75 | 5,0 | 1,5 |
| f | 1,5 | 3 | 6 | 9 | 12 | 24 |
| g | 30 | 29 | 27 | 24 | 20 | 17 |
| h | 31 | 48 | 65 | 72 | 82 | 99 |
| i | 1,3 | 2,1 | 2,9 | 3,7 | 4,5 | 5,2 |
| j | $\frac{1}{2}$ | $\frac{1}{4}$ | $\frac{1}{8}$ | $\frac{1}{12}$ | $\frac{1}{16}$ | $\frac{1}{32}$ |
| k | 5050 | 4890 | 4730 | 4570 | 4490 | 4410 |
| l | 0,8 | 1,5 | 1,85 | 2,2 | 2,9 | 3,8 |
| m | 17 | 14 | 10 | 5 | 0 | –1 |
| n | 30 | 22,5 | 15 | 7,5 | 3,75 | 1,875 |
| o | 17,5 | 16,9 | 16,3 | 15,1 | 13,9 | 12,7 |
| p | 1 | 3 | 5 | 6 | 10 | 15 |
| q | 19 | 18 | 15 | 12 | 10 | 9 |
| r | 625 | 125 | 50 | 25 | 5 | 1 |
| s | 18 | 13 | 9 | 6 | 4 | 4 |
| t | $\frac{1}{4}$ | $3\frac{1}{4}$ | $6\frac{1}{4}$ | $9\frac{1}{4}$ | 10,25 | $\frac{49}{4}$ |
| u | 0,5 | $\frac{3}{2}$ | 4,5 | $\frac{27}{2}$ | $8\frac{1}{2}$ | $\frac{81}{2}$ |

# Übung I/3

Rechnen Sie die angegebenen Größen in die gewünschte Maßeinheit um.

**Beispiel**

1 m = 100 cm

**Sie haben 3 Minuten zur Verfügung. Beginnen Sie jetzt.**

| | | | | |
|---|---|---|---|---|
| a | 12 dm | = | ________ | m |
| b | 0,01 km | = | ________ | m |
| c | 1 $cm^3$ | = | ________ | $m^3$ |
| d | 1 $cm^2$ | = | ________ | $m^2$ |
| e | 10 kg | = | ________ | Tonnen |
| f | 25 Min. | = | ________ | Sekunden |
| g | 2,5 Tonnen | = | ________ | g |
| h | 12 $m^2$ | = | ________ | $cm^2$ |
| i | 5 Ztr. | = | ________ | g |
| j | 26005 mm | = | ________ | km |
| k | 12 Sek. | = | ________ | h |
| I | 12 Liter | = | ________ | hl |
| m | 0,074 $cm^2$ | = | ________ | $mm^2$ |

# Übung I/4

Ergänzen Sie den nachfolgenden Lückentext sinngemäß. Beachten Sie dabei, dass die Anzahl der Punkte der Anzahl der Buchstaben entspricht. Umlaute (ä, ö, ü) sowie ß zählen als ein Buchstabe.

### Beispiel

Der . . . . dreht sich um die Erde.

### Lösung

Das einzusetzende Wort mit 4 Buchstaben heißt Mond.

**Beginnen Sie jetzt, Sie haben 5 Minuten zur Verfügung.**

### Die Evolution

Erstes Leben auf unserer Erde entstand vor mehr als 3 . . . . . . . . . . Jahren. Auf dem Grund des . . . . . . bildeten sich die ersten Einzeller, vielleicht waren sie ähnlich den heutigen Blau- und Kugelalgen, auf jeden Fall winzig klein. Im Laufe der Zeit . . . . . . . . . . . . sich Schwämme und Hohltiere. Diese Tiere hatten weder einen Kopf noch Knochen. In der weiteren Entwicklung entstanden die ersten Würmer, fast ausschließlich mit sehr einfachen inneren . . . . . . . . Nicht alle Tierarten entwickelten sich weiter, viele starben aus. Bei manchen anderen Tierarten bildeten sich in der Weiterentwicklung harte . . . . . . . , die eine Schutzfunktion für die weichen Körper erfüllten. In dieser Zeit entstanden die . . . . . . . . , Schnecken und Tintenfische, auch letztere hatten ursprünglich ein Gehäuse. Bis den Tieren die ersten Gliedmaßen aus den stummeligen Füßchen und Borstenkränzen wuchsen, dauerte es viele . . . . . . . . . Jahre. Auch die allerersten . . . . . . . . waren im Wasser entstanden. Bei ihrer Ansiedlung auf dem Land, vor ungefähr 500 Millionen Jahren, kamen die ersten Tierarten mit auf das Land, wie Skorpione, Spinnen und Krebse.

Wiederum im Wasser entwickelten sich später die ersten Wirbeltiere. Ein langer Knorpel bildete das im . . . . . . . des Körpers verborgene Stützkorsett. Er war ein Vorläufer der . . . . . . . . . . . Falsch war die Vorstellung, dass nun alle Wirbeltiere mit der Zeit immer ausgereifter und besser wurden. Bei jedem Schritt der . . . . . . . . . . . veränderten sich verschiedene Arten nicht weiter. Dies war dann der Fall, wenn sich der . . . . . . . . . . der Tiere nicht in dem Maße veränderte, dass er eine weitere Anpassung verlangte.

# Übung I/5

Bei dieser Übung stimmt jeweils eine der zur Auswahl stehenden Abbildungen nicht mit dem Original auf der linken Seite überein. Finden Sie diese Abbildung heraus und kreuzen Sie den entsprechenden Buchstaben an.

## Beispiel

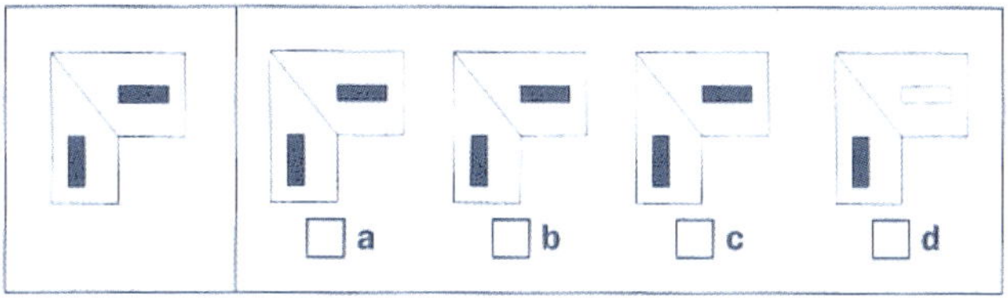


## Lösung

Bild d unterscheidet sich vom Original.

**Beginnen Sie jetzt, Sie haben 4 Minuten zur Verfügung.**

1

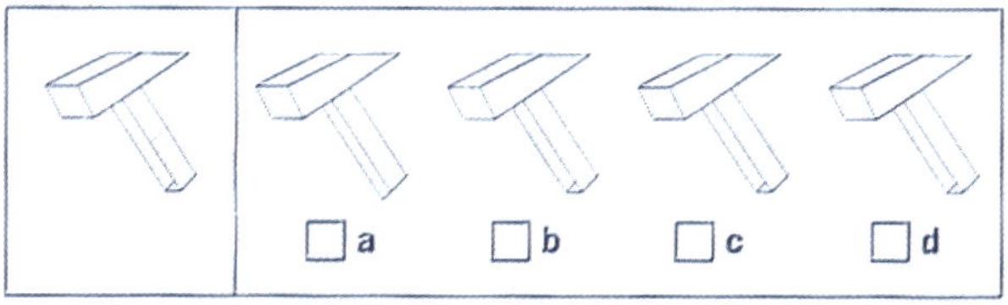


2

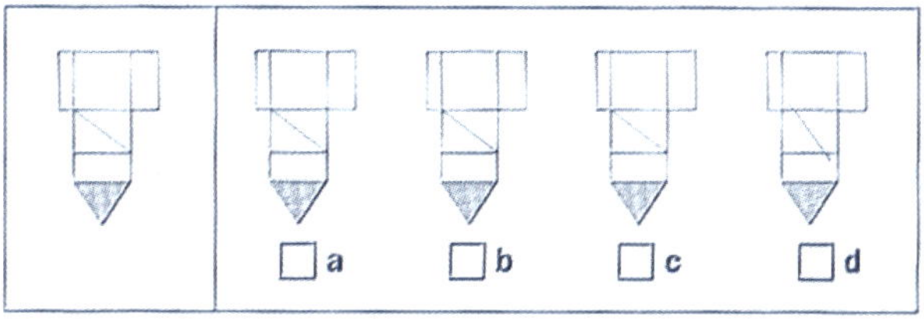

3

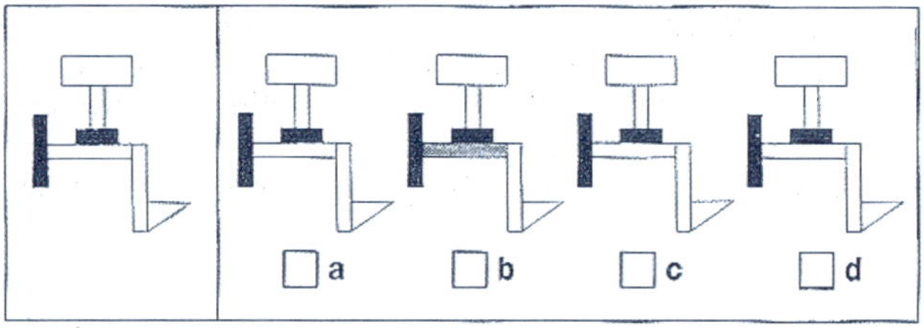


4

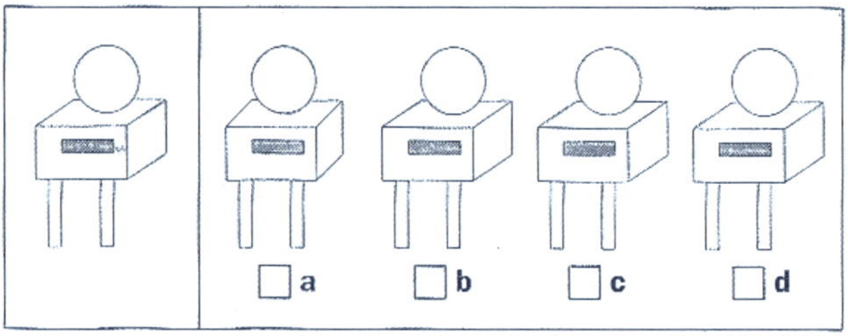


5

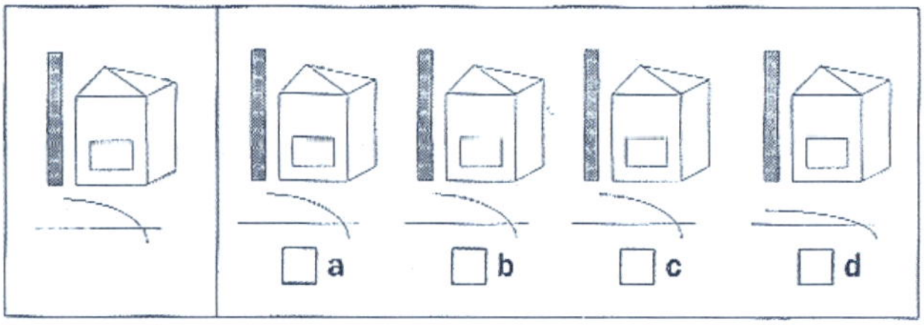


6

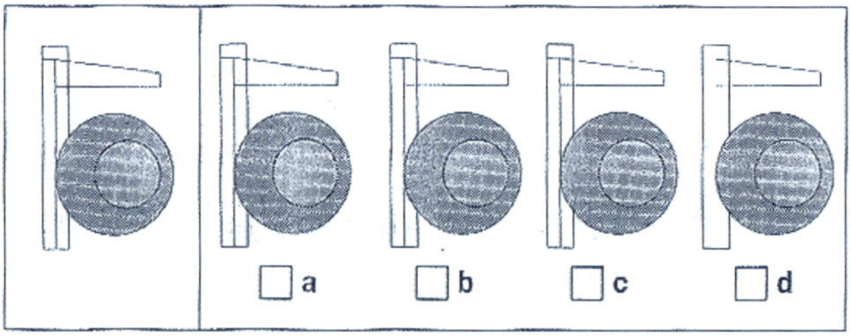

7

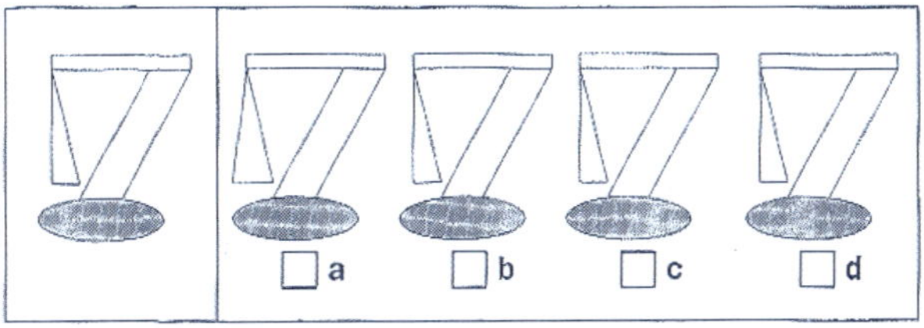


8

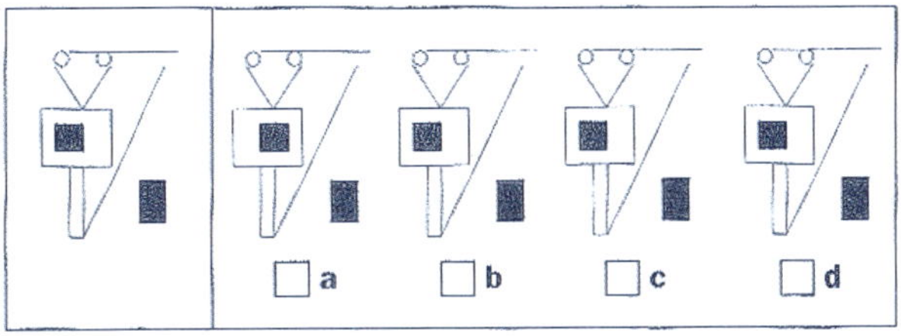


9

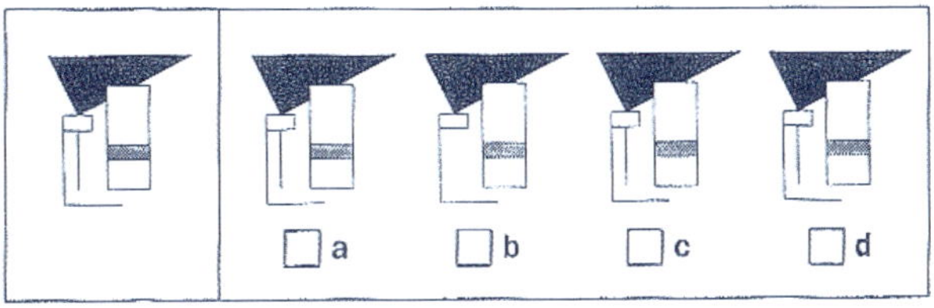


10

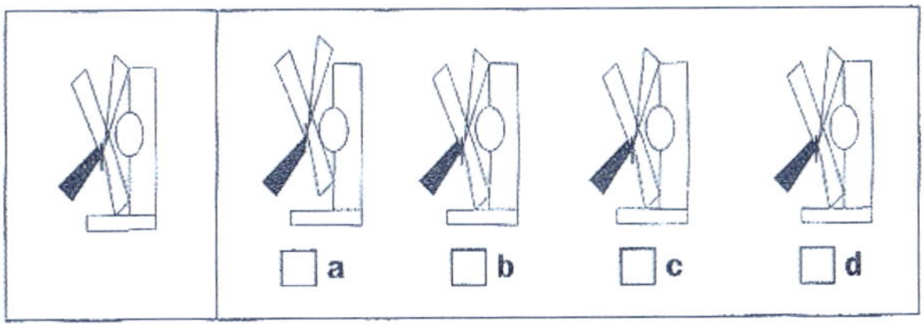

11

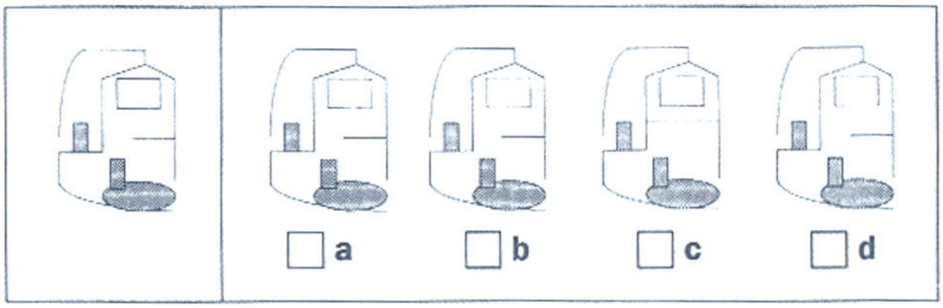


12

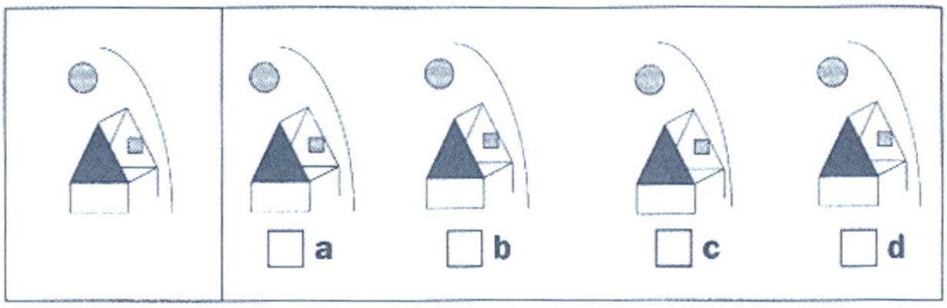


13

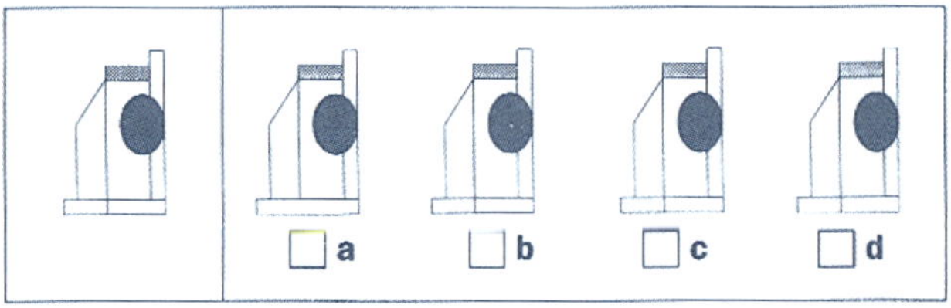


14

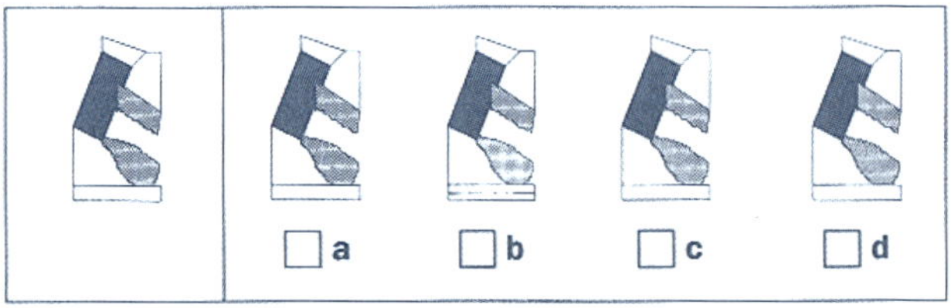


15

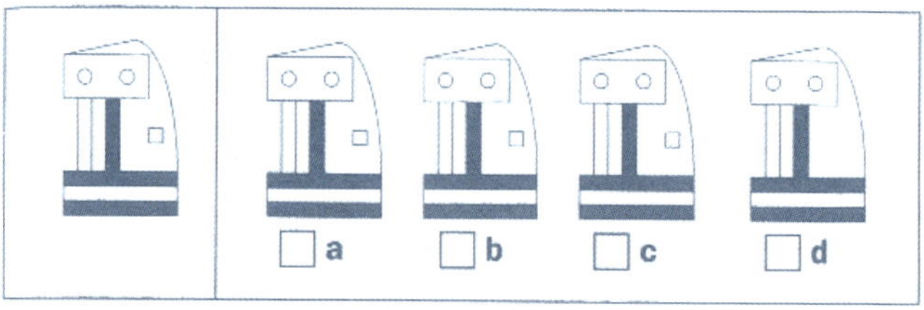

# Übung I/6

Bei der nachfolgenden Übung sollen Sie alle Wörter aufschreiben, die die vorgegebenen Kriterien erfüllen. Dazu benötigen Sie ein gesondertes Blatt.

**Beispiel**

Schreiben Sie alle Wörter auf, die Ihnen einfallen, die mit dem Buchstaben „B“ beginnen und mit dem Buchstaben „K“ enden.

**Lösung**

(Beispiele) Bank, Blick, blank, Bock

**Für jede der Aufgaben steht Ihnen 1 Minute zur Verfügung.**

1. Schreiben Sie alle Wörter auf, die mit dem Buchstaben „S“ beginnen und mit dem Buchstaben „T“ enden.
2. Schreiben Sie alle Wörter auf, die mit dem Buchstaben „F“ beginnen und mit dem Buchstaben „D“ enden.
3. Schreiben Sie alle Wörter auf, die mit dem Buchstaben „H“ beginnen und mit dem Buchstaben „Z“ enden.
4. Schreiben Sie alle Wörter auf, die mit dem Buchstaben „R“ beginnen und auf „E“ enden.
5. Schreiben Sie alle Wörter auf, die an der dritten Stelle den Buchstaben „E“ haben.
6. Schreiben Sie alle Wörter auf, die genau zweimal den Buchstaben „E“ enthalten.
7. Schreiben Sie alle Wörter auf, die auf „TZ“ enden.
8. Schreiben Sie alle Wörter auf, die die Buchstabenkombination „TT“ enthalten.
9. Schreiben Sie alle Wörter auf, die die Buchstabenkombination „RG“ enthalten.
10. Schreiben Sie alle Wörter auf, die mit der Buchstabenkombination „SK“ beginnen.

# Übung I/7

Lesen Sie zunächst den folgenden Text. Danach sollen Sie die anschließend aufgeführten Fragen beantworten. Sie können dabei jederzeit auf den Text zurückgreifen, obwohl sich nicht alle Antworten aus ihm ergeben.

## Anforderungen der Zukunft

Nichts ist so beständig wie der Wandel. Mit dieser Aussage lässt sich der Trend unserer Zeit zusammenfassen. Veränderungen treten in immer kürzeren Zeitabständen auf und im Hinblick auf die berufliche Qualifizierung ist das einmal gelernte Wissen nicht mehr ausreichend. Eine Ausbildung oder ein Studium können nur noch als eine Basisqualifizierung angesehen werden. Ständige Weiterbildung ist unerlässlich, um den sich ändernden Anforderungen gerecht werden zu können. Wenn man zum Beispiel die Berufsbilder von technischen Ausbildungsberufen heute und von vor 10 Jahren vergleicht, so sind völlig neue Qualifikationsanforderungen entstanden. Insgesamt ist ein sehr deutlicher Trend weg von der Mechanik und der handwerklichen Tätigkeit hin zur Elektronik und Software zu erkennen. Der industrielle Facharbeiter von heute legt weniger mit dem Werkzeug selber Hand an. Er ist vielmehr derjenige, der computergesteuerte Maschinen einrichtet, steuert und Prozesse überwacht. Ohne entsprechende EDV-Kenntnisse kann diese Aufgabe nicht erfüllt werden.

Am deutlichsten ist der schnelle Wandel im Bereich der Informationstechnologie zu sehen. EDV-Systeme und -Programme, die vor 10 Jahren dem neuesten Stand der Technik entsprachen, sind heute völlig veraltet. Der PC hat Einzug in nahezu jeden Bereich gehalten. Waren früher noch Terminals an einen zentralen Großrechner angebunden, stellt heute der dezentrale, netzwerkverbundene PC die Norm dar. Begriffe wie „Cyberspace“, „Multimedia“ und „E-Mail“ erobern die Welt und führen uns den Weg hin zur Informationsgesellschaft. Sie bietet die Möglichkeit, auf eine nahezu unbegrenzte Menge von Daten zuzugreifen, und dies ohne räumliche Grenzen. Die Daten, die täglich rund um den Globus kursieren, übertreffen an Menge das gesamte Wissen, das der Menschheit im 19. Jahrhundert zur Verfügung stand.

Die größte Herausforderung für jeden Einzelnen wird darin bestehen, sich ständig weiterzubilden, um den sich wandelnden Anforderungen gerecht zu werden und aus der vorhandenen Datenflut das für ihn Wesentliche herauszufiltern.

Frage 1: Was ist die wesentliche Kernaussage des Textes?

☐ a Technische Ausbildungsberufe sind nicht mehr gefragt.

☐ b Computer sind veraltet.

☐ c Es bedarf ständiger Weiterbildung, um den zukünftigen Anforderungen gerecht zu werden.

☐ d Die Datenflut überfordert die Menschen.

Frage 2: Was versteht man unter einem PC?

☐ a Eingabegerät ohne eigenen Rechner für den Zugriff auf einen Großrechner.

☐ b Personal-Computer.

☐ c Schnurloses Telefon.

☐ d Datenleitung.

Frage 3: Was versteht man unter Cyberspace?

☐ a Weltraum.

☐ b Vierdimensionale Darstellung eines Gegenstands.

☐ c Bildschirmoberfläche.

☐ d Umgangssprachliche Bezeichnung für die Gesamtheit der weltweiten elektronischen Kommunikation.

Frage 4: Im Text ist von EDV-Kenntnissen die Rede. Welche der nachfolgenden Begriffe bezeichnet keine Software?

☐ a Windows 95.

☐ b Excel.

☐ c CPU.

☐ d Corel Draw.

Frage 5: Im Text werden Ausbildungsberufe angesprochen. Welcher der nachfolgenden Berufe ist kein anerkannter Ausbildungsberuf?

☐ a Industrieelektroniker/in.

☐ b Kurierfahrer/in.

☐ c Handelsfachpacker/in.

☐ d IT-System-Kaufmann/-frau.

Frage 6: Im Text ist von Daten die Rede. Die Daten werden in digitaler Form übertragen. Welches ist die kleinste Einheit hierfür?

☐ a MB.

☐ b Byte.

☐ c Bit.

☐ d Ram.

## Übung I/8

In der folgenden Übung sollen Sie überprüfen, ob die gezogenen Schlussfolgerungen jeweils richtig oder falsch sind. Dabei ist es unerheblich, ob die Aussagen der Realität entsprechen oder absurd sind. Wichtig ist nur, ob die Schlussfolgerungen sich logisch aus den Aussagen ableiten lassen.

### Beispiel

Jeder Mann hat ein Auto. Jedes Kind ist ein Mann (Aussagen). Jedes Kind hat ein Auto (Schlussfolgerung).

☐ a stimmt ☐ b stimmt nicht

### Lösung

a. Da gemäß der Aussagen alle Kinder Männer sind und alle Männer ein Auto haben, haben auch alle Kinder ein Auto.

**Für die nachfolgenden Aufgaben stehen Ihnen insgesamt 7 Minuten zur Verfügung.**

1 Alle Häuser haben Flügel. Einige Boote sind Flügel. Deshalb haben alle Häuser Boote.

☐ a stimmt ☐ b stimmt nicht

2 Keine 2 Blumenarten sehen gleich aus. Rosen und Tulpen sehen genau gleich aus. Deshalb sind Rosen und Tulpen keine 2 Blumenarten

☐ a stimmt ☐ b stimmt nicht

3 Niemand mit einer Warze auf der Nase mag Bananen. Alle Menschen haben eine Warze auf der Nase. Deshalb mag kein Mensch Bananen.

☐ a stimmt ☐ b stimmt nicht

4 Manche Quadrate sind rund. Alle Quadrate sind schwarz. Deshalb sind alle schwarzen Quadrate rund.

☐ a stimmt ☐ b stimmt nicht

5 Manche Frösche bellen lauter als Ameisen. Alle Kühe sind Ameisen. Deshalb bellen alle Frösche lauter als Kühe.

☐ a stimmt ☐ b stimmt nicht

6 Einige Tiere können lachen. Alle Ungeheuer sind Tiere. Deshalb können alle Ungeheuer lachen.

☐ a stimmt ☐ b stimmt nicht

7 Autos sind blaue Pflanzen. Autos malen Hauswände an. Deshalb malen alle blauen Pflanzen Hauswände an.

☐ a stimmt ☐ b stimmt nicht

8 Alle Diebe sind Astronauten. Alle Astronauten schreiben Bücher. Deshalb gibt es Diebe, die Bücher schreiben.

☐ a stimmt ☐ b stimmt nicht

9 Alle Rollerblades haben gelbe Reifen. Alles was gelb ist, ist blöd. Kein Fahrrad, das blöd ist, hat grüne Reifen. Deshalb sind alle Rollerblades und alle Fahrräder mit gelben Reifen blöd.

☐ a stimmt ☐ b stimmt nicht

10 Alle guten Lehrer haben kleine Füße. Wer kleine Füße hat, trinkt gern Bier. Jedem, dem Bier schmeckt, schmeckt auch Apfelsaft. Gute Lehrer trinken gern Bier. Deshalb trinken Lehrer mit kleinen Füßen gerne Apfelsaft.

☐ a stimmt ☐ b stimmt nicht

# Übung I/9

Bei den folgenden Zahlenreihen müssen jeweils die 2 untereinander stehenden Zahlen miteinander addiert werden. Die Lösung ist hinter die 2 zu addierenden Zahlen zu schreiben. Bei zweistelligen Ergebnissen schreiben Sie bitte nur die hintere Zahl als Lösung auf.

**Beispiel**

| | |
|---|---|
| 4 | |
| | 9 |
| 5 | |
| | 7 |
| 2 | |
| | 0 |
| 8 | |
| | 5 |
| 7 | |

**Sie haben 3 Minuten zur Verfügung.**

| | | | | | | | | | |
|---|---|---|---|---|---|---|---|---|---|
| 4 | 8 | 8 | 4 | 6 | 8 | 0 | 5 | 6 | 7 |
| 7 | 4 | 5 | 3 | 4 | 7 | 2 | 2 | 6 | 8 |
| 9 | 1 | 5 | 4 | 8 | 3 | 5 | 7 | 4 | 9 |
| 2 | 5 | 6 | 3 | 8 | 0 | 3 | 5 | 3 | 0 |
| 9 | 7 | 1 | 7 | 9 | 4 | 9 | 2 | 2 | 8 |
| 7 | 3 | 1 | 5 | 7 | 0 | 0 | 7 | 1 | 1 |
| 6 | 9 | 8 | 1 | 8 | 9 | 5 | 6 | 6 | 3 |
| 5 | 5 | 9 | 1 | 1 | 4 | 4 | 8 | 4 | 3 |
| 8 | 9 | 6 | 4 | 9 | 5 | 7 | 2 | 0 | 8 |
| 0 | 6 | 9 | 3 | 2 | 0 | 9 | 1 | 8 | 1 |
| 2 | 7 | 5 | 4 | 8 | 7 | 5 | 9 | 9 | 8 |
| 4 | 4 | 9 | 7 | 5 | 3 | 6 | 5 | 8 | 3 |
| 2 | 7 | 9 | 3 | 0 | 4 | 4 | 6 | 7 | 7 |
| 2 | 5 | 7 | 9 | 3 | 4 | 5 | 7 | 8 | 3 |
| 8 | 0 | 6 | 2 | 3 | 8 | 7 | 1 | 9 | 5 |
| 7 | 2 | 5 | 0 | 9 | 5 | 8 | 5 | 8 | 0 |
| 4 | 7 | 1 | 8 | 4 | 5 | 9 | 0 | 8 | 9 |
| 0 | 3 | 7 | 5 | 2 | 5 | 6 | 4 | 7 | 0 |
| 7 | 4 | 0 | 3 | 4 | 2 | 0 | 1 | 5 | 3 |
| 5 | 8 | 7 | 4 | 3 | 6 | 4 | 4 | 2 | 2 |
| 9 | 6 | 7 | 5 | 8 | 5 | 8 | 7 | 5 | 5 |
| 5 | 2 | 1 | 2 | 1 | 8 | 3 | 8 | 8 | 9 |
| 8 | 6 | 5 | 9 | 1 | 5 | 9 | 7 | 8 | 1 |
| 8 | 7 | 8 | 1 | 8 | 3 | 1 | 1 | 7 | 1 |
| 3 | 3 | 6 | 2 | 7 | 4 | 2 | 8 | 7 | 7 |
| 4 | 5 | 9 | 3 | 5 | 5 | 2 | 8 | 4 | 6 |
| 0 | 5 | 0 | 2 | 6 | 3 | 5 | 9 | 5 | 3 |
| 7 | 1 | 9 | 0 | 6 | 8 | 2 | 2 | 9 | 7 |

| | | | | | | | | | |
|---|---|---|---|---|---|---|---|---|---|
| 8 | 8 | 2 | 7 | 5 | 8 | 1 | 8 | 6 | 4 |
| 5 | 9 | 0 | 9 | 5 | 8 | 4 | 0 | 8 | 0 |
| 8 | 5 | 0 | 2 | 9 | 6 | 1 | 2 | 9 | 6 |
| 2 | 4 | 7 | 3 | 2 | 4 | 6 | 1 | 5 | 3 |
| 5 | 4 | 8 | 3 | 6 | 9 | 8 | 2 | 7 | 4 |
| 0 | 1 | 7 | 3 | 4 | 3 | 9 | 5 | 4 | 5 |
| 7 | 5 | 0 | 5 | 8 | 7 | 6 | 5 | 7 | 2 |
| 2 | 7 | 7 | 4 | 5 | 4 | 1 | 4 | 7 | 6 |

## Übung I/10

Unterstreichen Sie bei den Wortpaaren jeweils die richtige Schreibweise.[2]

**Beispiel**

Späne – Spähne

**Lösung**

Späne ist so zu unterstreichen.

**Beginnen Sie jetzt, Sie haben 5 Minuten Zeit.**

| | a | | b |
|---|---|---|---|
| 1 | abspuhlen | – | abspulen |
| 2 | Krawatte | – | Kravatte |
| 3 | Autopsie | – | Autobsie |
| 4 | fröhnen | – | frönen |
| 5 | achzig | – | achtzig |
| 6 | Barock | – | Barok |

[2] Die Schreibungen im Buch entsprechen den neuen amtlichen Rechtschreibregeln.

| | | | |
|---|---|---|---|
| 7 | aprubt | – | abrupt |
| 8 | Zenit | – | Zenith |
| 9 | Möve | – | Möwe |
| 10 | Schifffahrt | – | Schiffahrt |
| 11 | apelieren | – | appellieren |
| 12 | grotesk | – | krotesk |
| 13 | Siphon | – | Siffon |
| 14 | Polyklinik | – | Poliklinik |
| 15 | spührte | – | spürte |
| 16 | Sabbat | – | Sabath |
| 17 | Rokoko | – | Rokokko |
| 18 | Hypothenuse | – | Hypotenuse |
| 19 | Alphabeth | – | Alphabet |
| 20 | Abonnement | – | Abonement |
| 21 | Stanniol | – | Staniol |
| 22 | Abzess | – | Abszess |
| 23 | Matratze | – | Matraze |
| 24 | Triumphirat | – | Triumvirat |
| 25 | verhehrend | – | verheerend |
| 26 | sympathisch | – | symphathisch |
| 27 | totkrank | – | todkrank |
| 28 | grölen | – | gröhlen |
| 29 | Absinth | – | Absint |
| 30 | Appretur | – | Aprätur |
| 31 | Prophezeiung | – | Prophezeihung |
| 32 | nummerieren | – | numerieren |
| 33 | Stängel | – | Stengel |
| 34 | Alliierte | – | Aliierte |
| 35 | Seeligkeit | – | Seligkeit |

| | | | |
|---|---|---|---|
| 36 | Athmosphäre | – | Atmosphäre |
| 37 | Wohlust | – | Wollust |
| 38 | Karosserie | – | Karrosserie |
| 39 | Omlette | – | Omelette |
| 40 | Libyen | – | Lybien |
| 41 | Balustrade | – | Ballustrade |
| 42 | Akkordeon | – | Akordeon |
| 43 | Quentchen | – | Quäntchen |
| 44 | Temparatur | – | Temperatur |
| 45 | Parallelen | – | Paralellen |
| 46 | Rhetorik | – | Rethorik |
| 47 | Totschlag | – | Todschlag |
| 48 | Matrize | – | Matritze |
| 49 | Rhabarber | – | Rabharber |
| 50 | Akusativ | – | Akkusativ |

## Übung I/11

Bei dieser Übung wird Ihr physikalisch-technisches Verständnis überprüft.

**Beginnen Sie jetzt, Ihnen stehen zur Bearbeitung aller Aufgaben 4 Minuten zur Verfügung.**

1 Finden Sie heraus, ob die eingezeichneten Pfeile, die hier die Drehrichtung angeben, richtig sind.

□ a richtig

□ b falsch

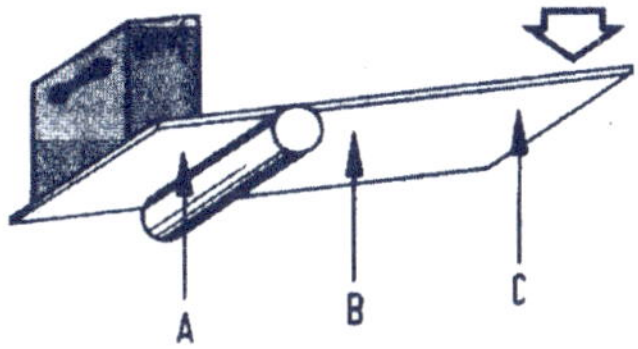


2 Wo muss die Rolle untergelegt werden, damit die Kiste am leichtesten gehoben werden kann?

□ a Punkt A

□ b Punkt B

□ c Punkt C

3 Finden Sie heraus, ob die eingezeichneten Pfeile, die die Drehrichtung angeben, richtig sind.

□ a richtig

□ b falsch

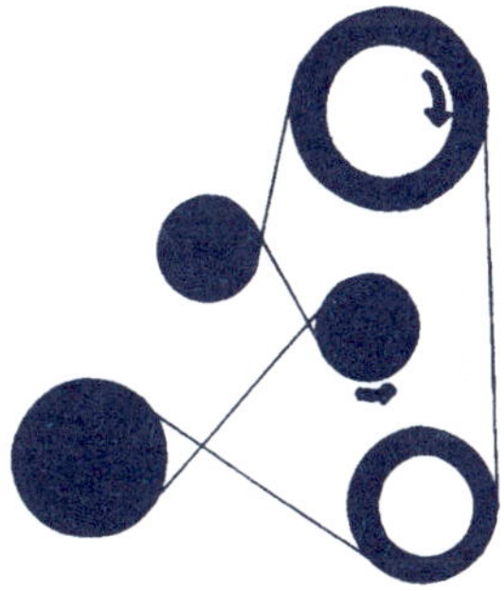

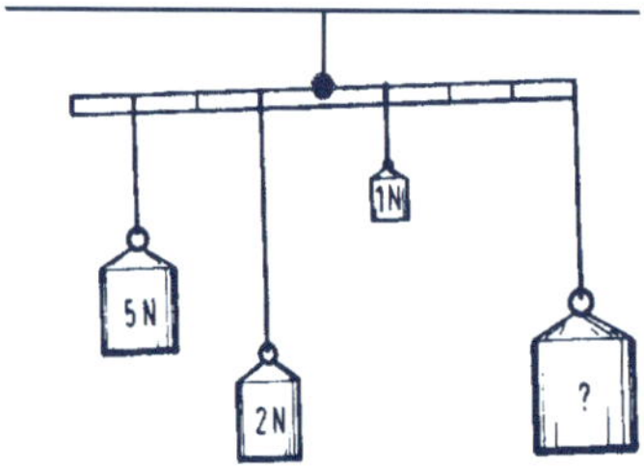


4 Die Waage soll im Gleichgewicht bleiben. Mit welcher Kraft muss das rechts außen angebrachte Gewicht ziehen?

□ a 1 N □ b 2 N □ c3 N

□ d 4 N □ e 5 N □ f 6 N

□ g 7 N

5 Finden Sie heraus, ob die eingezeichneten Pfeile, die die Drehrichtung angeben, richtig sind.

□ a richtig

□ b falsch

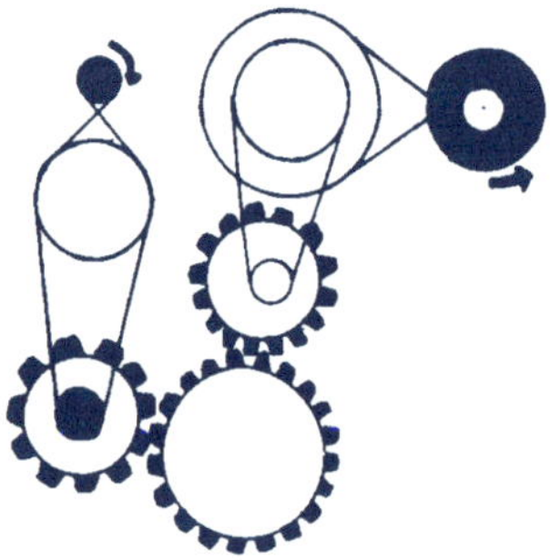

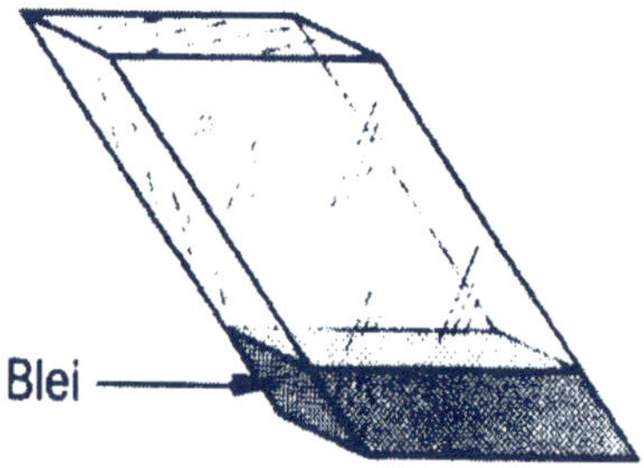


6 Der abgebildete Glaskörper hat einen Bleisockel. Fällt der Körper um, wenn er nicht festgehalten wird?

□ a ja

□ b nein

7 Finden Sie heraus, ob die eingezeichneten Pfeile, die die Drehrichtung angeben, richtig sind.

□ a richtig

□ b falsch

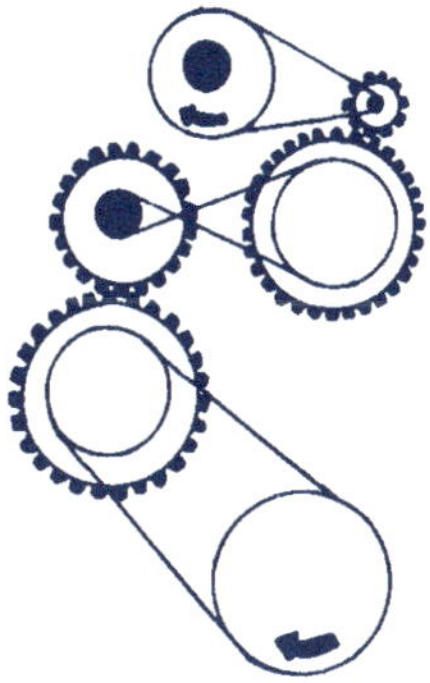

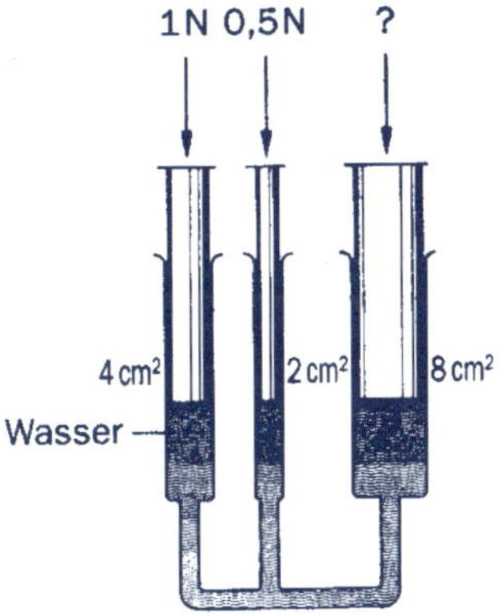


8 Welche Kraft muss hier auf den dritten Kolben wirken, damit alle 3 Kolben im Gleichgewicht bleiben?

□ a 1 N □ b 2 N □ c 3 N

□ d 4 N □ e 5 N □ f 6 N

□ g 7 N

# Übung I/12

Lösen Sie die nachfolgenden Wissensfragen durch Ankreuzen des entsprechenden Buchstabens.

**Beginnen Sie jetzt, Ihnen stehen 10 Minuten zur Verfügung.**

1 Welches ist der höchste Wasserfall?

☐ a Angle-Fall ☐ b Rheinfall

☐ c Boulder-Damm ☐ d Niagarafall

2 Von wem stammt der Roman „1984“?

☐ a Hemingway ☐ b Jules Verne

☐ c George Orwell ☐ d Salinger

3 Was ist eine Präambel?

☐ a Kronleuchter

☐ b Vorspann

☐ c Blumenschale

☐ d Fundort vorhistorischer Werkzeuge

4 Welches ist der längste Fluss?

☐ a Mississippi ☐ b Nil

☐ c Donau ☐ d Rhein

5 Welche Staatsform hat Australien?

☐ a Monarchie

☐ b Demokratische Republik

☐ c Parlamentarisch-demokratischer Bundesstaat

☐ d Zentral regierter demokratischer Einheitsstaat

6 Was versteht man unter Fatalismus?

☐ a Unglückswahn ☐ b Schicksalsglaube

☐ c Hetzerei ☐ d Blindes Anhängertum

7 Wie heißt die Hauptstadt von Australien?

☐ a Melbourne ☐ b Sydney

☐ c Brisbane ☐ d Canberra

8 Welches Wort hat dieselbe Bedeutung wie „notorisch“?

☐ a Unbeliebt ☐ b Bekannt

☐ c Unaufhörlich ☐ d Trunksüchtig

9 Was ist eine Muskete?

☐ a Schlaginstrument ☐ b Gewürzfrucht

☐ c Handfeuerwaffe ☐ d Insekt

10 Was ist ein Metronom?

☐ a Wetterkundler ☐ b Taktmesser

☐ c Vermessungstechniker ☐ d Maßsystem

11 Wer schrieb „Minna von Barnhelm“?

☐ a Brecht ☐ b Lessing

☐ c Wedekind ☐ d Horvath

12 Was versteht man unter einer „Bagatelle“?

☐ a Kleinod ☐ b Kleinigkeit

☐ c Nutzlosigkeit ☐ d Tand

13 Was ist eine Tangente?

☐ a Gerade, die einen Kreis schneidet

☐ b Winkelfunktion

☐ c Grundseite eines Dreiecks

☐ d Gerade, die einen Kreis in einem Punkt berührt

14 Wer schrieb die Oper „Fidelio“?

☐ a Rossini ☐ b Beethoven

☐ c Verdi ☐ d Wagner

15 Was versteht man unter „deftig“?

☐ a Nahrhaft ☐ b Spaßig

☐ c Derb ☐ d Geschmacklos

16 Was versteht man unter einer „Trophäe“?

☐ a Erkennungszeichen ☐ b Ausbeute

☐ c Fundstück ☐ d Siegeszeichen

17 Welches Land ist flächenmäßig größer?

☐ a Frankreich ☐ b Algerien

18 Wie heißt die Hauptstadt von Rumänien?

☐ a Budapest ☐ b Sofia

☐ c Bukarest ☐ d Belgrad

19 Wo ist der Regierungssitz der niederländischen Regierung?

☐ a Rotterdam ☐ b Amsterdam

☐ c Ede ☐ d Den Haag

20 Wo liegen die Galapagos-Inseln?

☐ a Im Karibischen Meer ☐ b Im Pazifischen Ozean

☐ c Im Atlantischen Ozean ☐ d Im Golf von Mexiko

21 Welches Land ist flächenmäßig kleiner?

☐ a Großbritannien ☐ b Bundesrepublik

22 Wie heißt die Hauptstadt von Venezuela?

☐ a Maracaibo ☐ b Managua

☐ c Caracas ☐ d Guatemala

23 Wie hoch ist die Zugspitze?

☐ a 2963 m ☐ b 3154 m

☐ c 2471 m ☐ d 3229 m

24 Was versteht man unter „Taiga"?

☐ a Musikinstrument ☐ b Steppe

☐ c Regenwald ☐ d Sibirisches Waldland

25 Wie heißt der höchste Berg in Afrika?

☐ a Mount Everest ☐ b Kilimandscharo

☐ c Mount Mc Kinley ☐ d Ruwenzori

26 Welche Stadt liegt nördlicher?

☐ a Moskau ☐ b Stockholm

27 Wann war die Französische Revolution?

☐ a 1789 ☐ b 1812

☐ c 1756 ☐ d 1774

28 Wann lebte Karl der Große?

☐ a 624–694 ☐ b 672–728

☐ c 742–814 ☐ d 802–873

29 Was ist eine Drohne?

☐ a Atomsprengkopf ☐ b Munitionsteil

☐ c Männliche Biene ☐ d Wespenkönigin

30 Welcher Planet ist in unserem Sonnensystem der Sonne am nächsten?

☐ a Venus ☐ b Jupiter

☐ c Merkur ☐ d Mars

31 Was ist ein Rhönrad?

☐ a Ein Föhnantrieb

☐ b Turngerät

☐ c Fahrrad, häufig traditionsmäßig in der Rhön gefahren

☐ d Tourenfahrrad

32 Wer war Leibniz?

☐ a Erfinder einer Kekssorte ☐ b Entdecker der Gene

☐ c Mathematiker ☐ d Deutscher Denker

33 Wer schrieb die „Buddenbrooks“?

☐ a Thomas Mann ☐ b Erich Keller

☐ c Gottfried Keller ☐ d Friedrich Schiller

34 Wer war Radetzky?

☐ a Chemiker ☐ b Komponist

☐ c Feldmarschall ☐ d Opernsänger in Wien

35 Was versteht man unter Epos?

☐ a Abschnitt der griechischen Geschichte

☐ b Versmaß

☐ c Viergliedriges Wirbeltier

☐ d Erzählende Dichtung

36 Was versteht man unter Homöopathie?

☐ a Naturheilkunde

☐ b Hellseherei

☐ c Wissenschaft über die Entstehungsgeschichte der Menschheit

☐ d Gleichklang

37 Wer hat die Lokomotive erfunden?

☐ a Jules Verne ☐ b Stephenson

☐ c Liebig ☐ d Edison

38 Was versteht man unter Deflation?

☐ a Erdölaufbereitung ☐ b Biologischer Naturkreislauf

☐ c Chemische Alkalireaktion ☐ d Geldaufwertung

39 Aus wie vielen Bundesländern setzt sich Deutschland zusammen?

☐ a 15 ☐ b 16 ☐ c 14 ☐ d 17

40 Was ist ein Dux?

☐ a Waldtier

☐ b Gesteinsschicht im Jura

☐ c Führungsstimme in der Fuge

☐ d Überlebensausrüstung für Bergleute

41 Was versteht man unter dem Fudschijama?

☐ a Kegelförmiger japanischer Vulkan

☐ b Automobiltyp

☐ c Größter See Japans

☐ d Ort des Niedergangs der ersten Atombombe im Zweiten Weltkrieg

42 Was versteht man unter Orthografie?

☐ a Entschlüsseln von Funkzeichen

☐ b Mittel zum Erstellen einer Landkarte

☐ c Satzbau

☐ d Rechtschreibung

43 Was ist eine Kathete?

□ a Schenkel eines rechtwinkligen Dreiecks

□ b Lehrpult

□ c Röhre zur Entleerung der Harnblase

□ d Blühender Kaktus

44 Was versteht man unter Reparationen?

□ a Kriegsentschädigungen

□ b Erneuerungen am Altbau

□ c Chirurgischer Eingriff

□ d Auswechseln alter Maschinenteile

45 Welches ist die kleinste Stadt?

□ a Wien □ b Birmingham

□ c Oslo □ d Barcelona

46 Was versteht man unter einem „Goldenen Schnitt"?

□ a Bestimmtes Verhältnis zwischen Hoch- und Längskante eines Bildes

□ b Scherenschnitt von van Gogh

□ c Historische Aufteilung der Erde zwischen Spaniern und Portugiesen

□ d Chirurgischer Eingriff in den Unterleib

47 Wie lautet das „Ohmsche Gesetz"?

□ a $U = \frac{R}{I}$ □ b $\frac{R}{U} = I$

□ c $U = R \times I$ □ d $I + R = U$

48 Wann wurde der „Rückversicherungsvertrag" mit Russland geschlossen?

□ a 1798 □ b 1888

□ c 1887 □ d 1664

49 Wer war Mendel?

□ a Astronom □ b Musiker

□ c Biologe □ d Physiker

50 Wer erfand den Dynamo?

☐ a Benz ☐ b Siemens

☐ c Bosch ☐ d Jaschin

51 Wer wird bei Kommunalwahlen gewählt?

☐ a Bundespräsident

☐ b Mitglieder der Gemeinde- und Kreistage

☐ c Mitglieder des Bundestags

☐ d Mitglieder der Landtage

52 Wer malte das Bild „Mona Lisa"?

☐ a Van Gogh ☐ b Picasso

☐ c Leonardo da Vinci ☐ d Monet

53 Wer schrieb das Lustspiel „Der zerbrochene Krug"?

☐ a Goethe ☐ b Schiller

☐ c Uhland ☐ d Kleist

54 Wie heißt die größte Stadt in Neuseeland?

☐ a Auckland ☐ b Wellington

☐ c Christchurch ☐ d Dunedin

55 In welchem Jahr trat das Grundgesetz für die Bundesrepublik Deutschland in Kraft?

☐ a 1948 ☐ b 1955 ☐ c 1949 ☐ d 1945

56 Wie heißt die Hauptstadt des Senegal?

☐ a Dakar ☐ b Luanda

☐ c Duala ☐ d Akkra

57 Welcher der folgenden Begriffe stellt chemisch gesehen den Typus des einfachsten Zuckers dar?

☐ a Maltose ☐ b Fruktose

☐ c Saccharose ☐ d Glukose

58 Welches Hormon bewirkt eine Erhöhung des Blutzuckerspiegels im Blut?

☐ a Adrenalin ☐ b Insulin

☐ c Thyreotropin ☐ d Glukagon

59 Wer schrieb das Stück „Dreigroschenoper“?

☐ a Heine ☐ b Gershwin

☐ c Brecht ☐ d Keller

60 An welches südamerikanische Land schließt sich Mittelamerika an?

☐ a Venezuela ☐ b Ecuador

☐ c Kolumbien ☐ d Bolivien

61 Wie heißt die Währung von Dänemark?

☐ a Peseten ☐ b Pfund

☐ c Euro ☐ d Kronen

62 Was ist die „Beringstraße“?

☐ a Highway zwischen Alaska und Kanada

☐ b Meeresstraße zwischen Florida und Kuba

☐ c Meeresstraße zwischen Amerika und Asien

☐ d Meeresstraße zwischen Taiwan und Philippinen

63 Einen Münzsammler nennt man?

☐ a Ornithologe ☐ b Münzologe

☐ c Numismatiker ☐ d Philatelist

64 Woher stammt die Hyazinthe?

☐ a Orient ☐ b Südamerika

☐ c China ☐ d Tropen

65 Was ist Eruption?

☐ a Ausbruch eines Vulkans

☐ b Bodenabtragung durch Wind/Wasser

☐ c Bestechung

☐ d Arbeitsablauf in der Industrie

66 Was ist eine Kathode?

☐ a Schweres Unglück

☐ b Kirchliche Körperschaft aus Geistlichen und Laien

☐ c Negativ geladene Elektrode

☐ d Positiver Pol eines Magneten

67 Was ist Ökologie?

☐ a Einigungsbewegung der Christenheit auf Erden

☐ b Lehre von der Wirtschaft

☐ c Landwirtschaftstheorie

☐ d Wissenschaft von Pflanzen und Tieren in ihrer Umwelt

68 Wer komponierte den „Fliegenden Holländer“?

☐ a Lortzing ☐ b Rossini

☐ c Wagner ☐ d Beethoven

69 Wie heißt die Währung von Brasilien?

☐ a Escudo ☐ b Real

☐ c Peseta ☐ d Peso

70 Was bedeutet das Zeichen NaCl?

☐ a Abkürzung für „Na klar doch!“

☐ b Formel für Kochsalz

☐ c Chemische Formel für Sauerstoff

☐ d Abkürzung für NATO-Koordinationslinien

## Übung I/13

Lösen Sie die nachfolgenden Rechenaufgaben im Kopf. Notizen oder Hilfsrechnungen auf Papier sind nicht erlaubt.

### Beispiel

1 kg Brot kostet 2,10 EUR. Wie viel kosten 200 g?

### Lösung

0,42 EUR

Tragen Sie die Lösungen ein.

**Beginnen Sie jetzt, Ihnen stehen 10 Minuten zur Verfügung.**

1 1 m Stoff kostet 7 EUR. Wie viel kosten 15 m? ______________

2 Ein Radfahrer benötigt 5 Minuten für einen km. Wie lange braucht er für 22 km? ______________

3 8 Arbeiter verdienen 96 EUR. Wie viel verdienen unter gleichen Bedingungen 12 Arbeiter? ______________

4 Wie viele Stück einer Ware erhält man für 630 EUR, wenn 30 Stück 210 EUR kosten? ______________

5 4 Gärtner benötigen zum Bepflanzen eines Gartens 20 Tage. Wie lange brauchen 5 Gärtner? ______________

6 Bei einer Stundengeschwindigkeit von 5 km erreicht ein Fußgänger sein Ziel in 3 Stunden. Wie viele km müsste er in der Stunde zurücklegen, wenn er sein Ziel bereits in 2 Stunden erreichen wollte? ______________

7 Eine Rechnung lautet auf 620 EUR. Wie viel Euro sind zu bezahlen, wenn Sie 10 % vom Rechnungsbetrag als Rabatt abziehen können? ______________

8 Auf einem Sparbuch sind am Jahresanfang 1400 EUR. Wie hoch ist das Guthaben am Jahresende, wenn ein Zinssatz von 8 % pro Jahr gilt? ______________

9 Die Seitenlängen eines Rechtecks sind 6 cm und 9 cm. Wie groß ist der Flächeninhalt? ______

10 In einem Dreieck bilden 2 Winkel zusammen 140 Grad. Wie groß ist der dritte Winkel? ______

11 In einem rechtwinkligen Dreieck ist die Kathete a 3 cm und die Kathete b 4 cm lang. Welche Länge hat die Hypotenuse c? ______

12 Welche Winkelsumme hat ein Fünfeck? ______

13 Der fünfte Teil eines Geldbetrags ist um 3 größer als sein sechster Teil. Wie hoch ist der Geldbetrag? ______

14 Multipliziert man die Hälfte einer Zahl mit ihrem dritten Teil, so erhält man als Ergebnis die Zahl 24. Wie heißt die Zahl? ______

15 Ein Junge verkauft an seine Schulkameraden Bleistifte. Für 2 verlangt er so viel, wie ihn 3 gekostet haben. Wie viel % Gewinn hat er pro Stück gemacht? ______

16 Nach welcher Zeit hat ein frei fallender Körper die Geschwindigkeit 50 m/s erreicht bei einer Erdanziehungskraft von $g = 10\ m/s^2$? ______

17 Das erste Glied einer arithmetischen Reihe heißt −8, das letzte 24. Die Anzahl der Glieder beträgt 9. Wie groß ist die Differenz zwischen den Gliedern? ______

18 Das Übersetzungsverhältnis von 2 Zahnrädern (Z1:Z2) beträgt 3:5. Zahnrad Z1 macht 225 Umdrehungen in der Minute. Wie viele Umdrehungen macht Z2? ______

# Lösungen Testbatterie I

## Übung I/1

| | | | | | | | | |
|---|---|---|---|---|---|---|---|---|
| 1 b | 2 c | 3 a | 4 d | 5 a | 6b | 7 b | 8 b | 9 c |
| 10 d | 11 a | 12 c | 13 c | 14 c | 15 a | 16 c | 17 d | |

## Übung I/2

| | | | | | | | |
|---|---|---|---|---|---|---|---|
| a 8 | b 48 | c 1,9 | d 12 | e 6,75 | f 9 | g 17 | h 72 |
| i 5,2 | j $\frac{1}{12}$ | k 4490 | l 1,85 | m 0 | n 22,5 | o 16,9 | p 5 |
| q 18 | r 50 | s 4 | t 10,25 | u $\frac{8}{2}$ | | | |

## Übung I/3

| | | | | |
|---|---|---|---|---|
| a 1,2 m | b 10 m | c 0,000001 $m^3$ | d 0,0001 $m^2$ | e 0,01 t |
| f 1500 sec | g 2500000 g | h 120000 $cm^2$ | i 250000 g | j 0,026005 km |
| k 0,00333 h | l 0,12 hl | m 7,4 $mm^2$ | | |

## Übung I/4

Milliarden – Meeres – entwickelten – Organen – Schalen – Muscheln – Millionen – Pflanzen – Inneren – Wirbelsäule – Entwicklung – Lebensraum

## Übung I/5

| | | | | | | | |
|---|---|---|---|---|---|---|---|
| 1 a | 2 d | 3 b | 4 a | 5 d | 6 d | 7 a | 8 a |
| 9 b | 10 a | 11 c | 12 c | 13 a | 14 b | 15 d | |

### Übung I/6

Hier können nur beispielhafte Lösungen angegeben werden.

1 Stadt, Saft, Salat, satt, sesshaft, Sauerkirschensaft, Splitt, Spott

2 fand, fad, Feld, Fahrrad, Fund, Findelkind, Feind, Festland

3 Holz, Herz, Hotzenplotz, Harz, Hatz, Hauklotz, Hotzenblitz, Hospiz

4 Reime, Rose, Rehe, rase, renne, richte, reiche, Röte

5 drehen, stehen, Steg, Fee, Grenze, Pferd, Seele, biegen

6 See, Fee, Grenze, biegen, drehen, Wege, Ehre, Ecke

7 Satz, Latz, Witz, Schlitz, Blitz, Schutz, Schmutz, Platz

8 Watte, wetten, hatte, glatt, Platte, Wette, Kette, Klette

9 Sarg, verbarg, arg, arglistig, Arglist, Sorge, sorgen, borgen

10 Skonto, Skontoabzug, Skelett, Skalp, Skat, Skatrunde, Skala, skandieren

### Übung I/7

| | | | | | |
|---|---|---|---|---|---|
| 1 c | 2 b | 3 d | 4 c | 5 b | 6 c |

### Übung I/8

| | | | | | | | | | |
|---|---|---|---|---|---|---|---|---|---|
| 1 b | 2 a | 3 a | 4 b | 5 b | 6 b | 7 b | 8 a | 9 a | 10 a |

### Übung I/9

Keine Lösung

### Übung I/10

| | | | | | | | | | |
|---|---|---|---|---|---|---|---|---|---|
| 1 b | 2 a | 3 a | 4 b | 5 b | 6 a | 7 b | 8 a | 9 b | 10 a |
| 11 b | 12 a | 13 a | 14 b | 15 b | 16 a | 17 a | 18 b | 19 b | 20 a |
| 21 a | 22 b | 23 a | 24 b | 25 b | 26 a | 27 b | 28 a | 29 a | 30 a |
| 31 a | 32 a | 33 a | 34 a | 35 b | 36 b | 37 b | 38 a | 39 b | 40 a |
| 41 a | 42 a | 43 b | 44 b | 45 a | 46 a | 47 a | 48 a | 49 a | 50 b |

## Übung I/11

| | | | | | | | |
|---|---|---|---|---|---|---|---|
| 1 a | 2 a | 3 b | 4 d | 5 b | 6 b | 7 b | 8 b |

## Übung I/12

| | | | | | | | | | |
|---|---|---|---|---|---|---|---|---|---|
| 1 a | 2 c | 3 b | 4 b | 5 c | 6 b | 7 d | 8 b | 9 c | 10 b |
| 11 b | 12 b | 13 d | 14 b | 15 a | 16 d | 17 b | 18 c | 19 d | 20 b |
| 21 a | 22 c | 23 a | 24 d | 25 b | 26 b | 27 a | 28 c | 29 c | 30 c |
| 31 b | 32 d | 33 a | 34 c | 35 d | 36 a | 37 b | 38 d | 39 b | 40 c |
| 41 a | 42 d | 43 a | 44 a | 45 c | 46 a | 47 c | 48 c | 49 c | 50 b |
| 51 b | 52 c | 53 d | 54 a | 55 c | 56 a | 57 d | 58 a | 59 c | 60 c |
| 61 d | 62 c | 63 c | 64 a | 65 a | 66 c | 67 d | 68 c | 69 b | 70 b |

## Übung I/13

| | | | |
|---|---|---|---|
| 1 105 EUR | 2 1 Std. 50 Min. | 3 144 EUR | 4 90 Stück |
| 5 16 Tage | 6 7,5 km | 7 558 EUR | 8 1512 EUR |
| 9 54 $cm^2$ | 10 40° | 11 5 cm | 12 540° |
| 13 x = 90 | 14 x = 12 | 15 50 % | 16 5 Sek. (Formel: v = g * Zeit [t]) |
| 17 4 | 18 375 | | |

# Testbatterie II

## Übung II/1

Bei den folgenden Aufgaben finden Sie immer eine Folge von 3 Würfeln. Sehen Sie sich die einzelnen Würfel von links nach rechts an. Sie sollen aus der veränderten Lage der einzelnen Zeichen erkennen, in welche Richtung der Würfel gedreht wurde. Haben Sie die Drehrichtung herausgefunden – der Würfel wird immer nur in eine Richtung gedreht –, überlegen Sie, wo nach einer weiteren Drehung die einzelnen Zeichen sein müssen. Suchen Sie sich den entsprechenden Würfel aus den 4 zur Auswahl stehenden heraus. Als Lösung kreuzen Sie den Buchstaben des fehlenden Würfels an.

### Beispiel

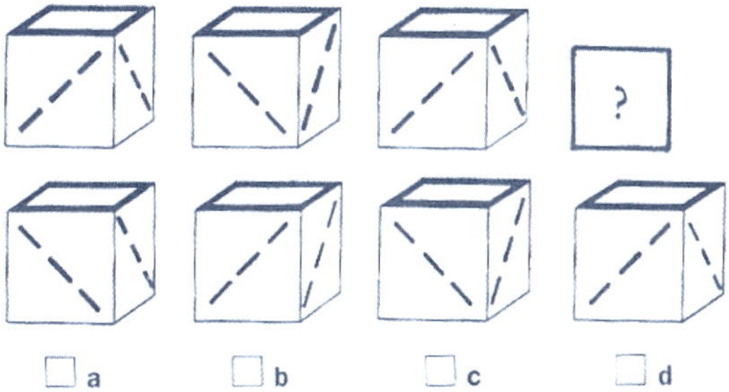


Der Würfel wird jeweils um 90° nach rechts gedreht. Da die auf den Seitenflächen aufgetragenen gestrichelten Linien an einer Schnittkante zusammentreffen, bleibt nur der Würfel mit dem Buchstaben c als weitere Fortsetzungsmöglichkeit übrig.

### Lösung

c

**Beginnen Sie jetzt, Sie haben 8 Minuten zur Verfügung.**

1

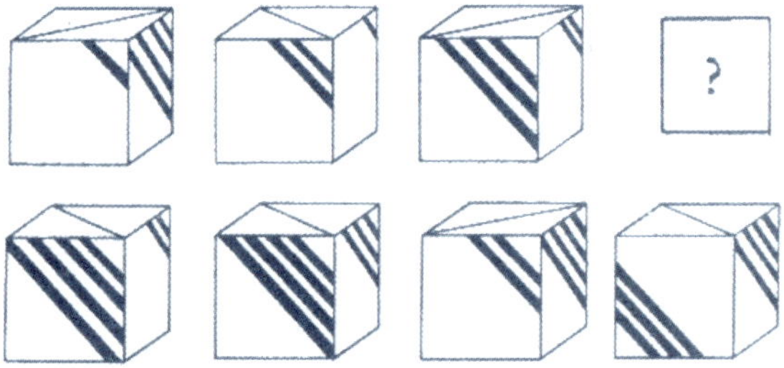


☐ a ☐ b ☐ c ☐ d

2

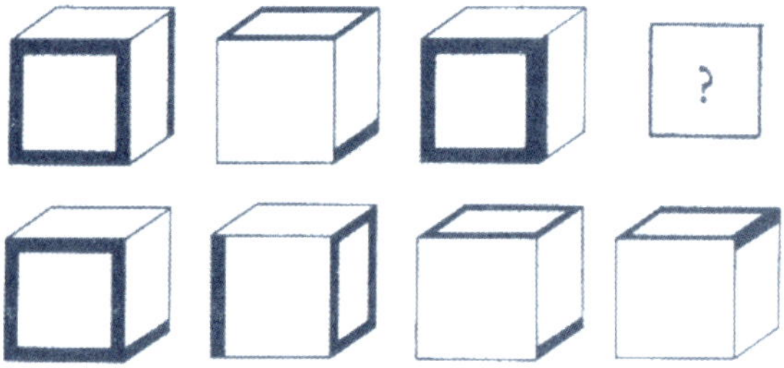


☐ a ☐ b ☐ c ☐ d

3

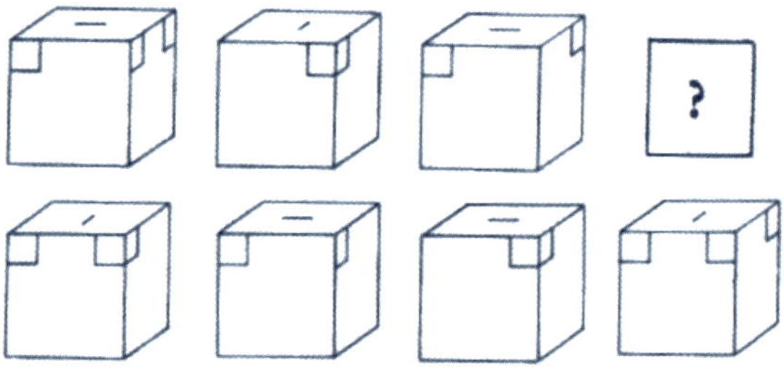

**4**

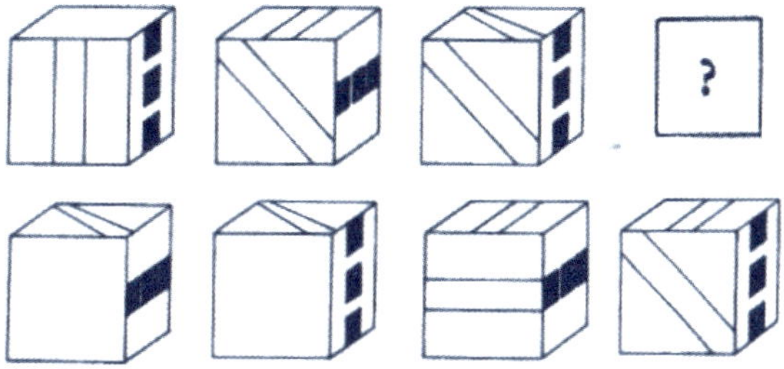

☐ a ☐ b ☐ c ☐ d

**5**

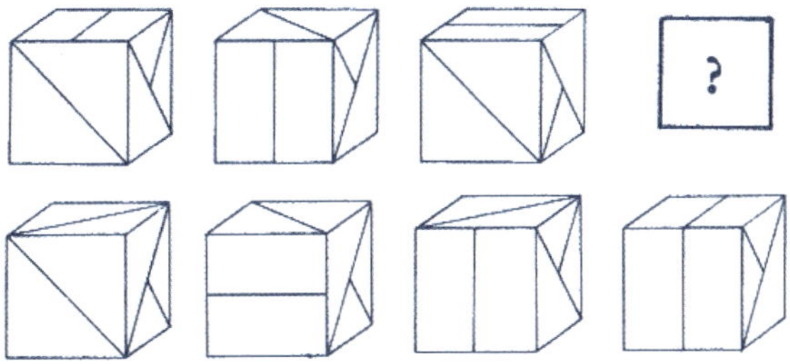

☐ a ☐ b ☐ c ☐ d

**6**

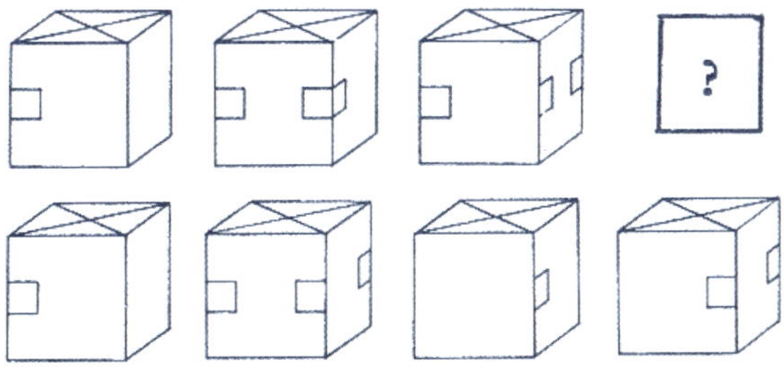

☐ a ☐ b ☐ c ☐ d

**7**

a b c d

**8**

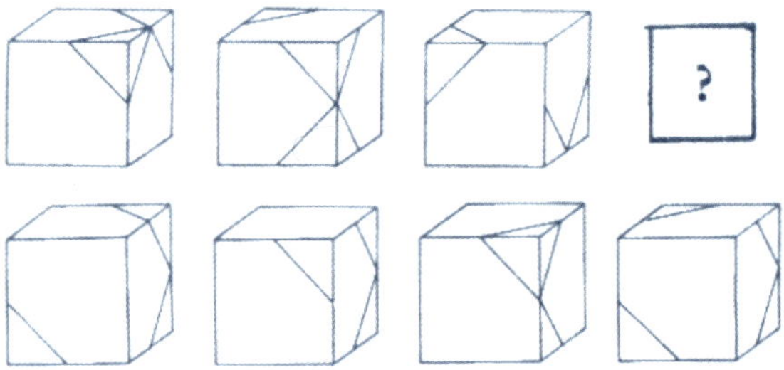

a b c d

# Übung II/2

Bei den folgenden Aufgaben sollen Sie jeweils das richtige Ergebnis schätzen, nicht ausrechnen. Kreuzen Sie die Lösung an.

**Beginnen Sie jetzt, Sie haben 7 Minuten zur Verfügung.**

1 $\sqrt{361}$

☐ a 17 ☐ b 16,9 ☐ c 11 ☐ d 19

2 $74^2 \times 2$

☐ a 8194 ☐ b 10952 ☐ c 10453 ☐ d 14026

3 $\frac{3879 - 1331}{2}$

☐ a 1274 ☐ b 1624 ☐ c 982 ☐ d 2548

4 $\frac{13767}{3}$

☐ a 3982,2 ☐ b 4909 ☐ c 4589 ☐ d 4325

5 186589 + 4511

☐ a 192100 ☐ b 189000 ☐ c 191100 ☐ d 190000

6 $\frac{19548}{3} + 14$

☐ a 6530 ☐ b 6460 ☐ c 6730 ☐ d 6220

7
5416867
\+ 2586
\+ 125364
\+ 98233
\+ 1256789

☐ a 6789239 ☐ b 6901137 ☐ c 6901633 ☐ d 6899839

8

$$\begin{array}{rr} & 8569237 \\ - & 239 \\ - & 68998 \\ - & 492369 \\ - & 31 \end{array}$$

☐ a 8007600 ☐ b 8208510 ☐ c 8007723 ☐ d 7967000

9 $\frac{187,2}{12} + 158,4 + 226$

☐ a 396 ☐ b 408 ☐ c 300 ☐ d 400

10 $64^2 \times 45$

☐ a 184320 ☐ b 289420 ☐ c 179623 ☐ d 191328

11 $\sqrt{3136} \times 13$

☐ a 4818 ☐ b 658 ☐ c 728 ☐ d 568

12 $\frac{480}{32} \times 11$

☐ a 165 ☐ b 185 ☐ c 190 ☐ d 155

13

$$\begin{array}{rr} & 56381 \\ - & 42580 \\ - & 579 \\ - & 2984 \\ - & 8 \\ - & 7268 \end{array}$$

☐ a 3272 ☐ b 3165 ☐ c 2768 ☐ d 2962

14 $\frac{50176}{32} \times 179 - 240600$

☐ a 96807 ☐ b 40072 ☐ c 39807 ☐ d 143677

15

$$\begin{array}{rr} & 4586 \\ + & 41259 \\ - & 2304 \\ - & 888 \\ + & 122571 \end{array}$$

☐ a 165224 ☐ b 132614 ☐ c 235734 ☐ d 191524

# Übung II/3

Ergänzen Sie den nachfolgenden Text sinngemäß. Beachten Sie dabei, dass die Anzahl der Punkte der Anzahl der Buchstaben entspricht. Umlaute (ä, ö, oder ü) und ß zählen als ein Buchstabe.

**Beginnen Sie jetzt, Ihnen stehen 5 Minuten zur Verfügung.**

## Die Funktion des Fotoapparats

Der Fotoapparat, auch als . . . . . . bezeichnet, ist ein lichtdichter Kasten. Er hat vorn eine Öffnung, die durch ein . . . . . . . . ausgefüllt ist. Man kann die Funktionsweise der Kamera mit der des menschlichen Auges vergleichen.

Der Lichteinfall wird durch eine Blende gesteuert. Diese Blende wird beim Auge . . . . genannt. Sie . . . . . . . . automatisch auf die Stärke des Lichts. Bei zu starkem Licht . . . . . . . sie sich, damit der Mensch nicht geblendet wird. Auf der dem Objektiv gegenüberliegenden Seite befindet sich beim Fotoapparat der Film. Anstelle des Films dient hierfür beim Auge die . . . . . . . . .

Gegenstände werden auf dem Film dadurch abgebildet, dass die vom Objekt abgestrahlten oder reflektierten . . . . . . . . . . . . . durch das Objektiv der Kamera auf den lichtempfindlichen Film geworfen werden. Dort ergibt sich eine komplette Abbildung des . . . . . . . . Beim Fotografieren öffnet sich die Blende in der Regel nur für den Bruchteil einer Sekunde, um die Lichtstrahlen durch das Objektiv auf den . . . . gelangen zu lassen. Bei zu langen Belichtungszeiten spricht man von . . . . . . . . . . . . . . . Dem Fernglas, das als zusätzliches vergrößerndes Element für das Auge verwendet wird, entspricht das . . . . . . . . . . . . eines Fotoapparats.

# Übung II/4

Bei der folgenden Aufgabe stimmt jeweils eines der 16 Quadrate im Baukasten nicht mit der gezeichneten Figur überein. Suchen Sie jeweils das Feld heraus, innerhalb dessen sich der Fehler befindet. Die Bedeutung der Quadrate sowie die Einteilung in die Felder a bis e im Baukasten entnehmen Sie bitte dem aufgeführten Schema.

## Beispiel

Baukasten

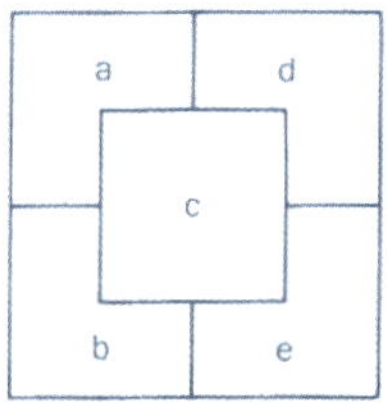


Bedeutung der Quadrate

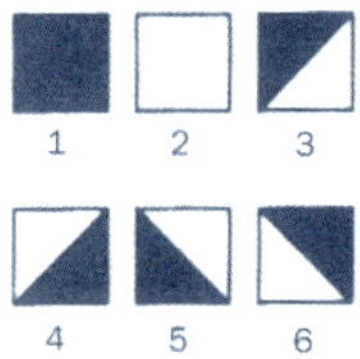


**Beispiel:**

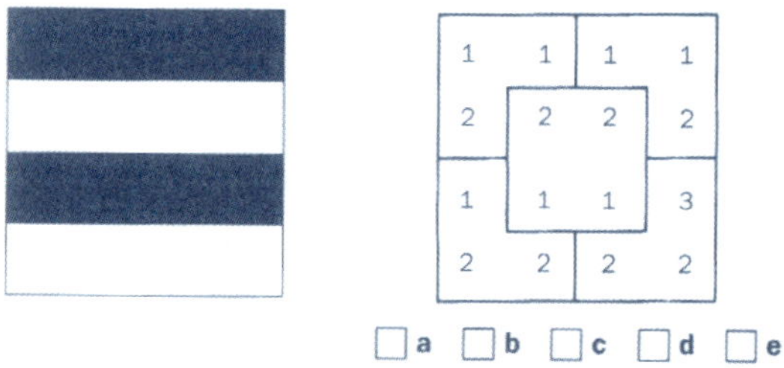


## Lösung

Die oberste Reihe besteht ausschließlich aus schwarzen Quadraten; diese haben die Kennzahl 1. Die zweite Reihe ist mit weißen Quadraten besetzt, die unter der Kennzahl 2 laufen. Diese Anordnung wiederholt sich in den folgenden beiden Reihen.

Im Baukasten ist jedoch in der dritten Reihe einmal die Kennzahl 3 zu finden, die für ein Quadrat steht, das nicht in die Abbildung passt. Dieser Fehler steht im Feld e. Deshalb ist e als Lösung anzukreuzen.

**Beginnen Sie jetzt, Ihnen stehen 3 Minuten zur Verfügung.**

Baukasten

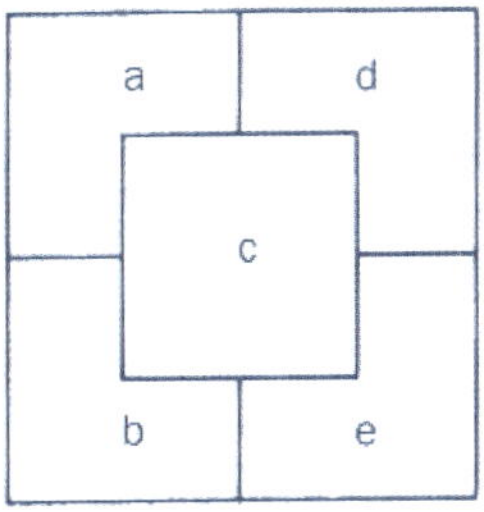


Bedeutung der Quadrate

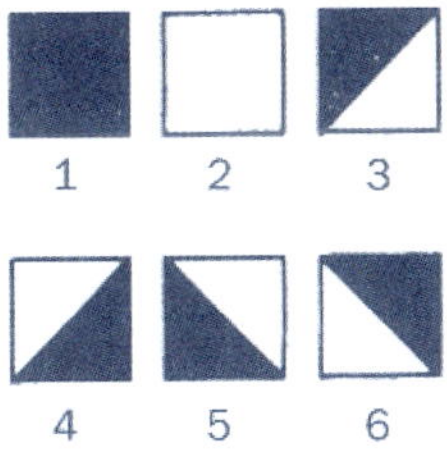


**1**

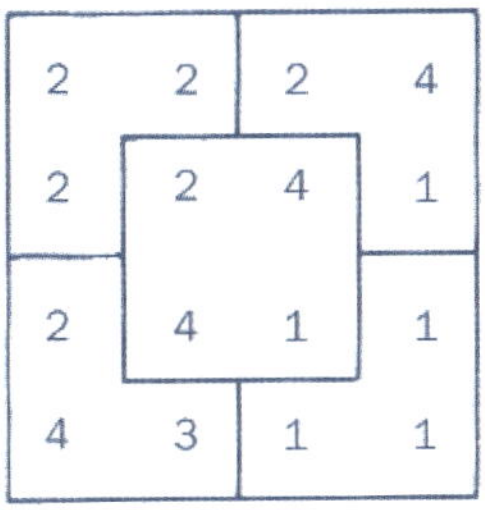


☐ **a** ☐ **b** ☐ **c** ☐ **d** ☐ **e**

**2**

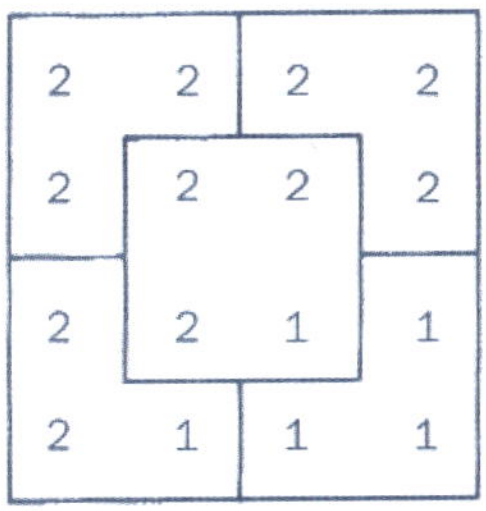


☐ **a** ☐ **b** ☐ **c** ☐ **d** ☐ **e**

Baukasten | Bedeutung der Quadrate

3

| | | | |
|---|---|---|---|
| 1 | 1 | 1 | 1 |
| 1 | 1 | 3 | 1 |
| 6 | 1 | 2 | 1 |
| 2 | 2 | 2 | 2 |

☐ a ☐ b ☐ c ☐ d ☐ e

4

| | | | |
|---|---|---|---|
| 1 | 3 | 2 | 2 |
| 3 | 2 | 2 | 2 |
| 2 | 1 | 1 | 5 |
| 2 | 2 | 1 | 1 |

☐ a ☐ b ☐ c ☐ d ☐ e

5

| | | | |
|---|---|---|---|
| 1 | 1 | 6 | 1 |
| 1 | 1 | 2 | 5 |
| 1 | 3 | 2 | 2 |
| 2 | 2 | 2 | 2 |

☐ a ☐ b ☐ c ☐ d ☐ e

| Baukasten | Bedeutung der Quadrate |
| --- | --- |

**6**

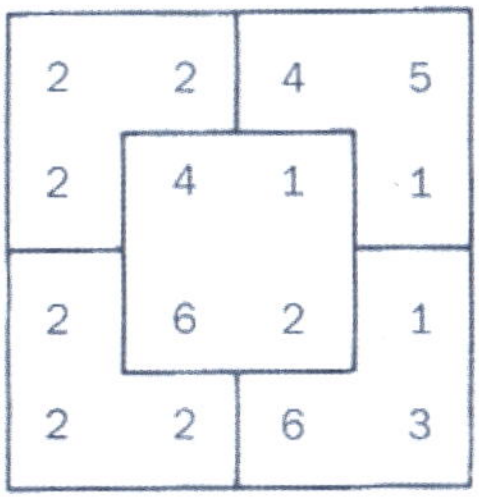


☐ a ☐ b ☐ c ☐ d ☐ e

**7**

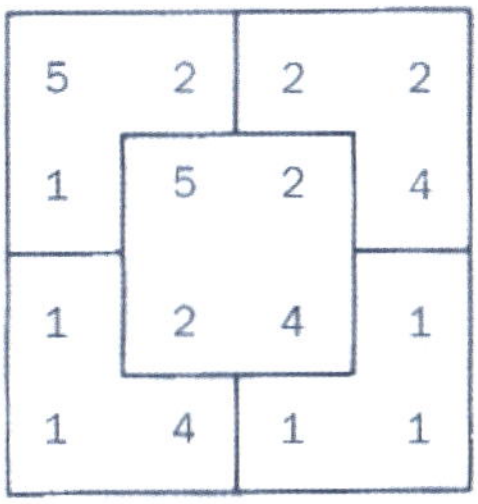


☐ a ☐ b ☐ c ☐ d ☐ e

**8**

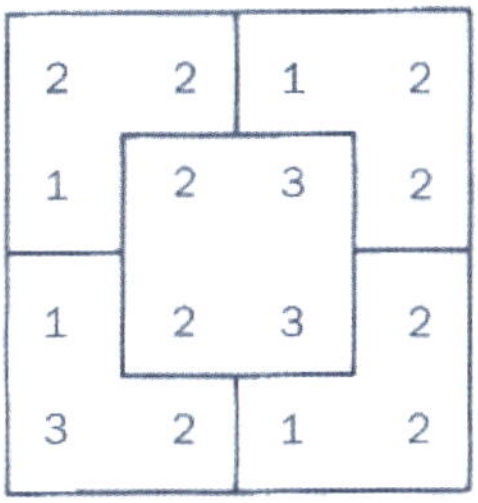


☐ a ☐ b ☐ c ☐ d ☐ e

## Übung II/5 – 1. Teil

Bei der folgenden Übung haben Sie 2 Minuten Zeit, sich die 5 Wortgruppen einzuprägen.

**Blättern Sie nach Ablauf dieser 2 Minuten zu Seite 212 weiter.**

| | | |
|---|---|---|
| Leichtathletik | Quebec | Wolf |
| Volleyball | Amsterdam | Ratte |
| Fußball | Madrid | Igel |
| Turnen | Uppsala | Rabe |
| Schwimmen | Zagreb | Rotkehlchen |

| | |
|---|---|
| Hütte | Bier |
| Einliegerwohnung | Dosenmilch |
| Chalet | Nuss |
| Einfamilienhaus | Käse |
| Hochhaus | Joghurt |

## Übung II/6

Auf den folgenden Seiten finden Sie die Lebensläufe zweier Personen. Prägen Sie sich die Daten sowie die abgebildeten Personen ein.

**Sie haben dafür 8 Minuten Zeit. Gehen Sie nach diesen 8 Minuten zu Aufgabe II/7 auf Seite 213 weiter.**

*Emilie Canella*
*wohnhaft in Watthausen*
*Tel. 54 63*

Emilie Canella wurde am 4.12.1952 in Kassandra geboren. Bis zu ihrem 20. Lebensjahr lebte sie bei ihren Eltern, Gustav und Christiane Walkon. 1972 zog sie zu Hause aus, siedelte nach Waldstadt um und heiratete dort den Spirituosenhändler Alfred Prund, der allenthalben als unsolide und launisch bekannt war. Sie war von der Ehe enttäuscht und ließ sich nach zweijähriger Ehe scheiden. Bald darauf lernte sie den Werkzeugmacher

Eberhard Canella kennen, den sie in Waldstadt heiratete. Heute lebt sie mit ihm in Watthausen. Ihre Hobbys sind Stricken und Häkeln.

Emilie Canella

Gustav Walkon, Vater von Emilie

Christiane Walkon, Mutter von Emilie

Alfred Prund

Eberhard Canella

*Franz Kowalki*
*wohnhaft in Cameira*
*Tel. 31487*

Franz Kowalki wurde am 18.7.1948 in Zamaro geboren. Sein Vater ist Tischlermeister. Eigentlich wollte auch er Handwerker werden, half auch in seiner frühen Jugend im väterlichen Betrieb. In der Grundschule interessierte er sich sehr für Mechanik und ging anschließend auf die Oberschule in der Kreisstadt Ladano. Heute arbeitet er dort in einer Maschinenfabrik und hat mit einer Geschäftskollegin Hannelore Wandhardt eine neue Schneidemaschine entwickelt. Seine Frau, Elisabeth Kowalki, heiratete er 1975. Er hat 2 Kinder.

Franz Kowalki

Margarethe Kowalki, Mutter von Franz

Heinz Kowalki, Vater von Franz

Hannelore Wandhardt

Elisabeth Kowalki

# Übung II/5 – 2. Teil

Sie haben sich auf Seite 208 5 Wortgruppen eingeprägt. Bitte blättern Sie jetzt nicht zurück. Lösen Sie die Aufgabe aus dem Gedächtnis. Kreuzen Sie jetzt in der Tabelle an, in welcher Wortgruppe das Wort mit dem jeweils gefragten Anfangsbuchstaben stand.

### Beispiel

Das Wort mit dem Anfangsbuchstaben „B" war in der Wortgruppe „Nahrungsmittel", es war „Bier". Kreuzen Sie das entsprechende Kästchen in der betreffenden Buchstabenspalte der Tabelle an.

**Beginnen Sie jetzt, Sie haben 2 Minuten zur Verfügung.**

| Das Wort mit dem Anfangsbuchstaben war in der Wortgruppe | B | C | F | H | Z | N | A | V | R | U | K | Q | E | T | J | S | M | W |
|---|---|---|---|---|---|---|---|---|---|---|---|---|---|---|---|---|---|---|
| Sportart | | | | | | | | | | | | | | | | | | |
| Stadt | | | | | | | | | | | | | | | | | | |
| Tierart | | | | | | | | | | | | | | | | | | |
| Gebäude | | | | | | | | | | | | | | | | | | |
| Nahrungsmittel | X | | | | | | | | | | | | | | | | | |

# Übung II/7

Suchen Sie aus den vorgegebenen Musterausschnitten denjenigen heraus, der an irgendeiner beliebigen Stelle deckungsgleich ist und vollständig auf das Muster gelegt werden kann. 4 der Abschnitte passen nicht in das vorgegebene Bild. Beachten Sie bitte, dass die Ausschnitte dem Original an jeder beliebigen Stelle entnommen sein können, jedoch weder gedreht oder gekippt wurden.

**Beispiel**

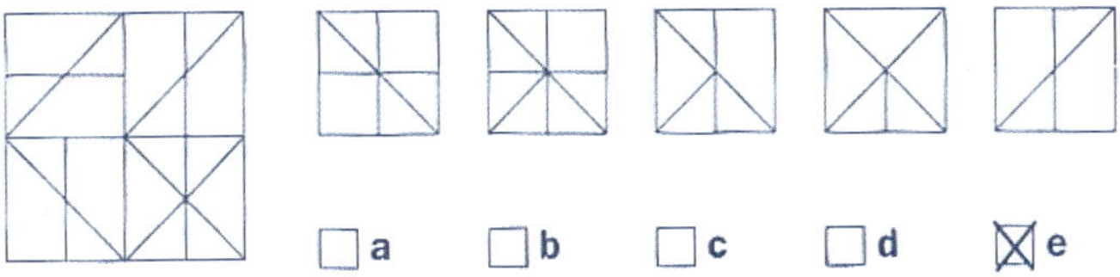


**Lösung**

e

**Beginnen Sie jetzt, Sie haben 5 Minuten zur Verfügung.**

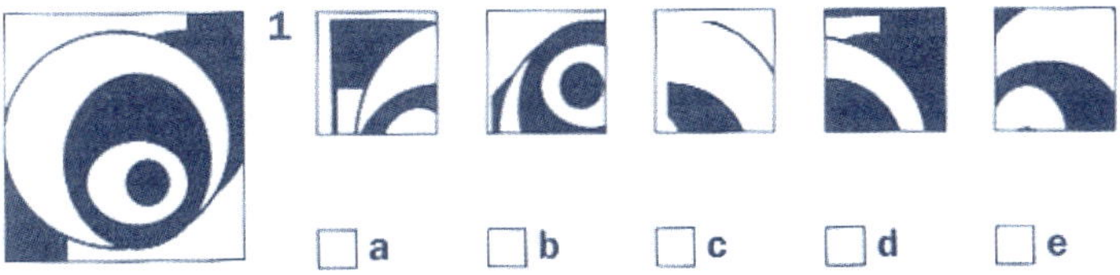


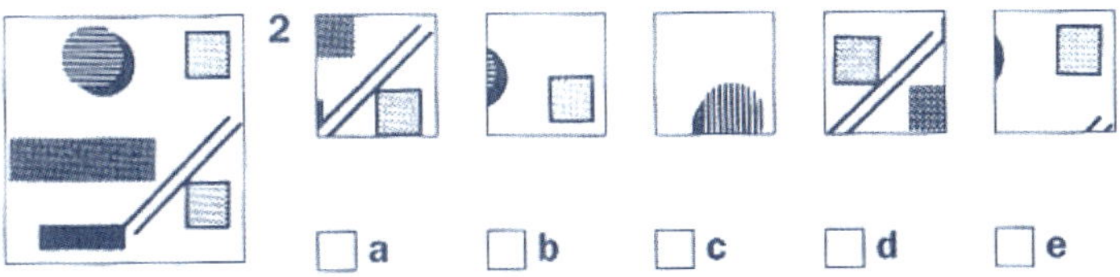

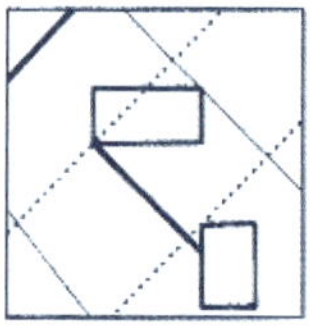

**3**

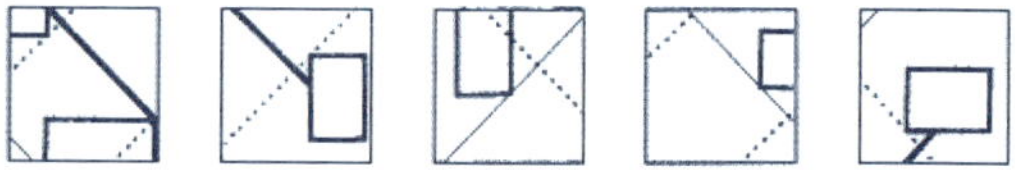

☐ a ☐ b ☐ c ☐ d ☐ e

**4**

☐ a ☐ b ☐ c ☐ d ☐ e

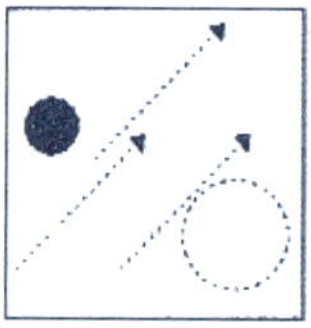

**5**

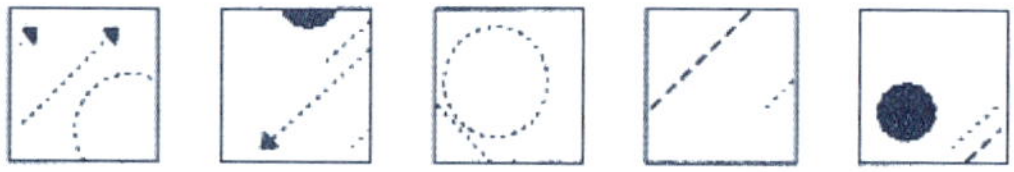

☐ a ☐ b ☐ c ☐ d ☐ e

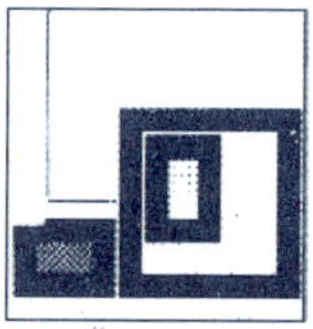

**6**

☐ a ☐ b ☐ c ☐ d ☐ e

**7**

☐ a ☐ b ☐ c ☐ d ☐ e

# Übung II/8

Bei der folgenden Aufgabe werden Ihnen jeweils Wortgruppen vorgestellt, bei denen ein Wort nicht in die Gruppe passt. Suchen Sie dieses Wort heraus und kreuzen Sie entsprechend an.

**Beispiel**

| | | | | |
|---|---|---|---|---|
| Kiefer | Fichte | Tanne | Buche | Föhre |
| ☐ a | ☐ b | ☐ c | ☐ d | ☐ e |

**Lösung**

Bei 4 Begriffen handelt es sich um Nadelbäume; bei der Buche handelt es sich um einen Laubbaum. Daher fällt die Buche aus der Reihe heraus und der Buchstabe d ist anzukreuzen.

**Beginnen Sie jetzt, Sie haben 7 Minuten zur Verfügung.**

| | | | | | |
|---|---|---|---|---|---|
| 1 | Quadrat | Würfel | Dreieck | Rechteck | Sechseck |
| | ☐ a | ☐ b | ☐ c | ☐ d | ☐ e |
| 2 | betreuen | nachtrauern | fürchten | zurückschauen | erinnern |
| | ☐ a | ☐ b | ☐ c | ☐ d | ☐ e |
| 3 | jeder | oft | immer | ganz | alles |
| | ☐ a | ☐ b | ☐ c | ☐ d | ☐ e |
| 4 | Dose | Beutel | Schalenkoffer | Flasche | Büchse |
| | ☐ a | ☐ b | ☐ c | ☐ d | ☐ e |
| 5 | laufen | tanzen | rennen | knien | gehen |
| | ☐ a | ☐ b | ☐ c | ☐ d | ☐ e |
| 6 | drängen | motivieren | anstacheln | animieren | begeistern |
| | ☐ a | ☐ b | ☐ c | ☐ d | ☐ e |
| 7 | Stunde | Jahr | Nacht | Mittag | Uhr |
| | ☐ a | ☐ b | ☐ c | ☐ d | ☐ e |

| | | | | | |
|---|---|---|---|---|---|
| 8 | breit | lang | hoch | schmal | weit |
| | ☐ a | ☐ b | ☐ c | ☐ d | ☐ e |
| 9 | Hinduismus | Religion | Buddhismus | Islam | Christentum |
| | ☐ a | ☐ b | ☐ c | ☐ d | ☐ e |
| 10 | Boot | Segel | Ruder | Wasser | |
| | ☐ a | ☐ b | ☐ c | ☐ d | |
| 11 | Ufer | Meer | Ebbe | Flut | |
| | ☐ a | ☐ b | ☐ c | ☐ d | |
| 12 | Gedicht | Musik | Lied | Drama | |
| | ☐ a | ☐ b | ☐ c | ☐ d | |
| 13 | Oval | Rund | Glatt | Form | |
| | ☐ a | ☐ b | ☐ c | ☐ d | |
| 14 | Künstler | Roman | Statue | Strophe | |
| | ☐ a | ☐ b | ☐ c | ☐ d | |
| 15 | Haus | Iglu | Kaufhaus | Villa | |
| | ☐ a | ☐ b | ☐ c | ☐ d | |
| 16 | Wal | Hering | Hai | Steinbutt | |
| | ☐ a | ☐ b | ☐ c | ☐ d | |
| 17 | Uhr | Mittag | Nacht | Jahr | |
| | ☐ a | ☐ b | ☐ c | ☐ d | |
| 18 | Pfund | Gewicht | Masse | Schwere | |
| | ☐ a | ☐ b | ☐ c | ☐ d | |
| 19 | Jagd | Drücker | Schuss | Kugel | |
| | ☐ a | ☐ b | ☐ c | ☐ d | |
| 20 | Sterne | Himmel | Kosmos | Universum | |
| | ☐ a | ☐ b | ☐ c | ☐ d | |
| 21 | Kollaborateur | Vertriebener | Deserteur | Abtrünniger | |
| | ☐ a | ☐ b | ☐ c | ☐ d | |

| | | | | |
|---|---|---|---|---|
| 22 | feinfühlig | empfindsam | sensibel | sinnlich |
| | □ a | □ b | □ c | □ d |
| 23 | Verbrecher | Gesetz | Gericht | Richter |
| | □ a | □ b | □ c | □ d |
| 24 | Mediziner | Stenotypist | Politiker | Manager |
| | □ a | □ b | □ c | □ d |
| 25 | Nuss | Muschel | Hülse | Melone |
| | □ a | □ b | □ c | □ d |
| 26 | Partitur | Bariton | Wagner | Komponist |
| | □ a | □ b | □ c | □ d |
| 27 | Hymne | Lied | Gedicht | Choral |
| | □ a | □ b | □ c | □ d |
| 28 | ordinär | vulgär | arm | banal |
| | □ a | □ b | □ c | □ d |
| 29 | Gewicht | Höhe | Breite | Länge |
| | □ a | □ b | □ c | □ d |
| 30 | Lineal | Löschblatt | Füller | Tinte |
| | □ a | □ b | □ c | □ d |
| 31 | immer | oft | ganz | jeder |
| | □ a | □ b | □ c | □ d |
| 32 | Training | Planung | Lehre | Entscheidung |
| | □ a | □ b | □ c | □ d |
| 33 | sitzen | liegen | knien | gehen |
| | □ a | □ b | □ c | □ d |
| 34 | herb | matt | fahl | schillernd |
| | □ a | □ b | □ c | □ d |
| 35 | einkaufen | verkaufen | annektieren | stehlen |
| | □ a | □ b | □ c | □ d |

# Übung II/9

Sie haben in Übung II/6 ab Seite 210 2 Lebensläufe gelesen. Beantworten Sie jetzt dazu die folgenden Fragen. Blättern Sie nicht zurück.

**Sie haben 12 Minuten zur Verfügung.**

1 Welches Bild zeigt Franz Kowalki?

a

b

c

d

e

f

2 Welches Bild zeigt Christiane Walkon?

a

b

c

d

e

f

3 Welches Bild zeigt Elisabeth Kowalki?

a

b

c

d

e

f

4 Welches Bild zeigt Margarethe Kowalki?

a

b

c

d

e

f

5 Welches Bild zeigt Eberhard Canella?

a

b

c

d

e

f

6 Welches Bild zeigt Gustav Walkon?

a

b

c

d

e

f

7 Welches Bild zeigt Emilie Canella?

a

b

c

d

e

f

8 Wo wohnt Emilie Canella?

☐ a Cameira ☐ b Waldstadt ☐ c Zamaro ☐ d Watthausen

9 Wann wurde Franz Kowalki geboren?

☐ a 31.4.1947 ☐ b 5.4.1952 ☐ c 4.6.1948 ☐ d 18.7.1948

10 Wo wurde er geboren?

☐ a Cameira ☐ b Walkon ☐ c Zamaro ☐ d Cadano

11 Welchen Beruf übt sein Vater aus?

☐ a Maschinenbauer ☐ b Maler

☐ c Werkzeugmacher ☐ d Tischler

12 Wo wohnt Franz Kowalki jetzt?

☐ a Kameira ☐ b Cameira ☐ c Cameiro ☐ d Camaira

13 Was hat er mit seiner Geschäftskollegin entwickelt?

☐ a Zapfhahn für Bierfässer ☐ b Klinge für Rasenmäher

☐ c Tischlermaschine ☐ d Schneidemaschine

14 Wie heißt die Geschäftskollegin?

☐ a Margarethe Walkon ☐ b Emilie Wandhardt

☐ c Franziska Wandhardt ☐ d Hannelore Wandhardt

15 Wann wurde Emilie Canella geboren?

☐ a 20.6.1948 ☐ b 4.12.1952 ☐ c 4.6.1948 ☐ d 18.7.1952

16 Wie hieß der erste Mann von Emilie Canella?

☐ a Heinz Prund ☐ b Alfred Prund

☐ c Franz Prund ☐ d Gustav Prund

17 Wo ging Herr Kowalki auf die Oberschule?

☐ a Ladano ☐ b Laudano ☐ c Ladauno ☐ d Ladanu

18 Wann heiratete er seine jetzige Frau?

☐ a 1975 ☐ b 1954 ☐ c 1976 ☐ d 1972

19 Welchen Beruf hat der jetzige Mann von Emilie Canella?

☐ a Spirituosenhändler ☐ b Tischler

☐ c Mechaniker ☐ d Werkzeugmacher

20 Wie ist die Telefonnummer von Franz Kowalki?

☐ a 5463 ☐ b 180719 ☐ c 31487 ☐ d 41219

21 Wann zog Emilie Canella zu Hause aus?

☐ a 1975 ☐ b 1972 ☐ c 1974 ☐ d 1973

22 Nach wie vielen Jahren ließ sich Emilie Canella von ihrem ersten Mann scheiden?

☐ a 2 ☐ b 20 ☐ c 5 ☐ d 7

23 Welchen Beruf hat der zweite Mann von Emilie Canella?

☐ a Spirituosenhändler ☐ b Werkzeugmacher

☐ c Tischler ☐ d Mechaniker

24 Wo heiratete Emilie Canella ihren jetzigen Mann?

☐ a Waldhausen ☐ b Walkonstadt

☐ c Waldstadt ☐ d Wattstadt

25 Wie heißen die Eltern von Emilie Canella?

________________________________________

Vor- und Zuname

26 Welche Hobbys hat Emilie Canella?

________________________________________

27 Wie heißen die Eltern von Franz Kowalki?

________________________________________

Vornamen

28 Für welches Fach interessierte sich Franz Kowalki in der Grundschule besonders?

________________________________________

# Übung II/10

Suchen Sie bei den folgenden Begriffen jeweils das passende Wort.

**Beispiel**

Samstag – Januar
Mittwoch – ?

☐ a Winter ☐ b Freitag ☐ c Sonntag ☐ d Juli

**Lösung**

d

**Beginnen Sie nun, Sie haben 4 Minuten zur Verfügung.**

1 Werkzeug – Schraube
Straßenwalze – ?
☐ a Gewicht ☐ b Asphalt ☐ c Autobahn ☐ d Planierraupe

2 Luftfahrzeug – Düsenjäger
Auto – ?
☐ a Lkw ☐ b Luftkissenboot ☐ c Panzer ☐ d Rennwagen

3 Knesseth – Politiker
Rennbahn – ?
☐ a Pferd ☐ b Zuschauer ☐ c Opposition ☐ d Parlament

4 CD – Compact Disc
DJ – ?
☐ a Plattenspieler ☐ b Discjockey ☐ c O. K. ☐ d Disko

5 Krieg – Menschenleid
Früchte – ?
☐ a Saat ☐ b Hunger ☐ c Bezugsgutschein ☐ d Ernährung

6 Hochhaus – Hütte
Konzern – ?
☐ a Bebauung ☐ b Einzelhandel ☐ c Geschäftsmann ☐ d Gewinn

7 Pullover – Wärme
Geld – ?
☐ a Sicherheit ☐ b Panzerschrank ☐ c Kleidung ☐ d Schutz

8 Luftdruck – Höhe
Frequenz – ?
☐ a Radio ☐ b Sender ☐ c Spannung ☐ d Wellenlänge

9 lernen – Wissen
mauern – ?
☐ a Haus ☐ b Spiel ☐ c Verdienst ☐ d Arbeit

10 Geldnot – Kredit
Schmutz – ?
☐ a Sauberkeit ☐ b Reinigung ☐ c dreckiges Geld ☐ d Putzfrau

11 Schiff – Pirat
Wild – ?
☐ a Wilderer ☐ b Jäger ☐ c Gewehr ☐ d Freibeuter

12 Wasser – Eisberg
Sahara – ?
☐ a Fata Morgana ☐ b Wüstenfuchs ☐ c Beduine ☐ d Oase

13 Amüsement – Zeitvertreib
Gespräch – ?
☐ a Unterhaltung ☐ b Dialog ☐ c Telefonat ☐ d Absprache

14 Pullover – Wolle
Tischtennisball – ?
☐ a Celluloid ☐ b Cellulose ☐ c Cellophan ☐ d Cellulase

15 Ceylon – Sri Lanka
Rhodesien – ?
☐ a Senegal ☐ b Simbabwe ☐ c Sambia ☐ d Namibia

16 Eselsohr – Buch
Kratzer – ?
☐ a Zeitung ☐ b Lack ☐ c Falte ☐ d Beule

17 Grashalm – Wiese
Baum – ?
☐ a Vogel ☐ b Wald ☐ c Ast ☐ d Frucht

18 Rom – Italien
Bern – ?
☐ a Belgien ☐ b Österreich ☐ c Luxemburg ☐ d Schweiz

19 Patient – Medizin
Straftäter – ?
☐ a Gefängnis ☐ b Wächter ☐ c Bewährungshelfer ☐ d Raub

20 baden – schwimmen
partizipieren – ?
☐ a Versammlung ☐ b zuhören ☐ c mitarbeiten ☐ d fehlen

21 Newton – Kraft
Volt – ?
☐ a Strom ☐ b Spannung ☐ c Energie ☐ d Masse

22 Baum – Tanne
Blume – ?
☐ a Gesteck ☐ b Strauß ☐ c Aster ☐ d Vase

23 Emotion – Liebe
Zahl – ?
☐ a sieben ☐ b Nummer ☐ c Addition ☐ d Trennung

24 Frosch – Laich
Pferd – ?
☐ a Mist ☐ b Reiter ☐ c Stute ☐ d Fohlen

25 Tiefdruck – Zyklone
Revolution – ?
☐ a Demokratie ☐ b Umsturz ☐ c Diktator ☐ d Stabilität

# Übung II/11

Bei dieser Übung finden Sie jeweils eine Aussage und 5 Schlussfolgerungen zur Auswahl. Suchen Sie die Schlussfolgerung heraus, die aus der Aussage ohne irgendwelche zusätzlichen Informationen gezogen werden kann.

## Beispiel

Max, ein Dackel, ist 30 cm hoch und wiegt 5 kg. Ein Blindenhund muss mindestens 40 cm hoch sein.

☐ a Dackel wiegen verhältnismäßig wenig.

☐ b Max ist kleiner als der Durchschnitt.

☐ c Max ist kein Blindenhund.

☐ d Blindenhunde sind größer als andere Hunde.

☐ e Dackel werden selten als Blindenhunde verwendet

## Lösung

Nur Antwort c beinhaltet nicht mehr Information, als im Text enthalten ist.

**Beginnen Sie jetzt, Ihnen stehen 8 Minuten zur Verfügung.**

1 Strahlflugzeuge sind die schnellsten Verkehrsmittel.

☐ a Strahlflugzeuge halten den Geschwindigkeitsweltrekord.

☐ b Wer schnell von A nach B kommen möchte, benutzt das Luftfahrzeug.

☐ c Es gibt kein schnelleres Verkehrsmittel als das Strahlflugzeug.

☐ d Strahlflugzeuge garantieren eine schnellstmögliche Beförderung.

☐ e Das schnellste Verkehrsmittel ist das Luftfahrzeug.

2 Formel-1-Rennfahrer leben gefährlich.

☐ a Es passieren in keinem anderen Sport so viele Unfälle wie in der Formel 1.

☐ b Die Lebenserwartung von Formel-1-Piloten liegt niedriger als die des Bevölkerungsdurchschnitts.

☐ c Im Durchschnitt kommt es in jedem zweiten Formel-1-Rennen zu einem Unfall.

☐ d Bei Formel-1-Rennen passieren häufig Unfälle, bei denen die Rennfahrer zu Schaden kommen.

☐ e Formel-1-Rennfahrer fahren im Kampf um den Sieg zu riskant.

3 Bei mehr körperlicher Betätigung muss auch die Kalorienzufuhr gesteigert werden, damit der Körper leistungsfähig bleibt.

☐ a Wer viel isst, bewegt sich viel.

☐ b Außerordentliche Bewegung fordert mehr Kalorien.

☐ c Vor jeder körperlichen Betätigung muss man viel essen.

☐ d Sportler sind umso besser, je mehr kalorienreiche Nahrung sie zu sich nehmen.

☐ e Ein leistungsfähiger Körper verbraucht am Tag zirka 8000 Joule.

4 Vor 30 Jahren brauchte ein Arbeiter 5 Stunden zur Fertigung eines Stuhls, heute braucht er mit modernen Maschinen 30 Minuten.

☐ a Der Mensch ist fleißiger geworden.

☐ b Aus Angst vor Arbeitslosigkeit wächst die Leistungsbereitschaft.

☐ c Stühle haben heute eine geringere Lebensdauer.

☐ d Arbeiter verfügen über mehr Freizeit.

☐ e Moderne technische Hilfsmittel verkürzen die Herstellungszeit von Stühlen.

5 Alkohol am Steuer ist die Ursache für viele Verkehrsunfälle.

☐ a Die Deutschen trinken zu viel.

☐ b Mit mehr als 0,8 Promille sollte man nicht mehr fahren.

☐ c Die Wahrscheinlichkeit, nach Alkoholgenuss einen Unfall zu verursachen, liegt bei 70 %.

☐ d Alkohol beeinträchtigt die Fahrfähigkeit.

☐ e Die Polizei sollte mehr Alkoholkontrollen durchführen.

6 In den Sommermonaten kommt es auf der Strecke München-Salzburg oft zu Verkehrsstaus.

☐ a In den Sommermonaten ist die Strecke überlastet.

☐ b Die Autobahn hat zu wenige Fahrspuren.

☐ c Während der Sommermonate wird der Straßenbelag oft ausgebessert.

☐ d Urlauber, womöglich mit viel Gepäck oder einem Wohnwagen, fahren zu langsam.

☐ e Salzburg ist ein beliebtes Urlaubsziel.

7 Während der Vorweihnachtszeit erhöht sich der Umsatz der Spielwarengeschäfte.

☐ a In der Vorweihnachtszeit spielen Kinder gern im Haus.

☐ b Die Hälfte aller Geschenke für Kinder sind Spielwaren.

☐ c Zu Weihnachten wird viel Spielzeug verschenkt.

☐ d Kinder wünschen sich gern Spielwaren zu Weihnachten.

☐ e Spiele für Erwachsene werden immer beliebter.

8 Bei gleich bleibenden Fixkosten sinken die Stückkosten bei steigender Produktionszahl.

☐ a Die Rentabilität der Produktion steigert sich.

☐ b Der Unternehmer macht einen größeren Gewinn.

☐ c Die Produktivität wird gesteigert.

☐ d Das einzelne Erzeugnis wird billiger verkauft.

☐ e Die Herstellungskosten der Einzelerzeugnisse sinken.

# Übung II/12

Bei dem folgenden Figurentest sollen Sie die Gesetzmäßigkeit herausfinden, mit der die Figurenzeilen aufgebaut sind. Jede Aufgabe besteht aus 3 Figurenzeilen, die wiederum aus 3 Figuren bestehen. In der dritten Zeile ist die letzte Figur einzufügen. Zur Auswahl stehen 6 Lösungsmöglichkeiten, nur eine davon ist richtig.

## Beispiel

## Lösung

Im Beispiel setzt sich jede Figurenzeile aus einem Kreis, einem Dreieck und einem Viereck zusammen. Um diese Gesetzmäßigkeit auch in der dritten Figurenzeile zu erreichen, muss ein Kreis eingefügt werden. Somit kommen die Lösungsvorschläge b und e in die engere Wahl. In jeder Zeile ist außerdem ein Fähnchen, ein links oben angesetzter Kreis und ein rechts oben angesetztes Viereck vorhanden. In der dritten Zeile fehlt bisher das rechts oben angesetzte Viereck. Damit kommt nur Lösung b in Betracht.

**Beginnen Sie jetzt, Sie haben 4 Minuten zur Verfügung.**

1

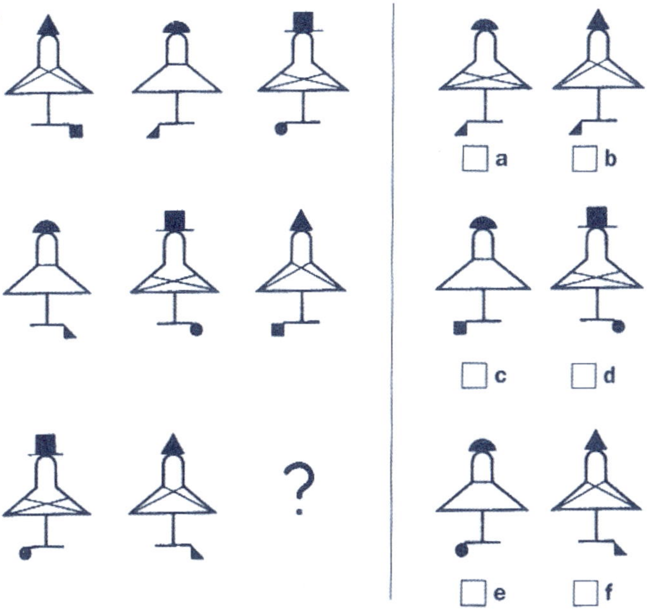


2

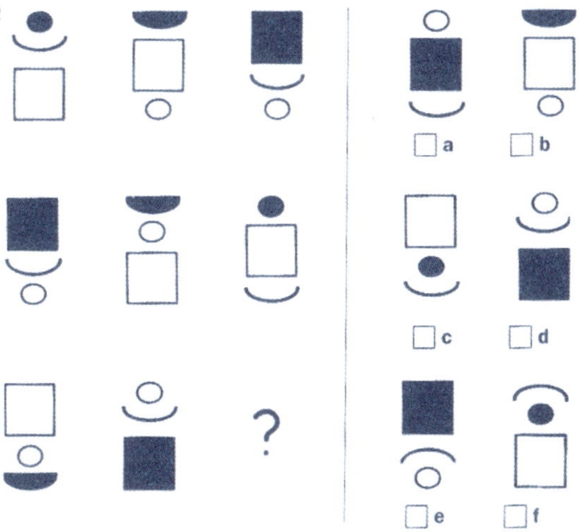

3

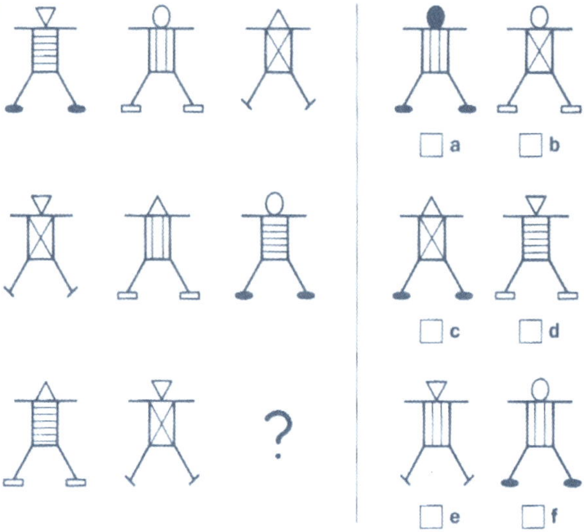


4

# Lösungen Testbatterie II

## Übung II/1

1 b  2 d  3 a  4 a  5 b  6 c  7 c  8 a

## Übung II/2

1 d  2 b  3 a  4 c  5 c  6 a  7 d  8 a

9 d  10 a  11 c  12 a  13 d  14 b  15 a

## Übung II/3

Kamera – Objektiv – Iris – reagiert – verengt – Netzhaut – Lichtstrahlen – Objekts – Film – Überbelichtung – Teleobjektiv

## Übung II/4

1 b  2 b  3 c  4 b  5 d  6 c  7 b  8 c

## Übung II/5

| Das Wort mit dem Anfangsbuchstaben war in der Wortgruppe | B | C | F | H | Z | N | A | V | R | U | K | Q | E | T | J | S | M | W |
|---|---|---|---|---|---|---|---|---|---|---|---|---|---|---|---|---|---|---|
| Sportart | | | X | | | | | X | | | | | | X | | X | | |
| Stadt | | | | | X | | X | | | X | | X | | | | | X | |
| Tierart | | | | | | | | | X | | | | | | | | | X |
| Gebäude | | X | | X | | | | | | | | | X | | | | | |
| Nahrungsmittel | X | | | | | X | | | | | X | | | | X | | | |

## Übung II/6

Keine Lösung

## Übung II/7

| | | | | | | |
|---|---|---|---|---|---|---|
| 1 d | 2 e | 3 b | 4 c | 5 e | 6 b | 7 a |

## Übung II/8

| | | | | | | | | | |
|---|---|---|---|---|---|---|---|---|---|
| 1 b | 2 c | 3 b | 4 b | 5 d | 6 a | 7 e | 8 d | 9 b | 10 d |
| 11 a | 12 b | 13 d | 14 a | 15 c | 16 a | 17 a | 18 a | 19 a | 20 a |
| 21 b | 22 d | 23 a | 24 b | 25 c | 26 b | 27 c | 28 c | 29 a | 30 a |
| 31 d | 32 d | 33 d | 34 a | 35 b | | | | | |

## Übung II/9

| | | | | | | | | | |
|---|---|---|---|---|---|---|---|---|---|
| 1 f | 2 f | 3 f | 4 a | 5 b | 6 b | 7 e | 8 d | 9 d | 10 c |
| 11 d | 12 b | 13 d | 14 d | 15 b | 16 b | 17 a | 18 a | 19 d | 20 c |
| 21 b | 22 a | 23 b | 24 c | 25 Gustav + Christiane Walkon | | | | | |

26 Stricken, Häkeln 27 Heinz + Margarethe 28 Mechanik

## Übung II/10

| | | | | | | | | | |
|---|---|---|---|---|---|---|---|---|---|
| 1 b | 2 d | 3 a | 4 b | 5 d | 6 b | 7 a | 8 d | 9 a | 10 b |
| 11 a | 12 d | 13 a | 14 a | 15 b | 16 b | 17 b | 18 d | 19 c | 20 c |
| 21 b | 22 c | 23 a | 24 d | 25 b | | | | | |

## Übung II/11

| | | | | | | | |
|---|---|---|---|---|---|---|---|
| 1 c | 2 d | 3 b | 4e | 5d | 6 a | 7 c | 8 e |

## Übung II/12

| | | | |
|---|---|---|---|
| 1 c | 2 c | 3 f | 4 d |

# Testbatterie III

## Übung III/1

Ergänzen Sie die folgenden Zusammenstellungen der Dominosteine entsprechend der jeweiligen Systematik.

### Beispiel

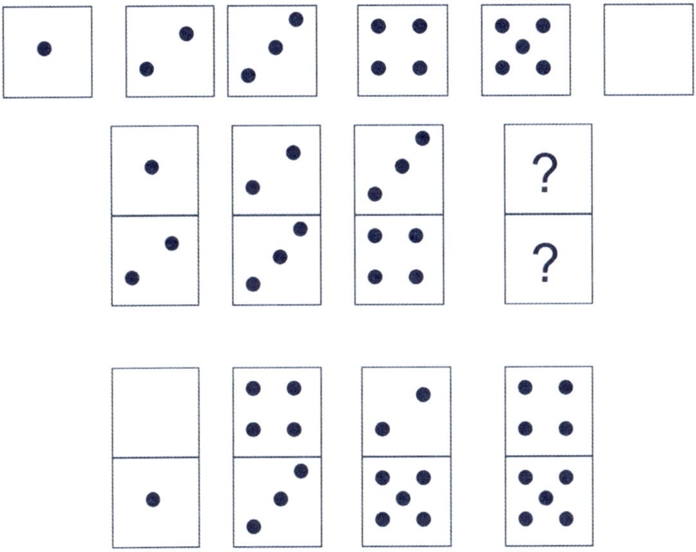


a b c d

### Lösung

d

Die obere Dominoreihe, wie auch die untere Dominoreihe wächst jeweils um plus 1. Dies bedeutet, dass in der Lösung oben 4 und unten 5 Dominopunkte enthalten sein müssen.

**Beginnen Sie jetzt, Sie haben 2 Minuten zur Verfügung.**

1

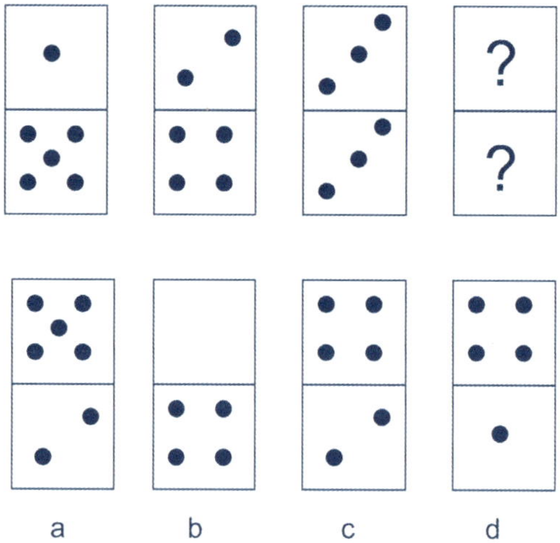


2

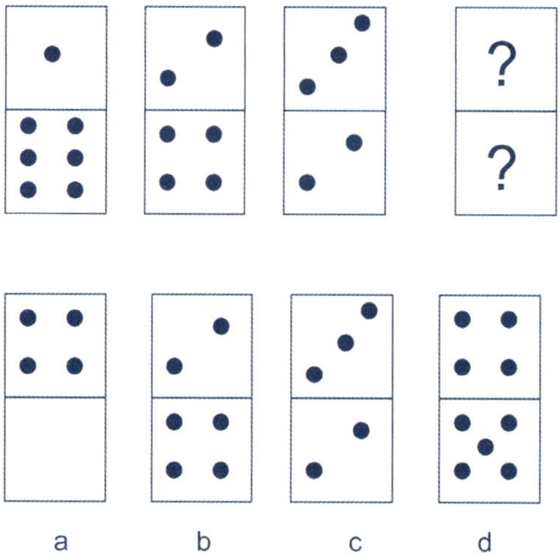

3

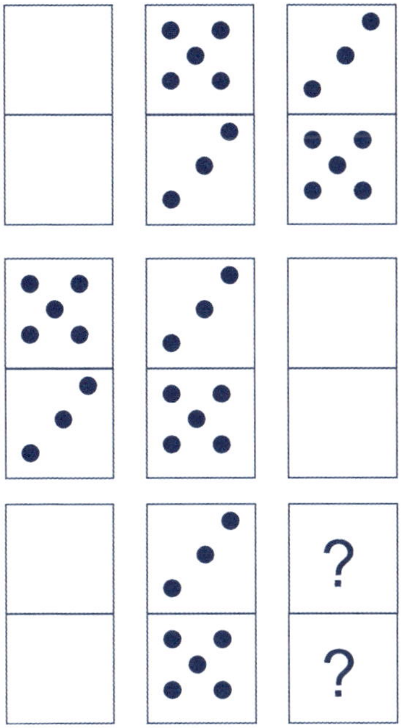


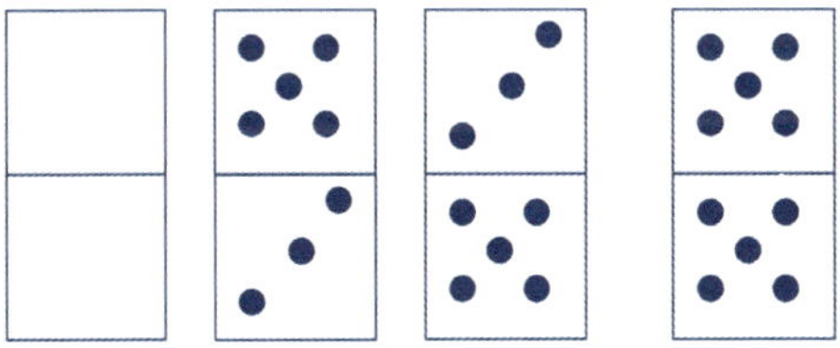

a b c d

4

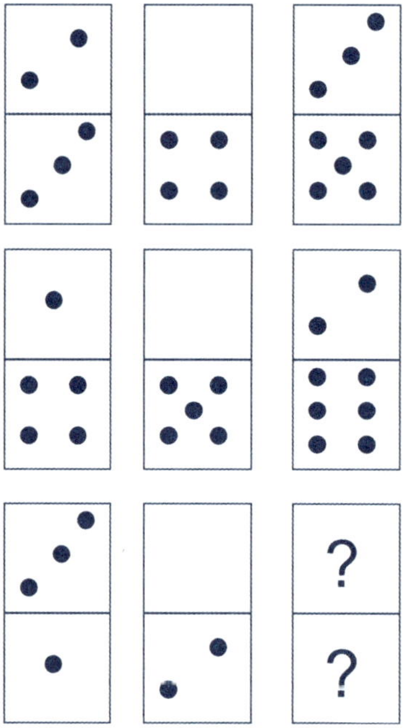

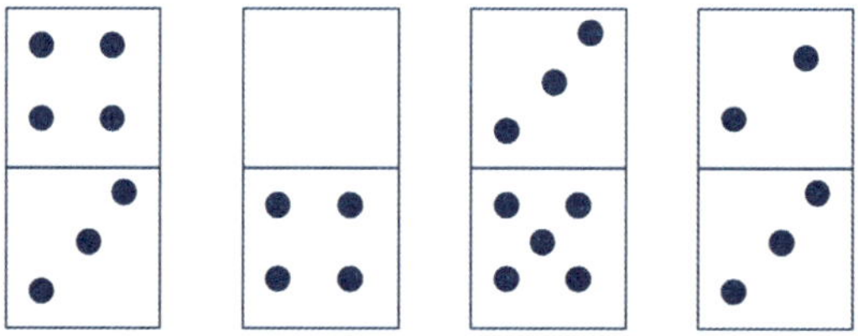

a b c d

5

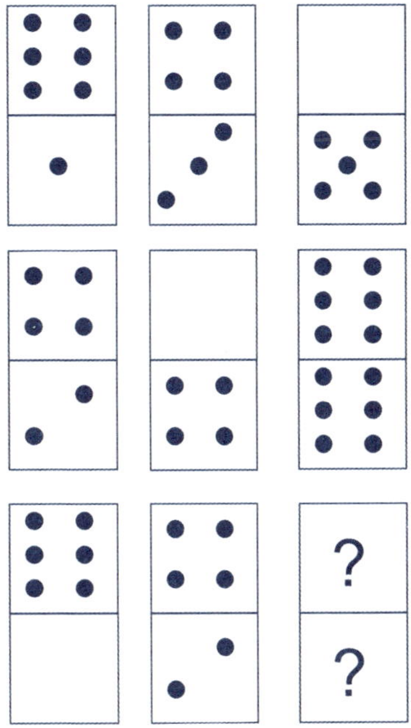


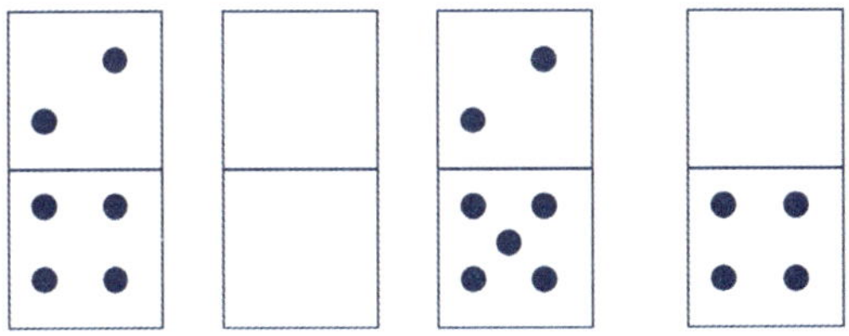

a b c d

6

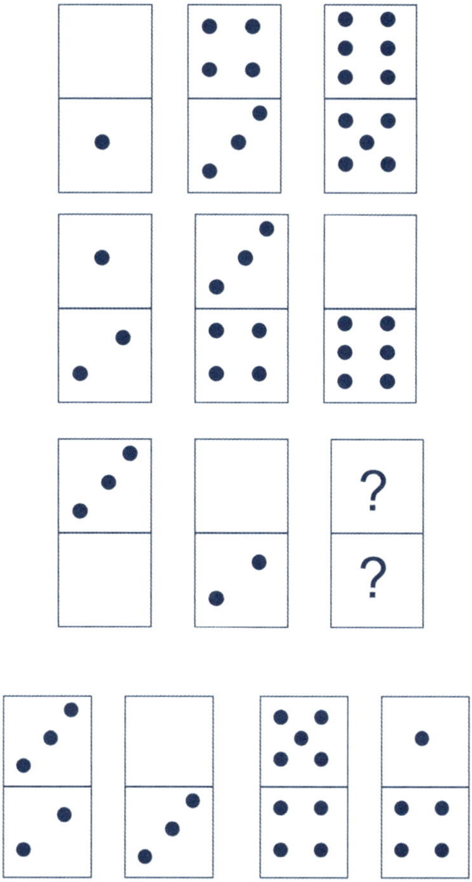

a b c d

# Übung III/2

Testen Sie Ihre Allgemeinbildung und beantworten Sie die nachfolgenden Allgemeinbildungsfragen. **Sie haben 5 Minuten Zeit.**

## Staat/Geschichte/Politik

1 Was versteht man unter Föderalismus?

☐ a Subventionspolitik

☐ b Eigenständigkeit der Einzelstaaten innerhalb eines Bundesstaats

☐ c Chancengleichheit nach dem Grundgesetz

☐ d Demokratisches Grundprinzip

2 Wann wurden die Vereinten Nationen (UN) gegründet?

☐ a 1919 ☐ c 1945

☐ b 1933 ☐ d 1949

3 Was ist ein „Hammelsprung"?

☐ a Rücktritt eines Ministers

☐ b Abstimmungsverfahren im Bundestag

☐ c Debatte über einen Gesetzentwurf der Regierung im Bundesrat

☐ d Tarifverhandlungen zwischen Arbeitgebervertretern und Gewerkschaften

4 Wann fand der Dreißigjährige Krieg statt?

☐ a 1618–1648 ☐ c 900–930

☐ b 1861–1891 ☐ d 1241–1271

5 Wie heißen die 3 Gewalten in der Bundesrepublik Deutschland?

☐ a Gesetzgebung, vollziehende Gewalt, Rechtsprechung

☐ b Parlament, Gericht, Polizei

☐ c Bundeswehr, Bundesgrenzschutz, Verfassungsschutz

☐ d Verfassung, Parlament, Gericht

## Geografie

1 Welche der folgenden Städte liegt nicht in Nordrhein-Westfalen?

☐ a Krefeld ☐ c Kassel

☐ b Köln ☐ d Aachen

2 Wie heißt die Südspitze Südafrikas?

☐ a Kap der Guten Hoffnung ☐ c Kap Súnion

☐ b Kap Hoorn ☐ d Kap Canaveral

3 Welche Zuordnung von Land und Hauptstadt ist falsch?

☐ a Kenia – Nairobi ☐ c Zaire – Kinshasa

☐ b Costa Rica – San José ☐ d Vietnam – Pjöngjang

4 Was versteht man unter den Dardanellen?

☐ a Meeresenge zwischen Mittelmeer und dem Marmarameer

☐ b Gebirgszug in Belgien

☐ c Inselgruppe in der Karibik

☐ d Hochebene in Anatolien

5 Welches südamerikanische Land hat keine Pazifikküste?

☐ a Paraguay ☐ c Peru

☐ b Ecuador ☐ d Chile

## Technik/Wissenschaft

1 Was ist eine Vanity-Nummer?

☐ a Geheime Telefonnummer, die nicht über die Auskunft erfragt werden kann

☐ b Codenummern für das Internetbanking

☐ c Prüfzahl in einer Programmiersprache

☐ d Telefonnummer, die aufgrund der zugeordneten Buchstaben auf der Tastatur ein Wort ergibt

2 Wie wird die Zahl 1389 im Binärcode dargestellt?

☐ a 10101101101 ☐ c MCCCLXXXIX

☐ b $10^9$ ☐ d 56D

3 Wie viel Grad beträgt die Winkelsumme im Dreieck?

☐ a 90 Grad ☐ c 270 Grad

☐ b 180 Grad ☐ d 360 Grad

4 Gilt Albert Einstein als

☐ a Erfinder der Dampfmaschine?

☐ b Begründer der Relativitätstheorie?

☐ c Entwickler der Atombombe?

☐ d Entwickler der Spektralanalyse?

5 Mit einem Manometer misst man

☐ a die Luftfeuchtigkeit. ☐ c die Temperatur.

☐ b den Atmosphärendruck. ☐ d den Überdruck.

**Chemie/Medizin**

1 Wie nennt man den Vorgang, wenn sich an einem Eisenteil Rost bildet?

☐ a Eruption ☐ c Legierung

☐ b Oxidation ☐ d Emaillierung

2 Was versteht man unter pH-Wert?

☐ a Säuregrad einer Lösung

☐ b Nährwertgehalt eines Nahrungsmittels

☐ c Viskositätsmaß

☐ d Maßzahl für die Wasserhärte

3 Woraus wird Porzellan hergestellt?

☐ a Lackmusmasse, Gips, Kreide ☐ c Kaolin, Quarz, Feldspat

☐ b Gips, Gießharz, Lehm ☐ d Ton, Kreide, Wasser

4 Was ist Hämoglobin?

☐ a Hormon, das den Herzschlag beschleunigt, Darmbewegungen hemmt und Blutgefäße verengt

☐ b Blutfarbstoff

☐ c Hormon der Bauchspeicheldrüse

☐ d Knotenförmige Erweiterung der Mastdarmnerven

5 Auf welchem Grundbaustoff baut die organische Chemie auf?

☐ a Kohlenstoff

☐ b Wasserstoff

☐ c Sauerstoff

☐ d Stickstoff

## Natur/Biologie

1 Welche der nachfolgenden Pflanzen gehört zur Familie der Korbblütler?

☐ a Tulpe

☐ b Veilchen

☐ c Sonnenblume

☐ d Glockenblume

2 Was sind Primaten?

☐ a Die ersten im Frühjahr geernteten Tomaten

☐ b Kristallformen

☐ c Bezeichnung für Menschen und Affen

☐ d Weihnachtsgebäck

3 Was bezeichnet man als „Epizentrum"?

☐ a Zentrum einer Epidemie

☐ b Magma-Ansammlung in sehr großer Tiefe

☐ c Lebensraum einer Tiergruppe

☐ d Ort stärkster Bewegung an der Erdoberfläche bei einem Erdbeben

4 Was ist ein Zyklon?

☐ a Luftwirbel

☐ b Wirbelsturm

☐ c Kaltfront

☐ d Tiefdruckgebiet

5 Womit beschäftigt sich ein Ethnologe?

☐ a Vergleichende Verhaltensforschung

☐ b Völkerkunde

☐ c Vogelkunde

☐ d Vererbung

## Kultur/Kunst/Musik

1 Nennt man die Darstellung einer trauernden Maria mit dem Leichnam Jesu

☐ a Quadriga?

☐ b Vestibül?

☐ c Pietà?

☐ d Vedute?

2 Was versteht man unter einem Hexameter?

☐ a Griechischer sechsfüßiger Vers

☐ b Metrisch gegliederte Wortreihe eines Gedichts

☐ c Fünffüßiger Vers

☐ d Versfuß, der aus einer Länge und zwei Kürzen besteht

3 Was ist ein Libretto?

☐ a Textbuch von Opern und Operetten

☐ b Singstimme

☐ c Sologesang

☐ d Ein im Wechselgesang mit der Gemeinde gehaltener Teil des Gottesdienstes

4 Was versteht man unter „Kapitell“?

☐ a Waagerechter Streifen, der den oberen Abschluss einer Wandfläche bildet

☐ b Oberer Abschluss einer Säule

☐ c Einer der 7 Hügel Roms

☐ d Abschnitt eines Schriftwerks

5 Was ist ein Konzertmeister?

- ☐ a Der Dirigent
- ☐ b Der Direktor eines Opern- oder Schauspielhauses
- ☐ c Der technische Leiter eines Konzerthauses
- ☐ d Der erste Geiger eines Orchesters

**Wirtschaft**

1 Was ist der Dow-Jones-Index?

- ☐ a Indikator der Lebenshaltungskosten
- ☐ b Aktienindex
- ☐ c Kenngröße der Zahlungsbilanz der USA
- ☐ d Quotient aus Nettoneuverschuldung und Bruttoinlandsprodukt

2 Was ist ein Debitor?

- ☐ a Gläubiger
- ☐ b Schuldner
- ☐ c Belastungsanzeige
- ☐ d Kontenrahmen

3 Was versteht man unter „Logistik“?

- ☐ a Die Lehre des folgerichtigen Denkens
- ☐ b Mathematische Grundlagenforschung
- ☐ c Den Verkauf von Forderungen aus Lieferungen und Leistungen
- ☐ d Die Organisation und Steuerung von Warenflüssen und Abläufen

4 Bei welcher der nachfolgenden Gesellschaftsformen gibt es eine persönliche Vollhaftung?

- ☐ a GmbH & Co. KG
- ☐ b AG
- ☐ c KG
- ☐ d GmbH

5 In welchem Gesetzbuch findet man Regelungen des Kaufvertrags?

- ☐ a Grundgesetz
- ☐ b Steuergesetzbuch
- ☐ c Handelsgesetzbuch
- ☐ d Bürgerliches Gesetzbuch

## Sport

1 Wie nennt sich bei den Damen das Pendant zum Davis Cup?

- ☐ a Grand-Slam-Turnier
- ☐ b Federations Cup
- ☐ c Admiral's Cup
- ☐ d Porsche Cup

2 Wie lang ist die Marathonstrecke?

- ☐ a 49,65 km
- ☐ b 51,23 km
- ☐ c 42,195 km
- ☐ d 46,375 km

3 Welches ist die leichteste Gewichtsklasse im Boxen?

- ☐ a Bantam
- ☐ b Welter
- ☐ c Feder
- ☐ d Leicht

4 Zu welcher Sportart gehört das Mächtigkeitsspringen?

- ☐ a Skispringen
- ☐ b Springreiten
- ☐ c Fallschirmspringen
- ☐ d Turmspringen

5 Welcher der nachfolgenden Tänze wird nicht der Gruppe der Standardtänze im Tanzsport zugeordnet?

- ☐ a Quickstep
- ☐ b Wiener Walzer
- ☐ c Tango
- ☐ d Jive

# Übung III/3

Finden Sie möglichst viele Wörter mit dem entsprechenden Anfangs- und Endbuchstaben.

### Beispiel

Anfangsbuchstabe „A“, Endbuchstabe „E“

### Mögliche Lösungen

Auge, Arme, alle, Asse, Anne, Akne, Amme

**Für jede Aufgabe haben Sie jeweils 30 Sekunden Zeit.**

1. Beginnen Sie mit Wörtern mit dem Anfangsbuchstaben „N“ und Endbuchstaben „R“.
2. Finden Sie jetzt möglichst viele Wörter mit dem Anfangsbuchstaben „G“ und Endbuchstaben „E“.
3. Suchen Sie Wörter mit dem Anfangsbuchstaben „P“ und Endbuchstaben „T“.
4. Finden Sie jetzt möglichst viele Wörter mit dem Anfangsbuchstaben „I“ und Endbuchstaben „N“.
5. Suchen Sie Wörter mit dem Anfangsbuchstaben „B“ und Endbuchstaben „D“.
6. Finden Sie jetzt möglichst viele Wörter mit dem Anfangsbuchstaben „T“ und Endbuchstaben „H“.
7. Suchen Sie jetzt möglichst viele Wörter mit dem Anfangsbuchstaben „A“ und Endbuchstaben „R“.
8. Finden Sie jetzt möglichst viele Wörter mit dem Anfangsbuchstaben „W“ und Endbuchstaben „N“.
9. Suchen Sie jetzt möglichst viele Wörter mit dem Anfangsbuchstaben „S“ und Endbuchstaben „B“.
10. Finden Sie jetzt möglichst viele Wörter mit dem Anfangsbuchstaben „P“ und dem Endbuchstaben „Z“.

# Übung III/4

Nachfolgend finden Sie einen Lückentext, bei dem Sie die fehlenden Wörter einsetzten sollen. Die Anzahl der Punkte gibt jeweils die Anzahl der Buchstaben des Lösungswortes an. Umlaute wie ä, ö, ü zählen als ein Buchstabe.

### Beispiel

Autos werden von einem ••••• angetrieben.

### Lösung

Motor

**Beginnen Sie jetzt, Sie haben 4 Minuten zur Verfügung.**

### Der elektrische Strom

Die Träger des elektrischen Stromes sind die •••••••••• .

Es gibt zwei verschiedene Arten der Elektrizität, zum einen die ••••••••• , zum anderen die negativen Ladungen. Dabei gilt der Grundsatz, dass sich gleichnamige Ladungen •••••••• und ungleichnamige Ladungen •••••••••• . Die beiden Formen der Elektrizität sind in der Natur in der Regel in gleich großer Zahl vorhanden. Damit sind die Ladungen ausgeglichen und es fließt •••• Strom. Erst wenn sich negative und positive Ladungen miteinander verbinden, entsteht der elektrische •••• . Das Fließen von Strom kann in der Natur beobachtet werden, wenn z. B. beim Aufeinandertreffen zweier Gewitterwolken mit unterschiedlicher Ladung ein ••••• entsteht. Die Erklärung dafür ist wie folgt: Die ungleichnamigen Ladungen gleichen sich aus und ••••••• wird frei. Dieser Vorgang kann im Labor nachgeahmt und die dabei gewonnene Energie nutzbar gemacht werden. Dazu verbinden wir zwei Punkte entgegengesetzter Ladung durch einen •••••• . Dies kann z. B. ein Draht oder ein anderes Metall sein. Wichtig ist dabei nur, dass es sich um ein Element handelt, das den Elektronenfluss •••••••••• .

Einen Isolator oder .......... verwendet man, um den Menschen zu schützen. Geeignet sind dabei z. B. Porzellan, Gummi und .... .

## Übung III/5

Lösen Sie die nachfolgenden kurzen Aufgaben. Ziehen Sie aus den vorgegebenen Aussagen logische Schlussfolgerungen und beantworten Sie die gestellten Fragen. Die Antwort besteht generell aus einem Namen. Es kann aber auch Aufgaben geben, bei denen sich die einzelnen Aussagen so widersprechen, dass keine eindeutige Lösung existiert. In diesem Fall tragen Sie einen Strich in das Lösungsfeld ein, ansonsten immer den Lösungsnamen.

### Beispiel

Wer hat die größte Schultasche?

Adelheids Schultasche ist größer als die Schultasche von Babette.

Jürgens Schultasche ist kleiner als die Schultasche von Babette.

### Lösung

In das Antwortfeld ist der Name „Adelheid" einzutragen. Sie hat in unserer Beispielaufgabe die größte Schultasche.

**Beginnen Sie jetzt, Sie haben 3 Minuten zur Verfügung.**

1 Wer ist der Reichste? ______________________

Alfred ist reicher als Christian.
Fritz ist ärmer als Jürgen.
Jürgen ist ärmer als Christian.

2 Wer hat das kleinste Haus? ______________________

Martinas Haus ist größer als Alberts Haus.
Christinas Haus ist kleiner als Konrads Haus.
Alberts Haus ist kleiner als Christinas Haus.

3 Wer ist der Stärkste? ____________________

Charly ist stärker als Michael.
Michael ist schwächer als Bibo.
Charly ist schwächer als Bibo.

4 Wer ist der Dünnste? ____________________

Otto ist so dick wie Oliver.
Bert ist dünner als Bernhard.
Otto ist dünner als Bert.
Bernhard ist dicker als Oliver.

5 Wer ist der Größte? ____________________

Christina ist so groß wie Joachim.
Herbert ist größer als Udo.
Christoph ist kleiner als Ludwig.
Joachim ist größer als Christoph.
Christina ist so groß wie Udo.
Herbert ist größer als Ludwig.

6 Wer ist der Schwächste? ____________________

Albert ist schwächer als Bert.
Jürgen ist stärker als Albert.
Bert ist genauso stark wie Jürgen.
Frank ist stärker als Albert.

7 Wer ist der Beste? ____________________

Oskar ist schlechter als Frank.
Norbert ist besser als Oskar.
Ulrich ist besser als Frank.
Norbert ist besser als Martin.
Ulrich ist schlechter als Martin.

8) Wer ist der Sportlichste? ____________________

Hannelore ist sportlicher als Doris.
Sonja ist nicht so sportlich wie Adelheid.
Bettina ist sportlicher als Doris.
Adelheid ist sportlicher als Hannelore.
Olaf ist nicht so sportlich wie Bettina.
Rainer ist sportlicher als Adelheid.
Hannelore ist sportlicher als Bettina.

## Übung III/6

Suchen Sie zu den vorgegebenen Begriffen jeweils das Antonym, also das Wort mit der gegenteiligen Bedeutung.

### Beispiel

Mitläufer – ...

a Gegner b Konkurrent c Querulant d Anführer

### Lösung

d

**Sie haben 2 Minuten zur Verfügung.**

1 labil – ...

a selbstbewusst b charakterfest c beständig d erfahren

2 Chaos – ...

a Ordnung b Konzentration c Disziplin d Realität

3 dynamisch – ...

a beharrlich b unbewegt c stationär d unbeschwingt

| | | | | |
|---|---|---|---|---|
| 4 | Mut – ... | | | |
| | a Faulheit | b Ängstlichkeit | c Verrat | d Schüchternheit |
| 5 | Handicap – ... | | | |
| | a Behinderung | b Vorteil | c Verletzung | d Anreiz |
| 6 | Atheist – ... | | | |
| | a Revolutionär | b Verschwörer | c Gläubiger | d Kommunist |
| 7 | komplex – ... | | | |
| | a eindeutig | b einfach | c einzigartig | d eigenartig |
| 8 | vereinnahmen – ... | | | |
| | a abtreten | b verdienen | c verlieren | d vergeben |
| 9 | unfruchtbar – ... | | | |
| | a steril | b impotent | c fertil | d keimfrei |
| 10 | autonom – ... | | | |
| | a begrenzend | b unberechenbar | c einmalig | d abhängig |

## Übung III/7

Bei der folgenden Aufgabe, einem Schnelligkeits-/Konzentrationstest, sollen Sie die beiden nachfolgenden Listen miteinander vergleichen. Streichen Sie in der Abschrift die links an der Seite angegebenen Zeilen an, in denen Sie einen Fehler im Vergleich zum Original gefunden haben.

**Beginnen Sie jetzt, Sie haben 2 Minuten zur Verfügung.**

## Original

| | | | | | |
|---|---|---|---|---|---|
| 1 | EDV Nr. 14605711 | | | | Listennummer II |
| 2 | Anschrift | Auftrag | Auftragsnummer | Datum | Bearbeiter |
| 3 | Name | | | 14.4.2009 | |
| 4 | Firma | 1500 | 167809760 | 12.4.2009 | DÖOF |
| 5 | Klaus Langendorf | | | | |
| 6 | Lange Heide 49 | | | | |
| 7 | 51069 Köln | | | | |
| 8 | Firma | 750 | 1876537 | 12.4.2009 | DANNER |
| 9 | Hop Shop GmbH | 200 | | | |
| 10 | Am Damm 12 | | | | |
| 11 | 22175 Hamburg | | | | |
| 12 | Firma | 2000 | 167809709 | 14.4.2009 | DANNER |
| 13 | Sport Shöll OHG | 250 | 1765387 | | |
| 14 | Gartenstraße 20 | | | | |
| 15 | 48147 Münster | | | | |
| 16 | Firma | 750 | 167809709 | 13.4.2009 | ZAMER |
| 17 | Garten-Center | 900 | 1765387 | | |
| 18 | Blumenstraße 22a | | | | |
| 19 | 76133 Karlsruhe | | | | |
| 20 | Firma | 290 | 25876387 | 14.4.2009 | DÖOF |
| 21 | Reinhard Polzer | 400 | 1759998-5 | | |
| 22 | Abtstraße 4 | | | | |
| 23 | 80807 München | | | | |
| 24 | Firma | 2500 | 3876598 | 14.4.2008 | ZAMER |
| 25 | Kleinteile | 150 | 18154736 | | |
| 26 | Hauptstraße 12 | | | | |
| 27 | 79104 Freiburg i. B. | | | | |
| 28 | Firma | 1800 | 60437921-S | 14.4.2008 | DÖOF |
| 29 | Sundran Elektro GmbH | 380 | 1814736 | | |
| 30 | Wintererstraße 27 | 250 | 7825137 | | |
| 31 | 53177 Bonn | 180 | 7583942 | | |

## Abschrift

| | | | | | |
|---|---|---|---|---|---|
| 1 | EDV Nr.14605711 | | | | Listennummer II |
| 2 | Anschrift | Auftrag | Auftragsnummer | Datum | Bearbeiter |
| 3 | Name | | | 14.4.2009 | |
| 4 | Firma | 1500 | 167809770 | 12.4.2009 | DÖOF |
| 5 | Klaus Langendorf | | | | |
| 6 | Lange Heide 49 | | | | |
| 7 | 51069 Köln | | | | |
| 8 | Firma | 750 | 1876537 | 12.4.2009 | DANNER |
| 9 | Hop Shop GmbH | 200 | | | |
| 10 | Am Damm 12 | | | | |
| 11 | 22175 Hamburg | | | | |
| 12 | Firma | 2000 | 167809709 | 14.4.2009 | DANNER |
| 13 | Sport Shöll OHG | 250 | 1765387 | | |
| 14 | Gartenstraße 29 | | | | |
| 15 | 48147 Münster | | | | |
| 16 | Firma | 750 | 167809709 | 13.4.2009 | ZAMER |
| 17 | Garten-Center | 900 | 1765387 | | |
| 18 | Blumenstraße 22a | | | | |
| 19 | 76123 Karlsruhe | | | | |
| 20 | Firma | 290 | 25876387 | 14.4.2009 | DÖOF |
| 21 | Reinhard Polzer | 400 | 1759998-5 | | |
| 22 | Abtstraße 4 | | | | |
| 23 | 80807 München | | | | |
| 24 | Firma | 2500 | 3876598 | 14.4.2009 | ZAMER |
| 25 | Kleinteile | 150 | 18154736 | | |
| 26 | Hauptstraße 12 | | | | |
| 27 | 79104 Freiburg i. B. | | | | |
| 28 | Firma | 1800 | 60437921-S | 14.4.2008 | DÖOF |
| 29 | Sundran Elektro GmbH | 360 | 1814736 | | |
| 30 | Wintererstraße 27 | 250 | 7825137 | | |
| 31 | 53177 Bonn | 180 | 7583942 | | |

# Übung III/8

Prägen Sie sich die nachfolgenden 6 Figuren gut ein. Sie haben eine Minute zur Verfügung. In einer späteren Übung sollen Sie die Figuren wiedererkennen.

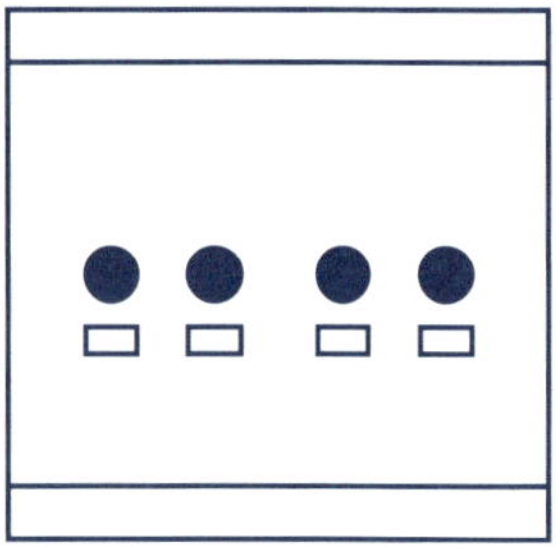

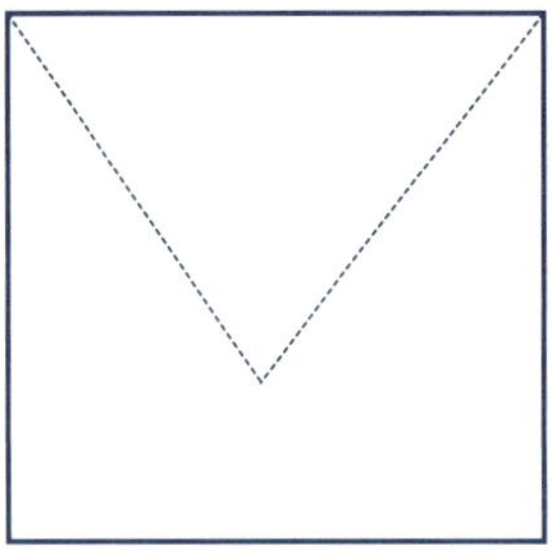

# Übung III/9

Bei dieser Übung finden Sie eine Reihe von Sprichwörtern und Redewendungen. In jedem Satz wurden ein oder mehrere Wörter ausgelassen. Ihre Aufgabe besteht darin, die fehlenden Wörter zu ergänzen.

### Beispiel

Bei Nacht sind alle _____ grau.

### Lösung

Katzen

**Beginnen Sie jetzt, Ihnen stehen 2 Minuten zur Verfügung.**

1 Gleich und _______ gesellt sich gern.

2 __________ und Narren sagen die Wahrheit.

3 Der Geist ist willig, aber das ___________ ist schwach.

4 _____________ kommt vor dem Fall.

5 Vom Regen in die ___________ kommen.

6 Eulen nach ________ ragen.

7 Des einen Freud' des anderen ____.

8 ___________ ist Silber, ___________ ist Gold.

9 ________________ ist die Höflichkeit der Könige.

10 Lieber den _______ in der Hand, als die ____________ auf dem Dach.

11 Sie gleichen sich wie ein _______ dem ____________.

12 Die _____ im Haus ersetzt den _______________________.

13 Einem geschenkten ________ schaut man nicht ins ________.

14 ________, bleib bei Deinen Leisten.

15 Keine ___________ ohne __________.

16 Was ______________ nicht lernt, lernt ____________ nimmermehr.

17 Wer andern eine _____________ gräbt, fällt selbst hinein.

18 Wer im ________ sitzt, sollte nicht mit Steinen werfen.

19 _________ hat Gold im Mund.

20 Viele ________ verderben den __________.

## Übung III/10

Suchen Sie aus den nachfolgenden 16 Figuren die 6 Figuren heraus, die Sie sich in Übung III/8 eingeprägt hatten. Blättern Sie jedoch nicht zurück. Kreuzen Sie die richtigen Figuren an.

**Sie haben 1 Minute zur Verfügung.**

1

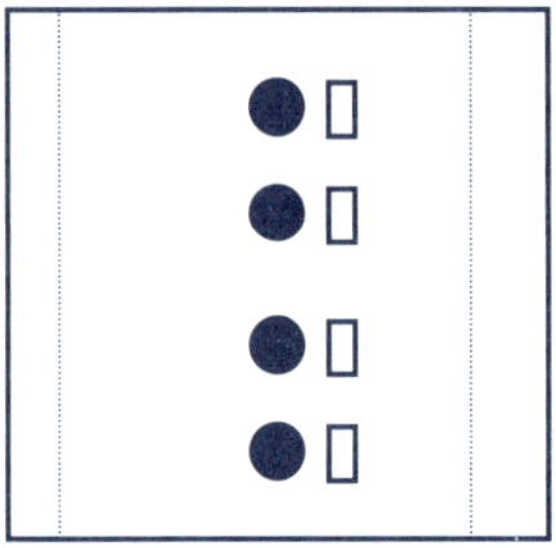

2

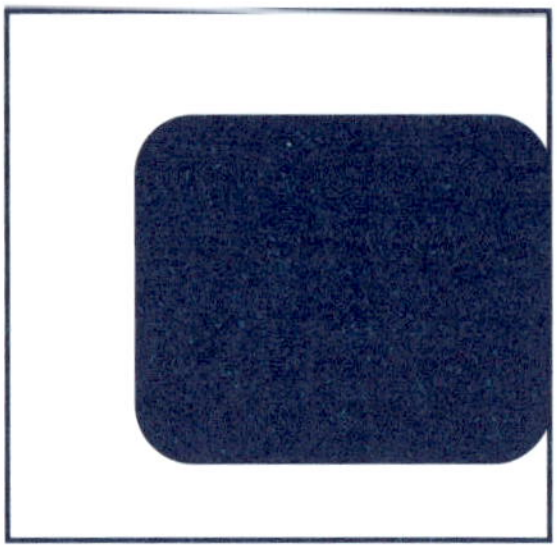

3

4

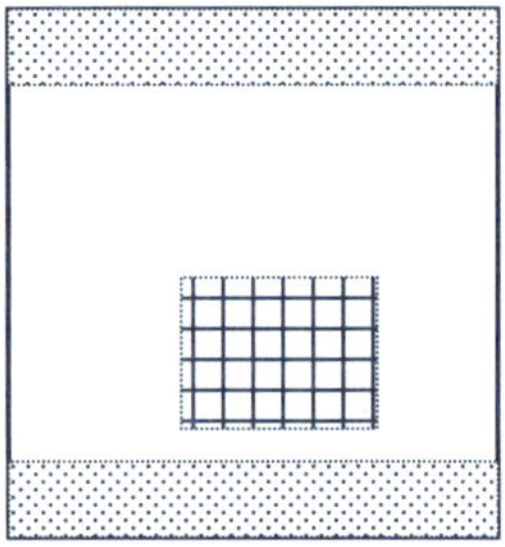

5

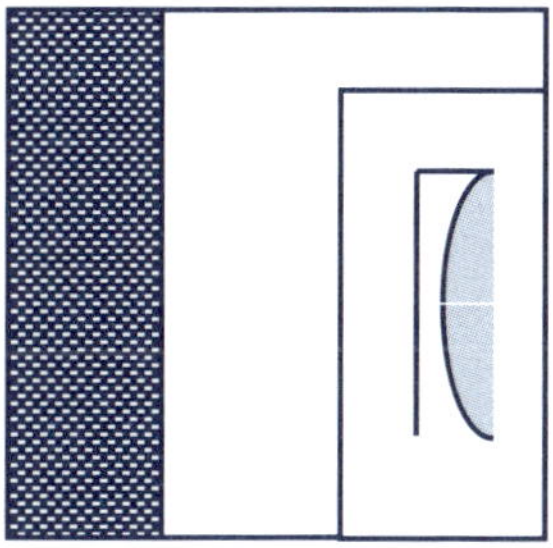

6

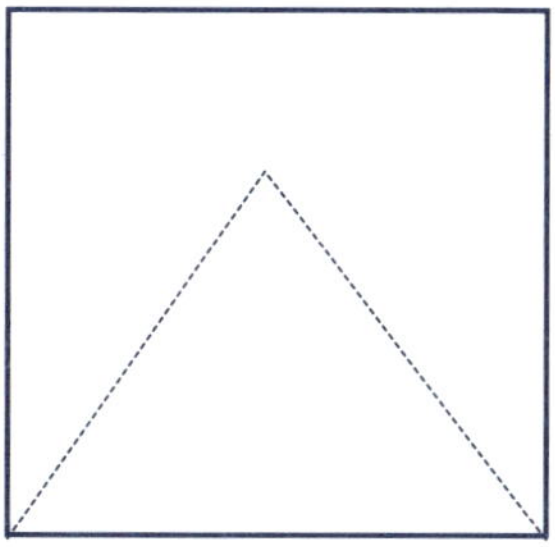

7

8

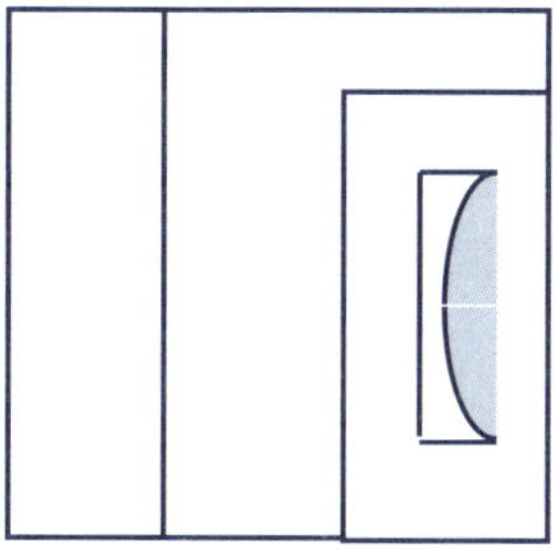

9

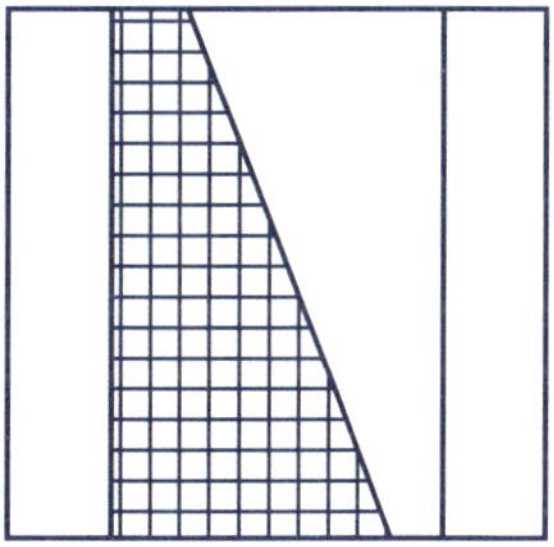

10

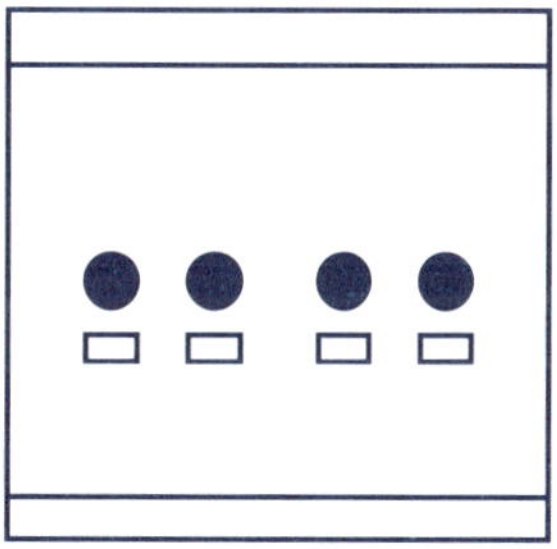

11

12

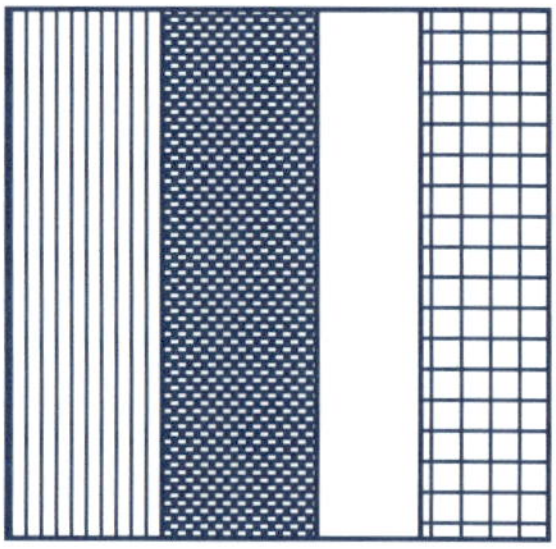

13

14

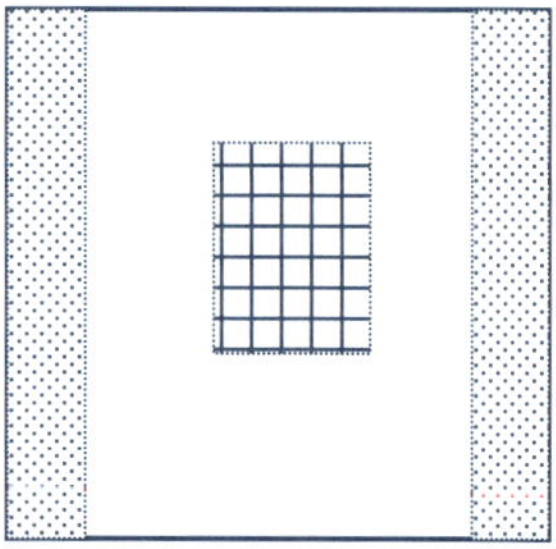

15

16

# Übung III/11

Bei dieser Übung wird Ihr räumliches Vorstellungsvermögen getestet. Zählen Sie die Rechts- und Linksknicke, die der Pfeil vollzieht. Sind es mehr Rechtsknicke als Linksknicke, kreuzen Sie R an, sind es mehr Linksknicke, kreuzen Sie L an.

## Beispiel

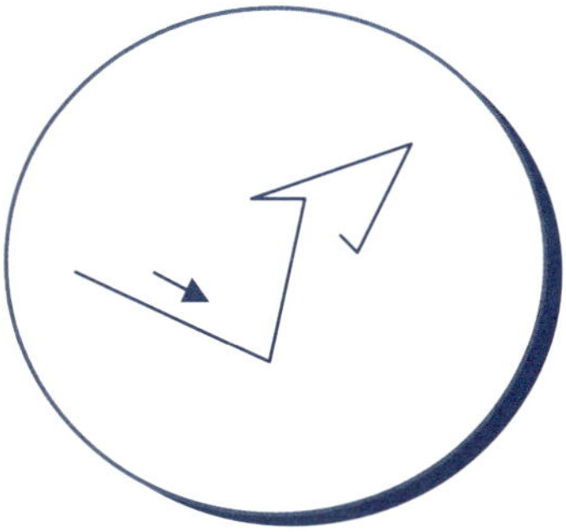

☐ L ☐ R

## Lösung

Es sind 2 Linksknicke und 3 Rechtsknicke in der Zeichnung, also ist das „R“ anzukreuzen.

**Beginnen Sie nun, Ihnen stehen 2 Minuten zur Verfügung.**

1

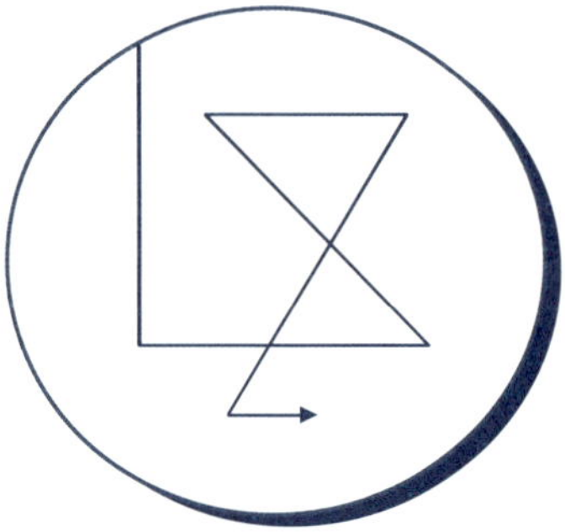

□ L □ R

2

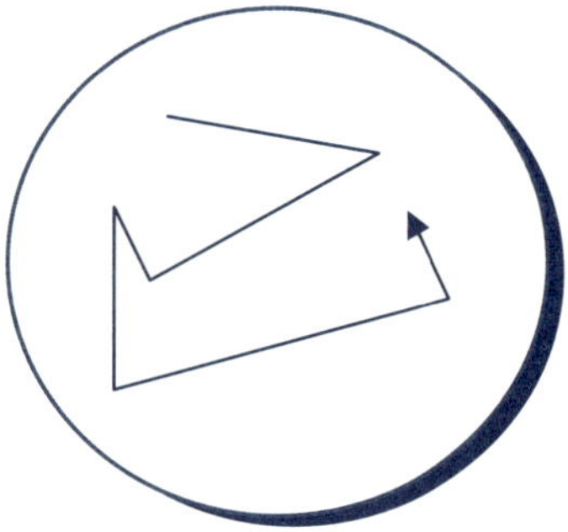

□ L □ R

3

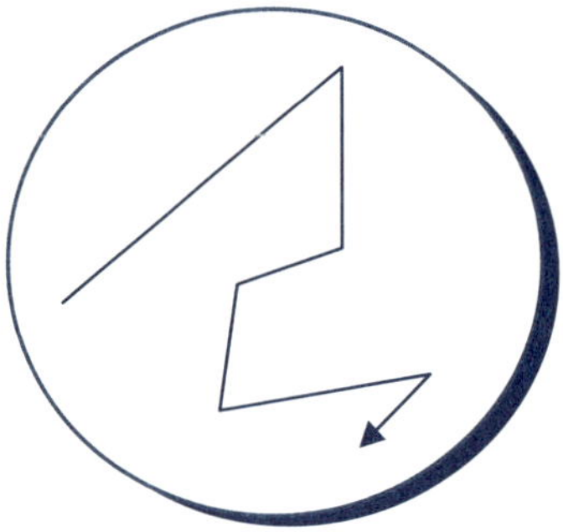

□ L □ R

4

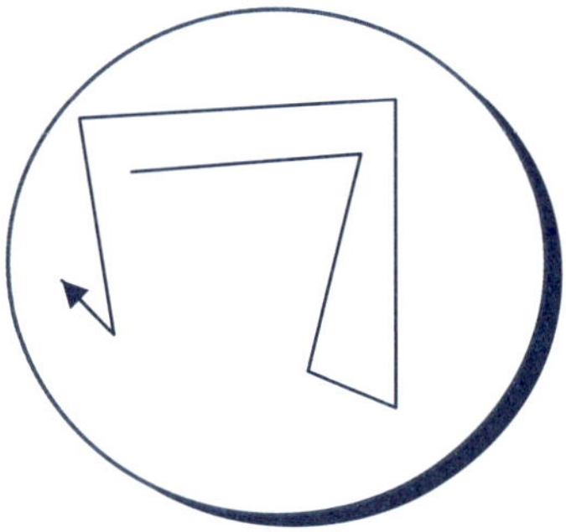

□ L □ R

5

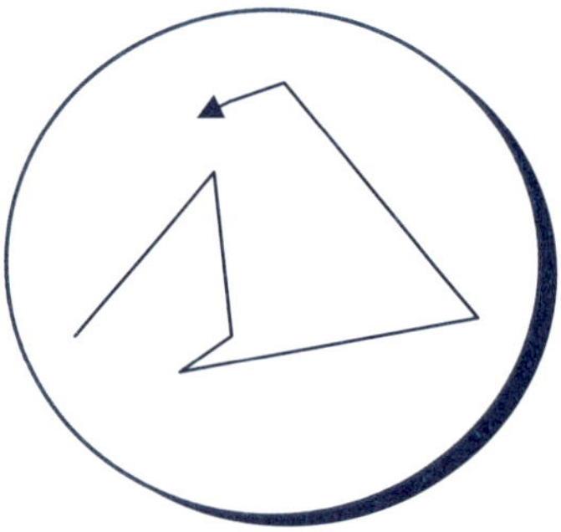

□ L □ R

6

□ L □ R

7

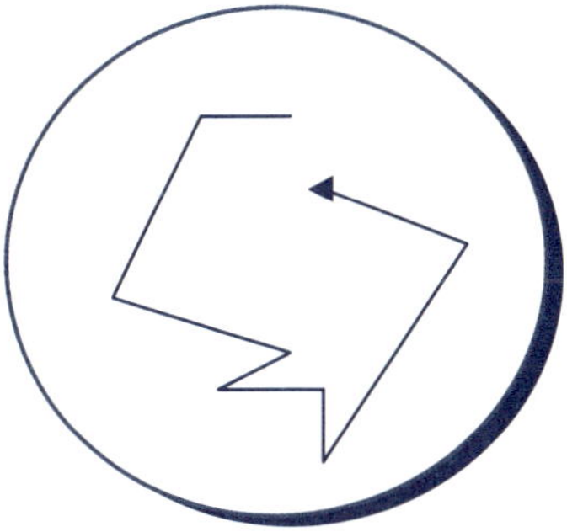

☐ L ☐ R

8

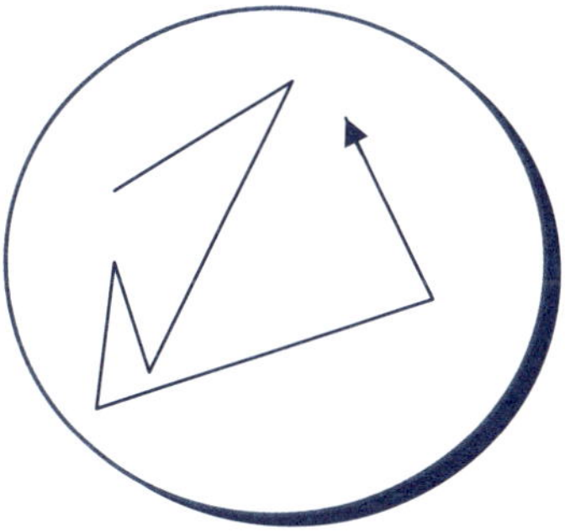

☐ L ☐ R

9

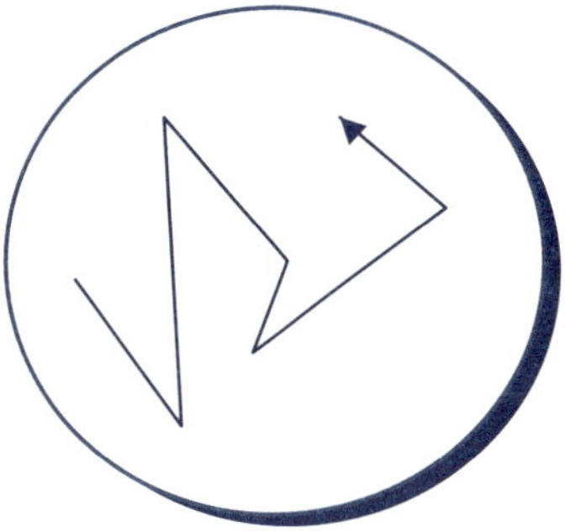

☐ L ☐ R

10

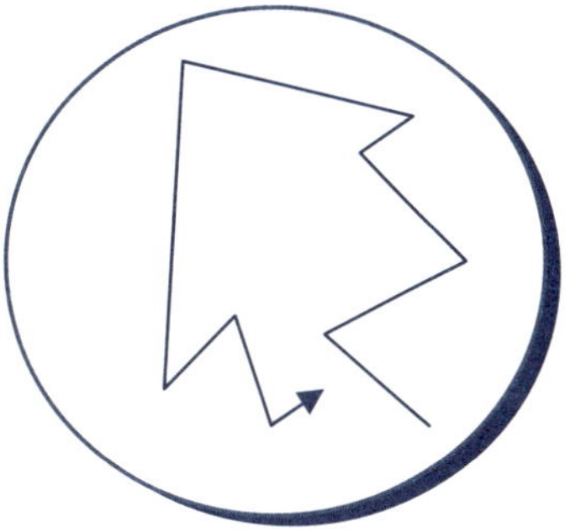

☐ L ☐ R

## Übung III/12

Bei der folgenden Aufgabe finden Sie jeweils eine Serie von Figuren, die deckungsgleich sind. Eine oder mehrere Figuren gliedern sich jedoch nicht in diese Serie ein. Finden Sie die nicht passenden Figuren heraus und kreuzen Sie die entsprechenden Buchstaben an. Beachten Sie, dass die Figuren gedreht, nicht aber gekippt werden dürfen.

## Beispiel

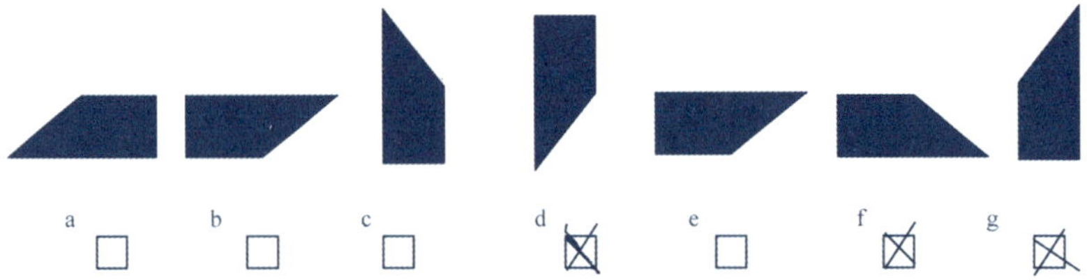


## Lösung

Die Figuren unter d, f und g passen nicht in die Serie, da sie nicht deckungsgleich mit den übrigen Figuren sind. Als Serie ist dabei die Mehrzahl der einheitlichen Figuren zu verstehen. Folglich sind die abweichenden Figuren, die in der Minderzahl sind, gesucht. Die Buchstaben d, f und g sind anzukreuzen.

**Beginnen Sie jetzt, Ihnen stehen 2 Minuten zur Verfügung.**

1

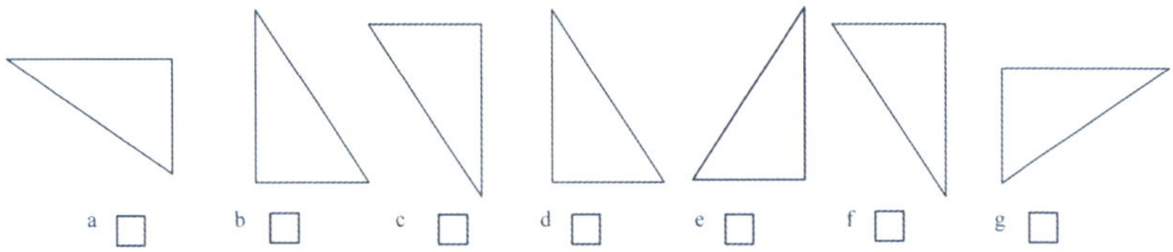


2

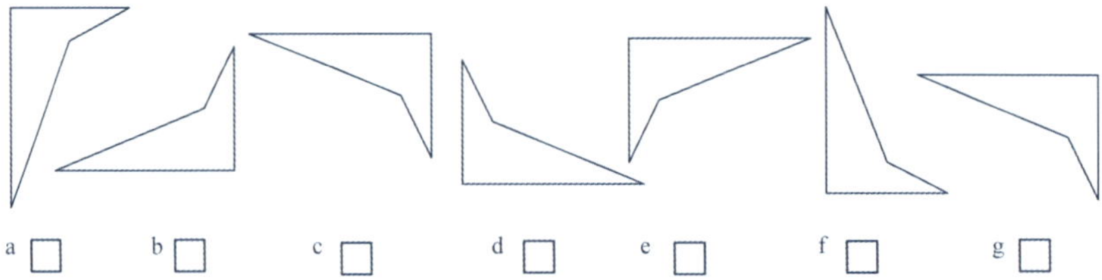

3

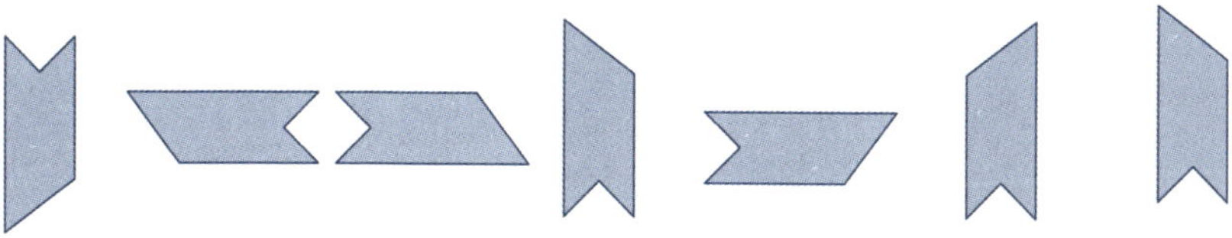

a ☐ b ☐ c ☐ d ☐ e ☐ f ☐ g ☐

4

a ☐ b ☐ c ☐ d ☐ e ☐ f ☐ g ☐

5

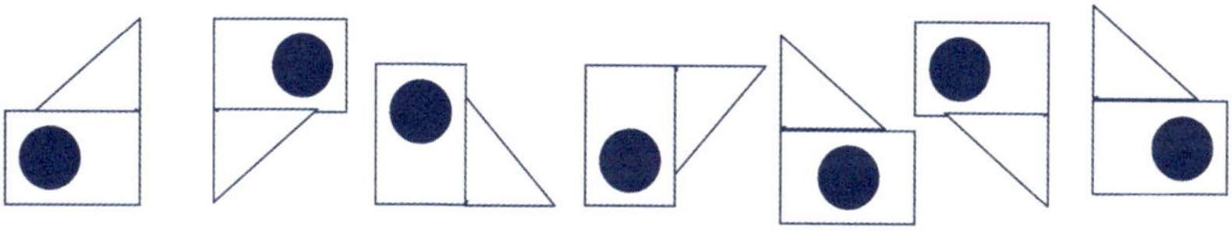

a ☐ b ☐ c ☐ d ☐ e ☐ f ☐ g ☐

# Lösungen Testbatterie III

## Übung III/1

1c, 2a, 3b, 4a, 5d, 6c

## Übung III/2

Staat/Geschichte/Politik: 1b, 2c, 3b, 4a, 5a

Geografie: 1c, 2a, 3d, 4a, 5a

Technik/Wissenschaft: 1d, 2a, 3b, 4b, 5d

Chemie/Medizin: 1b, 2a, 3c, 4b, 5a

Natur/Biologie: 1c, 2c, 3d, 4d, 5b

Kultur/Kunst/Musik: 1c, 2a, 3a, 4b, 5d

Wirtschaft: 1b, 2b, 3d, 4c, 5d

Sport: 1b, 2c, 3a, 4b, 5d

## Übung III/3 (Beispiellösungen)

1 nur, Nenner, Neger, Nager, Nummer

2 gehe, Grenze, ganze, Galle, Gabe, Gase

3 Post, Pult, patt, Pott, Pest

4 in, Iran, irgendwann, Inn, Iman, Inseln

5 Bund, Band, brennend, badend, Bild, Bildband

6 Tisch, Tausch, Tuch, Tiefseefisch, Tischtuch

7 Anker, allerbester, Arbeiter, Aufseher, außer

8 winden, wohnen, Wolken, Währungen, wann

9 Stab, Staub, Schub, schob, Snob

10 Pelz, Platz, Protz, Pfalz, pflanz

## Übung III/4

Elektronen, positiven, abstoßen, anziehen, kein, Strom, Blitz, Energie, Leiter, ermöglicht, Nichtleiter, Glas

## Übung III/5

| | | | |
|---|---|---|---|
| 1 Alfred | 2 Albert | 3 Bibo | 4 – |
| 5 Herbert | 6 Albert | 7 Norbert | 8 Rainer |

## Übung III/6

1c, 2a, 3b, 4b, 5b, 6c, 7b, 8a, 9c, 10d

## Übung III/7

4, 14, 19, 24, 29

## Übung III/9

| | | |
|---|---|---|
| 1 gleich | 8 Reden – Schweigen | 15 Rose – Dornen |
| 2 Kinder | 9 Pünktlichkeit | 16 Hänschen – Hans |
| 3 Fleisch | 10 Spatz – Taube | 17 Grube |
| 4 Hochmut | 11 Ei – anderen | 18 Glashaus |
| 5 Traufe | 12 Axt – Zimmermann | 19 Morgenstund |
| 6 Athen, | 13 Gaul – Maul | 20 Köche – Brei |
| 7 Leid | 14 Schuster | |

## Übung III/11

1 L; 2 L; 3 R; 4 L; 5 L; 6 R; 7 L; 8 L; 9 L; 10 L

## Übung III/12

1 a, e; 2 b, e, f; 3 d, e, g; 4 a, b; 5 a, b, c

# Allgemeinbildungstest

Was ist das – Allgemeinbildung? Gemeint sind damit „die grundlegenden Bildungsinhalte, die ein allgemeinbildendes Schulsystem in möglichst großen Bevölkerungskreisen verbreiten und verankern soll". Das heißt: Schulische Bildungsinhalte, also die wesentlichen Inhalte der Schulfächer.

Doch immer mehr Betriebe bemängeln die an den Schulen heute vermittelte Allgemeinbildung und testen die Bewerber entsprechend intensiv. Der folgende Allgemeinbildungstest setzt sich aus den 4 Schwerpunktthemen Technik/Wissenschaft, Staat/Geschichte/Politik, Wirtschaft und Geografie zusammen. Damit Sie möglichst viel Nutzen aus der Bearbeitung ziehen, haben wir Ihnen anschließend nicht nur die richtige Lösung angegeben, sondern erläutern auch, warum die anderen Antworten nicht stimmen.

**Für die Bearbeitung des Tests haben Sie 45 Minuten zur Verfügung.**

## Technik/Wissenschaft

1 Die überproportionale Abnutzung dieses Reifens an der rechten und linken Schulter kann ihre Ursache haben in:

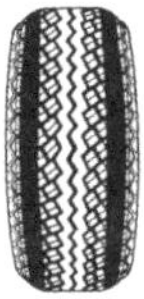

- ☐ a Luftdruck häufig zu hoch
- ☐ b Luftdruck häufig zu niedrig
- ☐ c Fehlerhafte Radaufhängung
- ☐ d Fahrer fährt häufig mit überhöhter Geschwindigkeit in Kurven

2 Ist Louis Braille der Erfinder

- ☐ a des Luftreifens?
- ☐ b der elektrischen Lokomotive?
- ☐ c des Spannbetons?
- ☐ d der Blindenschrift?

3 Was versteht man unter Kinetik?

☐ a Lehre von der Bewegung durch Kräfte

☐ b Lehre von der Körpersprache

☐ c Lehre von der Bewegung ohne Berücksichtigung der wirkenden Kräfte

☐ d Verfahren zur Aufnahme und Wiedergabe bewegter Bilder

4 Entschlüsseln Sie nachfolgende römische Zahl:

MDCCCLXXI

☐ a 1870

☐ b 1729

☐ c 1779

☐ d 1871

5 Wie groß ist die Winkelsumme im Sechseck?

☐ a 180°

☐ b 360°

☐ c 540°

☐ d 720°

6 Welche Zündkerzen werden bei einem Dieselmotor verwendet?

☐ a Kupferkernkerzen

☐ b Platinkerzen

☐ c Keine

☐ d Silberkerzen

7 Was versteht man in der Datenverarbeitung unter einem „Bus"?

☐ a Kleinste Darstellungseinheit für Daten

☐ b Zwischenspeicher

☐ c Sammelleitung zur Übertragung von Daten zwischen verschiedenen Geräten

☐ d Dynamische Datenstruktur

8 Mit welcher Formel berechnet sich das Volumen dieser Pyramide?

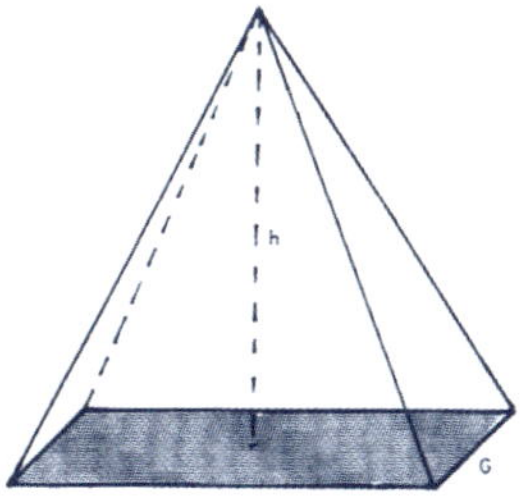


☐ a $\frac{a^2 \times h}{3}$

☐ b $(a^2 \times h)^3$

☐ c $\frac{a^2 \times h}{2}$

☐ d $a^2 \times h$

9 Was ist in der Geometrie eine Sehne?

☐ a Gerade, die eine Fläche oder Kurve in mindestens 2 Punkten schneidet

☐ b Verbindungsstrecke zweier Punkte einer Kurve oder Fläche

☐ c Gerade, die einen Kreis genau in einem Punkt berührt

☐ d Verbindungsstrecke eines Kreispunkts mit dem Kreismittelpunkt

10 Wie viele $km^2$ sind 10 ha?

☐ a 10

☐ b 100

☐ c 0,1

☐ d 1

11 Welchen Inhalt hat das Dreieck ABC?

☐ a 36

☐ b 48

☐ c 64

☐ d 72

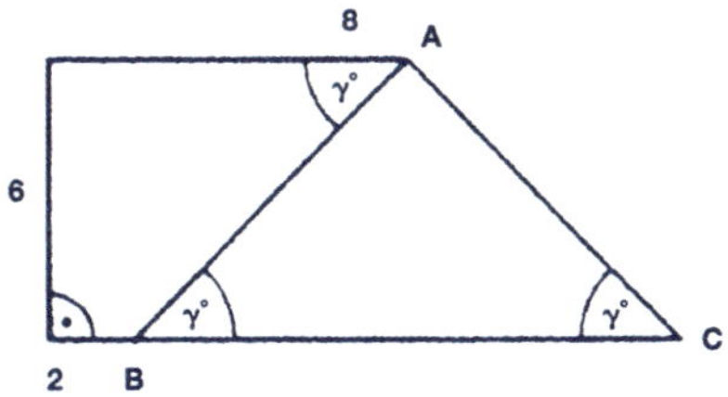

## Staat/Geschichte/Politik

12 Wann wurde von der ehemaligen DDR die Grenze zur Bundesrepublik geöffnet?

☐ a 10.9.1989

☐ b 9.11.1989

☐ c 3.10.1990

☐ d 2.12.1990

13 Von wem wird der Bundeskanzler gewählt?

☐ a Bundesversammlung

☐ b Bundesrat

☐ c Bundestag

☐ d Bundespräsident

14 Wer war 2010 Generalsekretär der Vereinten Nationen?

☐ a Sithu U Thant

☐ b Kurt Waldheim

☐ c Javier Pérez de Cuéllar

☐ d Ban Ki-moon

15 Was versteht man unter einem Plebiszit?

☐ a Volksabstimmung

☐ b Vollversammlung

☐ c Herrschaft des Volkes

☐ d Verbindung kirchlicher und weltlicher Macht

16 Was ist ein „imperatives Mandat"?

☐ a Abgeordnete sind während ihrer aktiven Zeit vor Strafverfolgung geschützt

☐ b Abgeordnete sind in Bezug auf ihre Äußerungen oder Abstimmungen im Parlament vor Strafverfolgung geschützt

☐ c Abgeordnete sind an Weisungen gebunden

☐ d Abgeordnete sind nur ihrem Gewissen unterworfen

17 Wie heißt die Bundeshauptstadt?

- ☐ a Bonn
- ☐ b Frankfurt
- ☐ c Hamburg
- ☐ d Berlin

18 Was heißt Legislative?

- ☐ a Rechtsprechung
- ☐ b Verwaltung/ausführende Gewalt
- ☐ c Gesetzgebung
- ☐ d Regierung

19 Eine Partei erreicht bei Bundestagswahlen nicht die 5-%-Hürde. Dies bedeutet:

- ☐ a Die Partei hat einen Anteil von weniger als 5 % der abgegebenen gültigen Zweitstimmen
- ☐ b Die Partei hat weniger als 5 % der Erststimmen auf sich vereinigen können
- ☐ c Die Partei hat weniger als 5 % der Erst- und Zweitstimmen erhalten
- ☐ d Die Partei hat keinen Direktkandidaten ins Parlament bringen können

20 Welche Staatsform hat Frankreich?

- ☐ a Demokratische sozialistische Republik
- ☐ b Parlamentarische demokratische Monarchie
- ☐ c Demokratischer und sozialer Bundesstaat
- ☐ d Parlamentarische Republik

21 Was versteht man unter der Erststimme?

- ☐ a Wahl der Landesliste einer Partei
- ☐ b Stimmabgabe für einen Kandidaten aus dem Wahlkreis
- ☐ c Wahl von Kandidaten unterschiedlicher Parteien auf einem Stimmzettel
- ☐ d Stimmabgabe bei einer Stichwahl

22 Wie viele Länder gehören zur Bundesrepublik Deutschland (inklusive Berlin)?

- ☐ a 10
- ☐ b 18
- ☐ c 16
- ☐ d 12

## Wirtschaft

23 Bei welcher der nachfolgenden Gesellschaftsformen gibt es eine persönliche Vollhaftung?

- ☐ a GmbH & Co. KG
- ☐ b Aktiengesellschaft
- ☐ c KG
- ☐ d GmbII

24 Welche Zahlungsbedingung ist für den Käufer am günstigsten?

- ☐ a Zahlung nach Auftragsbestätigung
- ☐ b Netto Kasse
- ☐ c 14 Tage 2 % Skonto, 30 Tage netto
- ☐ d 30 Tage netto

25 Was ist auf dem 100-Euro-Schein abgebildet?

- ☐ a Brücken und Bögen
- ☐ b Ein Portrait
- ☐ c Eine Landkarte
- ☐ d Ein Fahrrad

26 Was versteht man unter „geldwertem Vorteil"?

- ☐ a Einen Vorteil, der sein Geld auf jeden Fall Wert ist
- ☐ b Einen Geldvorteil bei Abschluss eines Leasinggeschäfts
- ☐ c Einen Geldvorteil, den Sie durch Barzahlung erreichen
- ☐ d Einen Geldbetrag, der einer bestimmten erhaltenen Vergünstigung oder Leistung entspricht und versteuert werden muss

27 Welche der nachfolgenden Positionen gehört nicht auf die Passiva-Seite einer Bilanz?

- ☐ a Eigenkapital, Rückstellungen für Pensionen
- ☐ b Bilanzgewinn
- ☐ c Sachanlagen
- ☐ d Verbindlichkeiten aus Lieferungen und Leistungen

28 Was sind Devisen?

- ☐ a Ausländische Zahlungsmittel
- ☐ b Gewinnausschüttung bei Aktien
- ☐ c Geldmünzen
- ☐ d Mitteilung des Wechselausstellers über die Deckung der Wechselsumme

29 Was bedeutet beim Kurs der Mauser Waldeck Aktie das B hinter dem Wert?

| | | |
|---|---|---|
| **Marseille-Kliniken** F | 4,95 | 4,85 |
| Marudai Food (J) F | 1,971 | 1,953 G |
| **Masterflex** F | 4,065 | 3,963 |
| Maternus-Kliniken F | 1,05 | 1,035 |
| Mauser Waldeck D | 0,85 | 0,85 B |
| mb Software F | 0,015 | 0,015 |
| **MBB Industries** F | 7,10 | 7,08 G |
| MCC Global (NL) F | a | a |
| MCS Systeme F | 75,05 | 75,10 G |
| **Mediclin** F | 3.61 | 3.46 |

- ☐ a Es lagen mehr Kaufaufträge vor als Verkaufsaufträge
- ☐ b Es lagen mehr Verkaufsaufträge vor als Kaufaufträge
- ☐ c Die Aktie war sehr gesucht und daher stieg der Kurs
- ☐ d Es handelt sich um den Kurs nach Abzug der Dividendenzahlung

30 Was sind Berufsgenossenschaften?

- ☐ a Träger der gesetzlichen Unfallversicherung
- ☐ b Interessenvertretung der Arbeiter und Angestellten
- ☐ c Interessenvertretung der Arbeitgeber
- ☐ d Träger der gesetzlichen Rentenversicherung für Angestellte

31 Was ist ein Sozialplan?

☐ a Das Budget des Sozialministeriums

☐ b Vereinbarung zwischen Geschäftsleitung und Betriebsrat über den Ausgleich von wirtschaftlichen Nachteilen für Arbeitnehmer im Zusammenhang mit Betriebsänderungen

☐ c Prioritätenliste bei der Belegung von Sozialwohnungen

☐ d Teilbereich des Bruttosozialprodukts

32 Wie wird das Bruttosozialprodukt definiert?

☐ a Die Summe aller Sozialleistungen, die innerhalb eines Jahres aus dem Bundeshaushalt bereitgestellt wurden

☐ b Die Summe aller Güter, die in der Bundesrepublik innerhalb eines Jahres produziert wurden

☐ c Das Volkseinkommen in der Bundesrepublik innerhalb eines Jahres

☐ d Die Summe aller Güter und Dienstleistungen, die von einer Volkswirtschaft während eines bestimmten Zeitraums erzeugt wurden

33 Ordnen Sie den in der Zeichnung aufgeführten Buchstaben die nachfolgenden Fachausdrücke zu.

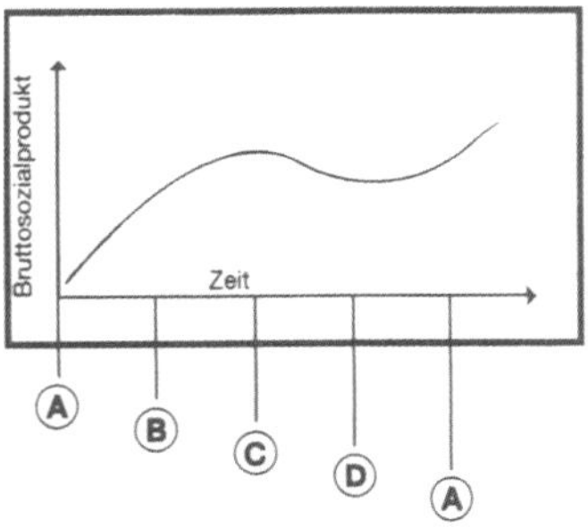


☐ a A = Depression, B = Abschwung, C = Aufschwung, D = Boom

☐ b A = Hochkonjunktur, B = Depression, C = Erholung, D = Abschwung

☐ c A = Krise, B = Aufschwung, C = Boom, D = Tiefstand

☐ d A = Aufschwung, B = Boom, C = Rezession, D = Depression

34 Was ist eine Gratifikation?

☐ a Prozentuale Beteiligung des Arbeitnehmers an den von ihm getätigten Geschäften

☐ b Sonderzuwendung an Arbeitnehmer aufgrund eines besonderen Anlasses

☐ c Kenntnisse und Fähigkeiten einer Person zur Ausübung einer bestimmten Tätigkeit

☐ d Zuschlag zum Grundlohn als Anerkennung besonderer Leistungen

## Geografie

35 An welchem Fluss liegt Dresden?

☐ a Oder

☐ b Weichsel

☐ c Elbe

☐ d Saale

36 Ordnen Sie den Zahlen auf der Karte die jeweiligen Städte zu:

☐ a 1 Leipzig, 2 Stuttgart, 3 Rostock, 4 Weimar, 5 Braunschweig, 6 Nürnberg, 7 Hamburg

☐ b 1 Dresden, 2 Stuttgart, 3 Schwerin, 4 Dresden, 5 Hannover, 6 Nürnberg, 7 Bremen

☐ c 1 Dresden, 2 Stuttgart, 3 Rostock, 4 Erfurt, 5 Braunschweig, 6 Hof, 7 Hamburg

☐ d 1 Leipzig, 2 Stuttgart, 3 Rostock, 4 Weimar, 5 Hannover, 6 München 7 Bremen

37 Welches Gebäude zeigt dieses Foto?

- ☐ a Kongresshalle in Berlin
- ☐ b Royal Albert Hall in London
- ☐ c Parlamentsgebäude in Brasilia
- ☐ d Oper in Sydney

38 Wie heißt die Hauptstadt von Rheinland-Pfalz?

- ☐ a Mainz
- ☐ b Frankfurt
- ☐ c Wiesbaden
- ☐ d Kaiserslautern

39 Handelt es sich bei dem auf dem Foto abgebildeten Wasserschloss um

- ☐ a Burg Eltz?
- ☐ b Chillon?
- ☐ c Pfalz bei Kaub?
- ☐ d Mespelbrunn?

40 Sind die Karpaten ein Gebirgszug in

- ☐ a Bulgarien?
- ☐ b Serbien?
- ☐ c Rumänien?
- ☐ d Iran?

41 Welches südamerikanische Land wurde in der Zeichnung schwarz eingezeichnet?

- ☐ a Uruguay
- ☐ b Paraguay
- ☐ c Ecuador
- ☐ d Bolivien

42 Wie heißt die größte der kanarischen Inseln?

☐ a Gran Canaria

☐ b Teneriffa

☐ c Lanzarote

☐ d Fuerteventura

43 Von welchem Land ist die Hauptstadt La Paz?

☐ a Peru

☐ b Bolivien

☐ c Ecuador

☐ d Guatemala

44 Liegt die Wartburg

☐ a bei Halle?

☐ b bei Eisenach?

☐ c bei Weimar?

☐ d bei Wittenberg?

45 Durch welches der aufgeführten Länder führt der Äquator?

☐ a Namibia

☐ b Sudan

☐ c Borneo

☐ d Venezuela

46 Ordnen Sie die Hauptstädte den entsprechenden Ländern zu:

| | |
|---|---|
| 1. Oslo | I. Norwegen |
| 2. Kopenhagen | II. Schweden |
| 3. Helsinki | III. Finnland |
| 4. Stockholm | IV. Dänemark |

☐ a 1 I, 2 IV, 3 III, 4 II

☐ b 2 IV, 3 II, 4 I, 1 III

☐ c 3 III, 4 II, 1 IV, 2 I

☐ d 4 II, 1 IV, 2 III, 3 I

47 Wie heißt das in der Zeichnung schraffierte Land im Nahen Osten?

☐ a Libanon

☐ b Jordanien

☐ c Israel

☐ d Syrien

48 Welche beiden Erdteile trennt die Straße von Gibraltar?

☐ a Afrika und Europa

☐ b Europa und Asien

☐ c Südamerika und Nordamerika

☐ d Afrika und Asien

49 Wie heißt das schwarz gekennzeichnete Bundesland?

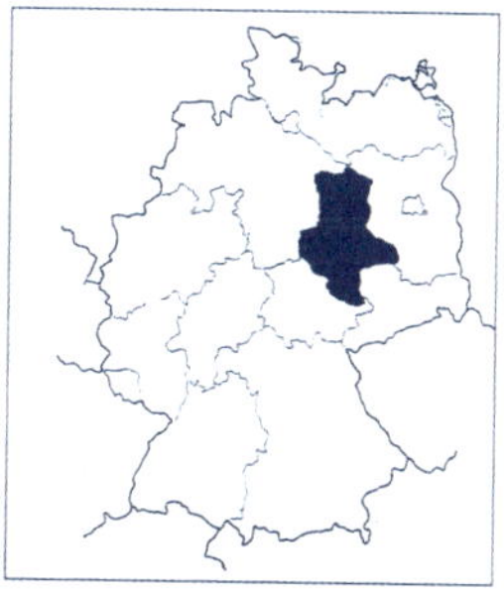

☐ a Niedersachsen

☐ b Thüringen

☐ c Sachsen-Anhalt

☐ d Sachsen

50 Um die Flagge welchen Landes handelt es sich?

☐ a Pakistan

☐ b Israel

☐ c Libanon

☐ d Saudi-Arabien

## Lösung

1 b

Das Verschleißbild eines Reifens informiert, unabhängig von der Profiltiefe, über mögliche Mängel und Gefahrenquellen. Profilabnutzung an beiden Schultern kann auf ein häufiges Fahren einem mit zu geringen Luftdruck hinweisen.

**Ursachen der Reifenabnutzung**

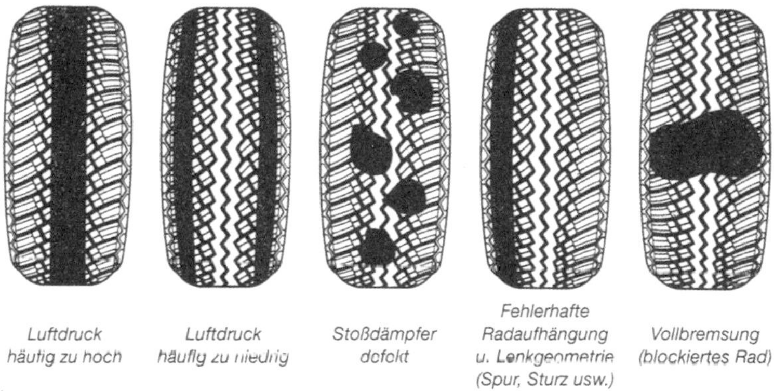


2 d

Louis Braille (1809–1852) ist der Erfinder der international gebräuchlichen Blindenschrift. Die Schrift besteht aus Punkten, die in Papier eingedrückt werden. Der Blinde kann die Erhebungen mit den Fingern ertasten. Werner von Siemens hat 1879 die elektrische Lokomotive erfunden und John Boyd Dunlop 1890 den Luftreifen.

3 a

Die Kinetik ist ein Teilgebiet der Dynamik und befasst sich mit den Bewegungen eines Körpers und den Kräften, die diese Bewegungen verursachen. Die kinetische Energie berechnet sich mit der Formel $E = m \times v^2$ (E = kinetische Energie, m = Masse, v = Geschwindigkeit). Anders als die Kinetik betrachtet die Kinematik allein die Bewegung des Körpers. Die Kinesik ist die Lehre der Körpersprache. Das Verfahren zur Aufnahme und Wiedergabe von bewegten Bildern heißt Kinematografie.

4 d

Die römische Zahl MDCCLXXI bedeutet:

M = 1000, D = 500, C = 100, L = 50, X = 10, I = 1, zusammen: 1871.

5 d

Die Winkelsumme im Sechseck beträgt 720°. Ein Sechseck lässt sich in 4 Dreiecke unterteilen, von denen jedes eine Winkelsumme von 180° hat.

6 c

Der Dieselmotor ist ein sogenannter Selbstzünder. Aufgrund der hohen Verdichtung der Luft auf 30 bis 55 bar wird eine Temperatur von 700 bis 900 Grad Celcius erreicht. Diese Temperatur reicht aus, um den eingespritzten Kraftstoff zur Selbstzündung zu bringen. Der Dieselmotor benötigt lediglich als Starthilfe eine Glühkerze.

7 c

Als Bus bezeichnet man eine Sammelleitung zur Übertragung von Daten zwischen verschiedenen Geräten. Die kleinste Darstellungseinheit für Daten ist das Bit. Bei einem Zwischenspeicher redet man von Buffer und bei einer dynamischen Datenstruktur von einem Baum.

8 a

Die Formel zur Berechnung des Volumens einer Pyramide ist: $\frac{a^2 \text{ x } h}{3}$.

9 b

Die Verbindungsstrecke zweier Punkte einer Kurve oder Fläche nennt man Sehne. Eine Gerade, also eine Linie mit unendlich vielen Punkten, die eine Kurve oder Fläche in mindestens 2 Punkten schneidet, heißt Sekante. Eine Gerade, die einen Kreis in genau einem Punkt berührt, nennt man Tangente. Der Radius, auch Halbmesser genannt, ist die Verbindungsstrecke eines beliebigen Kreispunkts mit dem Kreismittelpunkt.

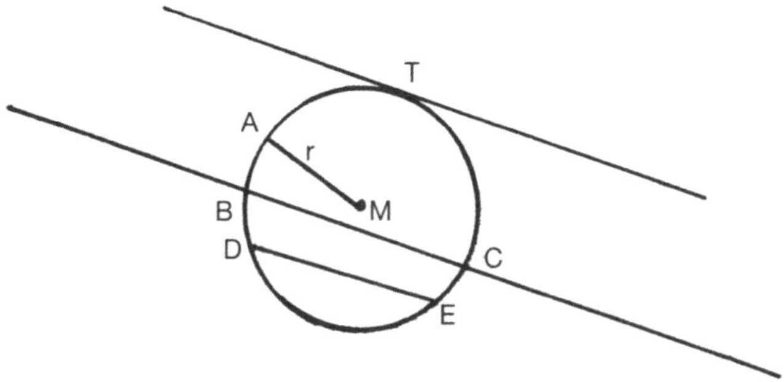


10 c

$100\ m^2 = 1$ ar

$100\ m^2 \times 100 = 10.000\ m^2 = 1$ ar $\times\ 100 = 1$ ha

$10.000\ m^2 \times 10 = 100.000\ m^2 = 0{,}1\ km^2 = 10$ ha

11 a

Der Inhalt des Dreiecks ABC errechnet sich mit der Formel Grundfläche multipliziert mit der halben Höhe = 12 x 3 = 36.

12 b

Am 9.11.1989 wurde die Grenze zur Bundesrepublik und damit auch die Mauer in Berlin für den freien Personenverkehr geöffnet. Ungarn setzte am 10.9.1989 ein zwischenstaatliches Abkommen mit der DDR außer Kraft und ließ DDR-Flüchtlinge nach Österreich ausreisen. Am 3.10.1990 fand der Anschluss der ehemaligen DDR an die Bundesrepublik statt. Am 2.12.1990 wurden die ersten gesamtdeutschen Wahlen zum Bundestag durchgeführt.

13 c

Der Bundeskanzler wird vom Bundestag gewählt und erhält seine Ernennungsurkunde vom Bundespräsidenten.

14 d

Seit 1.1.2007 ist Ban Ki-moon aus Südkorea der Generalsekretär der UN. Sithu U Thant war von 1961 bis 1962 interimistischer Generalsekretär, von 1962 bis 1970 Generalsekretär der UNO. Kurt Waldheim war von 1972 bis 1982 Generalsekretär der Vereinten Nationen. Ab 1986 war er Staatsoberhaupt von Österreich. Der Peruaner Javier Perez de Cuéllar war von 1982 bis 1991 Generalsekretär der Vereinten Nationen.

15 a

Unter Plebiszit versteht man eine Volksabstimmung, bei der die Wahlberechtigten über Sachfragen – also nicht über Personen – abstimmen. Unterart des Plebiszits ist das Volksbegehren, nämlich das Recht des Stimmbürgers, über eine Volksabstimmung die Verabschiedung oder Ablehnung eines bestimmten Gesetzes durch das Parlament zu verlangen. Die Möglichkeit eines Volksbegehrens ist im Grundgesetz nur für die Neugliederung des Bundesgebiets vorgesehen. Einige Landesverfassungen, z. B. die bayerische, sehen ebenfalls Volksbegehren vor. Das Plenum ist die Vollversammlung der Abgeordneten und wird auch als Plenarsitzung bezeichnet. Mit Demokratie bezeichnet man die Herrschaft des Volks.

16 c

Unter einem „imperativen Mandat“ versteht man, dass ein Abgeordneter bei der Ausübung seiner parlamentarischen Tätigkeit an Weisungen seiner Partei gebunden ist. Nach Artikel 38 Grundgesetz ist der Abgeordnete jedoch nur seinem Gewissen unterworfen und an Aufträge und Weisungen nicht gebunden. Unter Immunität versteht man, dass der Abgeordnete während seiner aktiven Zeit vor Strafverfolgung geschützt ist, unter Indemnität, dass der Abgeordnete vor Strafverfolgung wegen Äußerungen oder Abstimmungen im Parlament geschützt ist.

17 d

Im Artikel 2 des Einigungsvertrags wurde vereinbart, dass die Hauptstadt Deutschlands Berlin ist. Im Juni 1991 beschloss der Bundestag die Verlegung des Sitzes von Bundesregierung und Parlament innerhalb der nächsten 12 Jahre nach Berlin. Bereits 1999 zogen Regierung und Parlament dorthin.

18 c

Unter Legislative versteht man die gesetzgebende Gewalt, meist in Form des Parlaments. Sie steht in dem System der Gewaltenteilung neben der Rechtsprechung (Jurisdiktion) und der ausführenden Gewalt wie Regierung und Verwaltung (Exekutive).

19 a

Die 5-%-Klausel regelt, dass nach einer Wahl nur die Parteien ins Parlament einrücken, die mindestens 5 % der abgegebenen Zweitstimmen erhalten haben. Sie gilt nicht für Parteien, die in mindestens 3 Wahlkreisen Direktmandate gewonnen haben oder eine nationale Minderheit vertreten (z. B. Südschleswiger Wählerverband als Vertretung der dänischen Minderheit in Schleswig-Holstein).

20 d

Frankreich ist seit 1871 eine parlamentarische Republik. Die Staatsform von Sri Lanka ist beispielsweise eine demokratische sozialistische Republik. Großbritannien ist eine parlamentarisch-demokratische Monarchie mit Königin Elizabeth II. als Staatsoberhaupt. In Artikel 20 Absatz 1 Grundgesetz ist festgelegt, dass die Bundesrepublik Deutschland ein demokratischer und sozialer Bundesstaat ist.

21 b

Mit der Erststimme wählt der Bürger einen der Kandidaten seines Wahlkreises. Bei dem bei uns geltenden relativen Mehrheitswahlrecht ist der Bewerber gewählt, der die meisten Stimmen erhält. Die Stimmen, die auf die Mitbewerber entfallen, bleiben unberücksichtigt. Nach diesem System wird beispielsweise die Hälfte aller Bundestagsmandate besetzt. Mit der Zweitstimme wählt der Bürger die Landesliste einer Partei. Über diese werden die anderen Bundestagsmandate vergeben.

22 c

Die Bundesrepublik Deutschland besteht aus den folgenden 16 Ländern: Baden-Württemberg, Bayern, Hessen, Saarland, Rheinland-Pfalz, Nordrhein-Westfalen, Niedersachsen, Schleswig-Holstein, den Stadtstaaten Hamburg und Bremen sowie Berlin und den am 3.10.1990 neu hinzugekommenen Ländern Mecklenburg-Vorpommern, Brandenburg, Sachsen-Anhalt, Sachsen und Thüringen.

23 c

Generell sind 2 große Gruppen im Gesellschaftsrecht zu unterscheiden: Die Personengesellschaften, bei denen zumindest ein Gesellschafter mit seinem vollen Vermögen haftet, und die Kapitalgesellschaften, die selbst eine juristische Person darstellen. Die KG ist eine Personengesellschaft, da es neben den nur beschränkt haftenden Kommanditisten zumindest einen voll haftenden Komplementär gibt. Bei der GmbH & Co. KG ist dieser Komplementär die GmbH, die als juristische Person nicht voll haftet. Damit ist die Haftung insgesamt wiederum beschränkt.

24 c

Die Zahlungsbedingung 14 Tage 2 % Skonto, 30 Tage netto erlaubt es dem Rechnungsempfänger, bei Zahlung innerhalb von 14 Tagen nach Rechnungsstellung 2 % vom Rechungsbetrag abzuziehen. Er müsste den Geldbetrag schon zu einem Zinssatz von 48 % pro Jahr anlegen (das entspricht 2 % für 14 Tage), damit die Anlage des Geldes rentabler wäre.

25 a

Auf allen Euroscheinen sind Motive aus der Architektur wie Bögen und Brücken zu sehen. Es sind aber keine real existierenden Bauwerke abgebildet, damit kein Land bevorzugt wird. Die Banknoten unterscheiden sich durch Farbe und Größe.

26 d

Leistungen des Arbeitgebers wie verbilligtes Mittagessen in der Firmenkantine, ein Geschäftsleasingfahrzeug oder günstige Einkaufsmöglichkeiten, die nicht als Geldzahlungen an den Mitarbeiter erfolgen, jedoch dem Mitarbeiter Vorteile bieten, müssen von diesem versteuert werden. Der für solche Leistungen anzusetzende Betrag ist der geldwerte Vorteil.

27 c

Die Passiva-Seite einer Bilanz zeigt die Mittelherkunft auf. Also zählen Eigenkapital, Fremdkapital, Rückstellungen und Rücklagen zu den Passiva-Positionen. Weist die Gesellschaft einen Gewinn aus, steht dieser ebenfalls auf der Passiva-Seite, da in diesem Fall die vorhandenen Aktivposten (zu denen auch die Sachanlagen gehören) höher sind als die Passiva und die Bilanz insgesamt ausgeglichen sein muss.

28 a

Devisen sind ausländische Zahlungsmittel. Das können ausländische Banknoten, Münzen, Konten bei ausländischen Banken sowie auf fremde Währungen lautende und im Ausland zahlbare Schecks oder Wechsel sein. Als Dividende bezeichnet man den an die Aktionäre ausgeschütteten Gewinn. Ein Avis ist eine Mitteilung aus dem Wechselrecht.

29 b

Es wurden mehr Aktien zum Kauf angeboten, als Käufer vorhanden waren. Das wird mit dem Buchstaben B für Brief gekennzeichnet. Das umgekehrte Verhältnis, also wenn mehr Aktien gesucht als zum Kauf angeboten werden, wird mit dem Buchstaben G für Geld gekennzeichnet. Der Kleinbuchstabe b bedeutet „bezahlt“, es fand ein Aktienhandel statt. Bei T (Tax) wurde der Kurs geschätzt, es fanden jedoch keine Käufe oder Verkäufe statt. Der Kleinbuchstabe e bedeutet „ex Dividende“, das heißt, es handelt sich um den Kurs nach Abzug der Dividende.

30 a

Die Berufsgenossenschaften sind die Träger der gesetzlichen Unfallversicherung und zuständig für die Überwachung und Einhaltung von Unfallverhütungsvorschriften. Die Gewerkschaften sind Interessensvertretungen der Arbeiter und Angestellten. Der Träger der gesetzlichen Rentenversicherung für Angestellte ist die Bundesversicherungsanstalt für Angestellte in Berlin.

31 b

Der vom Betriebsrat erzwingbare Sozialplan dient dem Ausgleich oder der Milderung von wirtschaftlichen Nachteilen für Arbeitnehmer bei Betriebsänderungen. Als Betriebsänderungen gelten z. B. Stillegung des Betriebs, grundlegende Änderung der Betriebsorganisation oder die Verlegung des Betriebs.

32 d

Das Bruttosozialprodukt umfasst die Gesamtheit aller Güter und Dienstleistungen, die eine Volkswirtschaft in einem Jahr erwirtschaftet. Werden davon die Abschreibungen abgezogen, erhält man das Nettosozialprodukt. Berücksichtigt man darüber hinaus indirekte Steuern und Subventionen, ergibt sich das Nettosozialprodukt zu Faktorkosten, dies entspricht dem Volkseinkommen.

33 d

Buchstabe A steht für den Aufschwung (Erholung), ihr folgt als Buchstabe B der Boom (Hochkonjunktur). Die nächste Phase eines Konjunkturzyklus ist mit Buchstaben C der Abschwung (Rezession), darauf folgt Buchstabe D die Konjunkturkrise (Depression).

34 b

Die Gratifikation ist eine Sonderzuwendung, die auf einen bestimmten Anlass zurückzuführen ist. Am bekanntesten ist die Weihnachtsgratifikation, auch Weihnachtsgeld genannt. Die prozentuale Beteiligung eines Arbeitnehmers an den von ihm getätigten Geschäften nennt man Provision. Die Qualifikation ist die Eignung eines Mitarbeiters für eine bestimmte Aufgabe. Eine Prämie ist ein Zuschlag für besondere Leistungen.

35 c

Dresden liegt an der im Riesengebirge entspringenden Elbe.

36 a

Bei der 1 handelt es sich um Leipzig, 2 ist Stuttgart, 3 Rostock, 4 Weimar, 5 Braunschweig, 6 Nürnberg, 7 Hamburg.

37 a

Auf dem Foto ist die Kongresshalle in Berlin abgebildet. Das zur Interbau 1957 errichtete Gebäude, dessen Dachkonstruktion 1980 zum Teil einstürzte, wird von den Berlinern aufgrund seiner Form „schwangere Auster" genannt. Das Opernhaus in Sydney wurde 1957 von Jorn Utzon konzipiert. Die bis zu 60 Meter hoch aufragenden Betonschalen erinnnern an die gesetzten Segel eines Schiffs. Dieser Eindruck wird durch die Lage der Oper an der Hafeneinfahrt noch unterstützt.

38 a

Mainz mit einer Einwohnerzahl von 197800 ist die Hauptstadt von Rheinland-Pfalz. Wiesbaden mit 277000 Einwohnern ist die Hauptstadt von Hessen. Frankfurt mit 667330 Einwohnern und Kaiserslautern im Saarland sind nicht Hauptstädte eines Bundeslandes.

39 b

Es handelt sich um das bei Montreux am Genfer See gelegene Wasserschloss Chillon. Die Burg Eltz ist kein Wasserschloss, sie liegt am Unterlauf der Elz, einem linken Nebenfluss zur Mosel. Die Pfalz bei Kaub ist eine alte Zollburg im Rhein und das Wasserschloss Mespelbrunn liegt im Spessart.

40 c

Die Karpaten sind ein Gebirgszug im südöstlichen Mitteleuropa in der hohen Tatra. An den Karpaten haben die Slowakei, Polen, UdSSR und Rumänien Anteil.

41 b

Hier handelt es sich um das 406752 $km^2$ große Paraguay mit der Hauptstadt Asunción. Südöstlich davon liegt Uruguay mit der Hauptstadt Montevideo. Ecuador mit der Hauptstadt Quito liegt im Nordwesten von Südamerika, Bolivien mit der Hauptstadt Sucre und dem Regierungssitz in La Paz schließt sich nordwestlich an Paraguay an.

42 b

Die größte kanarische Insel ist mit 2052 $km^2$ Teneriffa, es folgen Fuerteventura mit 1731 $km^2$, Gran Canaria mit 1531 $km^2$ und Lanzarote mit 795 $km^2$.

43 b

La Paz ist die Hauptstadt von Bolivien. Die Hauptstadt von Guatemala heißt Guatemala City, die von Peru Lima und die von Ecuador Quito.

44 b

Die Wartburg liegt südwestlich von Eisenach. Sie diente in den Jahren 1521 bis 1522 Luther als Unterkunft, hier übersetzte er das neue Testament. Die Luther-Stadt Wittenberg bei Halle war für den Reformator lange Zeit Zentrum seines Wirkens.

45 c

Durch die indonesische Insel Borneo verläuft der Äquator. Durch Namibia verläuft der 25. südliche Breitengrad. Der Sudan und Venezuela liegen nördlich des Äquators.

46 a

Oslo ist die Hauptstadt von Norwegen, Kopenhagen die von Dänemark, Helsinki die von Finnland und Stockholm die von Schweden.

47 a

Es handelt sich um den seit Jahren von Bürgerkriegen stark in Mitleidenschaft gezogenen Libanon. Die Einwohnerzahl des 10000 $km^2$ großen Libanons wird auf 3,9 Millionen geschätzt.

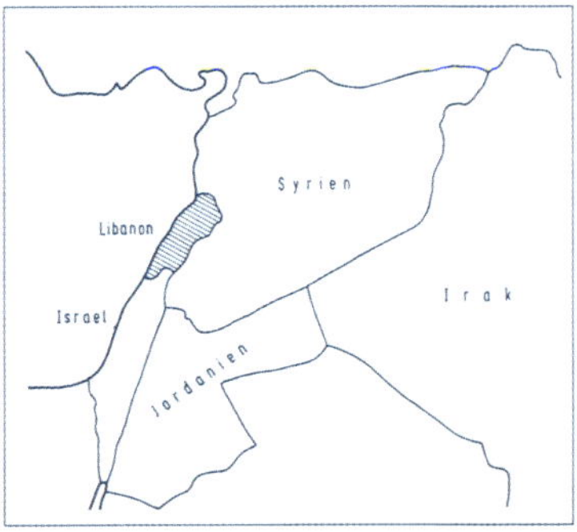


48 a

Die Straße von Gibraltar trennt Europa von Afrika. Die Meerenge hat eine Breite von 14,2 km am engsten Durchlass bis zu einer Breite von 44 km zwischen dem Kap Trafalgar und dem Kap Spartel ganz im Westen der Meerenge. Die Straße von Gibraltar ist nach dem gleichnamigen strategisch wichtigen Felsen Gibraltar benannt. Die 6,5 $km^2$ große Insel ist dem spanischen Festland vorgelagert und seit 1704 in britischem Besitz.

49 c

Es handelt sich um Sachsen-Anhalt mit seiner Landeshauptstadt Magdeburg. Es wird im Nordwesten von Niedersachsen, im Süden von Thüringen und im Südosten von Sachsen begrenzt.

50 d

Es handelt sich um die Flagge Saudi-Arabiens bestehend aus dem Schwert und dem islamischen Glaubensbekenntnis „Es ist kein Gott außer dem Gott, Mohammed ist sein Gesandter“ auf grünem Hintergrund.

Die Flagge Pakistans zeigt einen weißen Halbmond und einen Stern auf grünem Hintergrund.

*Pakistan*

Libanon hat als Staatsflagge eine grüne Zeder, die von 2 roten Streifen eingerahmt wird.

*Libanon*

Die Flagge von Israel besteht aus dem blauen Davidstern, der von 2 blauen Streifen umrahmt wird.

*Israel*

# Die Autoren

Doris Brenner ist freie Beraterin mit den Schwerpunkten Personalentwicklung und Karriereberatung. Die diplomierte Betriebswirtin mit Zusatzausbildung in den USA verfügt über Fach- und Führungserfahrung in Stabs- und Linienfunktionen der Wirtschaft. Während ihrer langjährigen Tätigkeit im strategischen und operativen Personalwesen verschiedener Unternehmen hat sie sich intensiv mit der Rekrutierung und der Potenzialanalyse von Mitarbeitern beschäftigt. Als Karriereberaterin unterstützt sie Menschen dabei, ihre Kernkompetenzen zu erkennen, vorhandene Potenziale auszuschöpfen und ihre individuellen Karrierewege zu finden. Sie ist Schülerin des führenden amerikanischen Life-/Work-planning-Experten Richard Bolles und Gründungsvorstand der Deutschen Gesellschaft für Karriereberatung e. V. (DGfK).

Doris Brenner hat zahlreiche Beiträge zu den Themenfeldern Personalauswahl und -entwicklung sowie Karriereplanung veröffentlicht und schreibt regelmäßig für die „Beruf-und-Chance"-Seite der Frankfurter Allgemeinen Zeitung.

Frank Brenner, Dipl. Verwaltungsbetriebswirt (FH), ist Leiter eines Geschäftsbereichs in einem Unternehmen der Luftfahrtbranche und verfügt über viel Erfahrung in der Mitarbeiterauswahl.

PHÖNIX
Wolfgang Bilinski
AUS DER ASCHE
Resilienz – wie erfolgreiche Menschen Krisen für sich nutzen
HAUFE.